**드디어
시리즈**

드디어 만나는
해부학 수업

ANATOMY 101

Copyright ⓒ 2015 by Kevin Langford, PhD
Published by arrangement with Adams Media, an imprint of Simon & Schuster, LLC,
1230 Avenue of the Americas, New York, NY 10020, USA.
All rights reserved.

Korean Translation Copyright ⓒ 2025 by Hyundae Jisung
Korean edition is published by arrangement with Adams Media
through Imprima Korea Agency

이 책의 한국어판 저작권은 Imprima Korea Agency를 통해 Adams Media와의 독점 계약으로 (주)현대지성에 있습니다. 저작권법에 의해 한국 내에서 보호를 받는 저작물이므로 무단전재와 무단복제를 금합니다.

ANATOMY

**머리털부터 발가락뼈까지
남김없이 정리하는 인체의 모든 것**

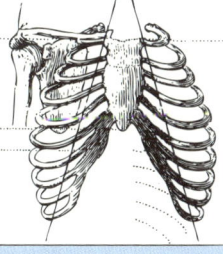

드디어 시리즈

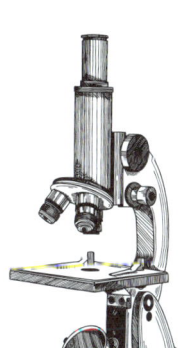

드디어 만나는
해부학 수업

케빈 랭포드 지음
안은미 옮김

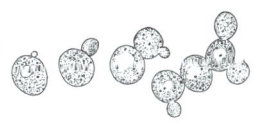

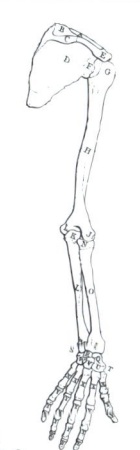

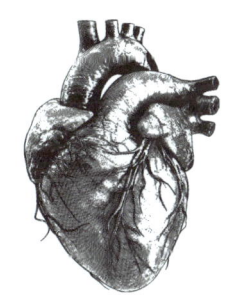

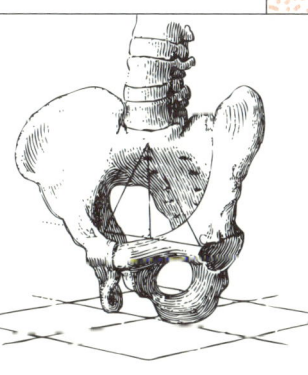

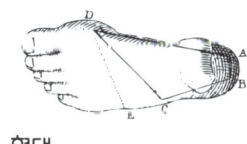

현대
지성

추천사

❖❖❖

'대중 과학'이라는 말은 칼 세이건 이래로 이제 완전히 자리를 잡은 것처럼 보인다. 순수한 지적 흥미로 과학책 독서를 즐기는 사람도 많아진 것 같다. 하지만 우리 실생활과 훨씬 더 밀접할 수밖에 없는 의학은 정작 많은 이에게 여전히 낯설다. 어쩌면 대중과 점점 더 거리가 멀어지고 있다는 생각마저 든다. 이러한 가운데, 마침내 반가운 책이 나왔다. 『드디어 만나는 해부학 수업』은 우리 몸이 어떻게 생겼고, 어떻게 작동하는지 최대한 친근하면서도 자세하게 알려준다. 자칫 지루하거나 어려울 만한 내용도 우리 삶에 와닿는 비유와 사례로 흥미롭게 설명해낸다. 특히, 각 부위 및 계통과 연관된 질병 파트를 별도로 수록해 우리 몸이 어떻게 망가지고, 이에 어떻게 대처해야 하는지를 쉽게 찾아볼 수 있다. 평소 해부학이라는 학문에 조금이라도 흥미가 있었다면 충분히 재미있게 읽을 만한 책이다. 혹여 의학이나 해부학에 여전히 거리를 느끼는 이들에게도 이 책이 한 걸음 더 가까워지는 계기가 될 것이다. 우리 모두 자기 몸 하나는 평생 가지고 산다. 늘 함께하는 내 몸을 위해서라도 해부학 책 한 권쯤은 책장에 꽂아둬야 하지 않을까? 내 몸이 궁금할 때, 언제든 펼쳐보자. 건강한 몸과 활기찬 삶을 누리는 데 든든한 안내서가 되어줄 것이다.

이낙준
〈닥터프렌즈〉 유튜브 크리에이터
『중증외상센터』 작가, 이비인후과 의사

⋯

『드디어 만나는 해부학 수업』은 인체라는 경이롭고 복잡한 시스템을 명쾌하고 체계적으로 안내하는 탁월한 입문서다. 세포와 조직의 기초 원리부터 시작해 뼈와 근육, 각 장기와 다양한 계통까지 속속들이 다루며, 해부학의 핵심 개념과 원리를 명확하게 전달한다. 특히 친절한 설명과 시각적으로 이해하기 쉬운 일러스트는 해부학이 어렵다고 느끼는 독자들에게도 접근성을 높인다. 이 책은 의료계에 종사하거나 해부학을 깊이 있게 공부하고자 하는 전문가뿐만 아니라, 건강 관리나 운동 지도 등의 분야에서 인체 기능을 이해해야 하는 사람들에게도 필독서다. 해부학의 기본 개념을 확실히 다지고, 나아가 인체의 구조와 기능을 깊이 있게 이해하려는 모든 이에게 자신 있게 권한다.

강대승
서울대학교 의과대학 해부학교실 주임교수
대한해부학회 상임이사

일러두기
이 책의 해부학·생리학 용어는 주로 대한의사협회 의학용어위원회의 의학용어집 6판을 기준으로 번역했다. 간혹 직관적으로 이해하기 어렵거나, 의료진과 환자의 소통 현장에서 더 흔히 사용되는 용어가 있다고 판단한 경우에는 다른 용어를 선택했다.

들어가며
세포부터 시작하는 인체 대해부 모험

인간은 언제나 인체에 마음을 빼앗겨왔습니다. 초창기 과학 삽화와 해설은 인체에 매혹된 세월이 얼마나 오래되었는지를 보여주지요. 동굴벽화를 그린 사람들이나 상형문자를 쓴 사람들도 인체의 복잡한 구조를 이해하고 있었습니다. 오늘날도 우리는 인체의 신비를 낱낱이 파헤치는 중입니다. 최근 20년 동안에도 우리의 인체 지식은 극적으로 진보했습니다.

인체를 연구하는 학문은 서로 다르지만 밀접하게 연관된 두 분야로 나뉩니다. 바로 인체의 구조를 다루는 인체해부학human anatomy, 그리고 그 구조의 기능을 살피는 생리학physiology입니다. 이 두 학문을 공부하면 인체의 작동 원리를 이해할 수 있습니다. 이 책을 읽고 나면 인체의 다양한 구조와 기능, 나아가 이를 갖추게 된 '이유'까지 알 수 있습니다.

인체에는 세포, 조직, 장기가 동시에 여러 기능을 수행하도록 세밀하게 배열되어 있고, 복잡한 생화학적 과정을 거쳐 기능을 수행합니다. 『드디어 만나는 해부학 수업』에서는 그 과정과 구조를 모두 설명합니다. 이 책을 통해 여러분은 인체를 속속들이 알게 될 것입니다.

인체의 해부와 생리를 공부하다 보면, 처음부터 내용을 이해하기가 조금 버거울 겁니다. 생물학 배경 지식이 탄탄하지 않다면 더욱 그럴 테지요. 하지만 겁먹지 마세요! 이 책은 생화학 박사 학위가 없는 독자들을 위해 쓰였습니다. 고등학교 생물을 배운 지 수십 년이 지난 사람도 이 책에 실린 원리를 이해할 수 있습니다. 기본 개념부터 충실히 익히다 보면 결국 복잡한 인체를 이해하게 될 것입니다. 여러분은 모두 인체를 가지고 있으므로 이미 유리한 입장이라는 점을 잊지 마세요!

인체가 여러 장기와 그 장기들을 연결하는 구조로 이루어져 있다고 생각하는 사람이 많겠지만, 이 책은 그렇게 큰 그림에서 출발하지는 않습니다. 대신 아주 작은 수준에서부터 시작하지요. 우리 몸을 이루는 세포를 들여다보고, 인체 기능을 유지하는 데 필요한 원소와 분자, 화합물을 살펴봅니다. 이를 통해 더 큰 단위의 몸을 이해하는 데 필요한 기본 개념을 탄탄하게 쌓을 수 있습니다.

인체의 구성 요소를 정리한 뒤에는 모든 장기의 바탕이 되는 '조직'을 살펴봅니다. 이렇게 소재들을 살핀 다음, 골격계·신경계·심혈관계·호흡계 같은 인체의 주요 계통으로 넘어갑니다.

각각의 계통을 다룰 때는 그 계통에서 발생하는 흔한 질병도 함께 다룹니다. 감각계에서 감각이 통합되는 방식이나 영양이 우리 몸 건강에 미치는 영향과 같은 내용도 다룰 예정입니다.

머리털에서 발가락뼈까지 인체의 모든 것을 남김없이 한 권에 정리했습니다. 그럼 시작해볼까요?

✦✦✦ **차례** ✦✦✦

추천사 6
들어가며: 세포부터 시작하는 인체 대해부 모험 9

1장 세포: 몸을 이루는 가장 작은 단위

세포의 화학 ◆ 우리는 모두 원자다 19
화학결합 ◆ 원자는 어떻게 서로 달라붙어 있을까? 26
탄수화물과 단백질 ◆ 우리는 탄소 기반 생명체 33
지질과 핵산 ◆ 에너지 저장고와 암호 통신병 39
주요 무기화합물 ◆ 살아 있는 시체들의 밤 44
세포의 구성 ◆ 세포의 은밀한 사생활 49

2장 조직: 세포들의 팀워크

조직의 구성 ◆ 세포들이 똘똘 뭉친 팀 61
상피조직 ◆ 내 몸을 감싼 껍데기 66
결합조직과 근육조직 ◆ 세상의 조직들이여, 연합하라 71
신경조직 ◆ 신경 쓰지마? 그거 어떻게 하는 건데? 76

3장 피부: 우리가 평생 입는 옷

피부와 털, 손발톱 ◆ 피부에 양보하세요 85
피부의 구조와 기능 ◆ 피부가 장난이 아닌데? 91
피부의 질병과 장애 ◆ 피부를 위협하는 적들 97

4장 뼈: 내 몸을 세우는 단단한 기둥

근골격계 ◆ 누구나 해골 한 벌은 갖고 있다 105
몸통뼈 ◆ 아담의 갈비뼈를 뺐다고? 109
팔다리뼈와 관절 ◆ 삐거덕삐거덕 움직이는 팔다리 118
뼈의 성장·복구와 질병 ◆ 뼈를 깎는 성장과 뼈아픈 고통 126

5장 근육: 밀고 당기며 움직이는 몸

주요 골격근 ◆ 움직여! 움직여! 135
신경과 근육의 연결 ◆ 내가 신호하면 움식이는 거야 143
근육 수축 ◆ 우리가 힘을 쓰는 법 148
근육의 질병과 장애 ◆ 근육통만 문제가 아니다 156

6장 신경계: 몸과 뇌를 연결하는 초고속 통신망

신경계의 신호전달 ◆ 세포들의 의사소통 완전 정복 163
뇌와 척수 ◆ 우리 몸의 CPU 169
말초신경계 ◆ 사방팔방 신호를 퍼뜨려라! 175
자율신경계 ◆ 알아서 척척! 자동 반사! 178
신경계의 질병과 장애 ◆ 복잡한 곳에는 문제가 생기기 마련 184
감각 수용과 지각 ◆ 우리가 세상을 느끼는 법 189
시각 ◆ 내 몸의 고성능 카메라 193
청각과 평형감각, 후각, 미각 ◆ 듣고, 맡고, 맛보다가 휘청거리기 198
감각계의 질병과 장애 ◆ 세상을 더 이상 느끼지 못한다면 205

7장 심혈관계: 붉은 피를 나르는 고속도로

심혈관계와 심장 ◆ 내 심장이 아직도 뛰고 있어 211
심장박동 ◆ 너 때문에 자꾸만 내 가슴이 216
혈관 ◆ 이제야 피가 도는 느낌이군 221
혈액순환 ◆ 피 끓는 열정으로 돌고 돌아 227
적혈구 ◆ 인체를 누비는 택시 기사 235
백혈구 ◆ 감염과 싸우는 용맹한 전사 241
혈장과 혈소판 ◆ 피는 물보다 진하다 246
출혈과 지혈 ◆ 상처에는 피딱지가 생기는 법 251
혈액의 질병과 장애 ◆ 피를 흘리지 않아도 문제가 생긴다 254

림프계와 면역계: 내 몸의 24시간 경비 시스템

림프와 림프순환 ◆ 물 새는 배에서 빠져나오기 261
림프 기관 ◆ 우리 몸의 환경미화원 266
선천면역과 자연면역 ◆ 인체의 첨단 방어 시스템 273
적응면역 ◆ 배우는 자가 이긴다 279
면역계의 질병과 장애 ◆ 방어벽이 무너지면 생기는 일 286

소화계: 씹고, 넘기고, 녹이는 에너지 생산 공장

소화계 ◆ 어디 한번 먹어볼까? 293
상부 위장관 ◆ 음식을 삼키고 배부르기까지 299
하부 위장관 ◆ 배가 꺼지고 화장실에 갈 때까지 307
영양 ◆ 우리 몸을 돌리는 연료 317
소화계의 질병과 장애 ◆ 속이 더부룩하고 배가 아프다면 320

10장 호흡계: 들이마시고 내쉬는 숨결의 통로

호흡계 ◆ 숨쉬기 운동을 해볼까 327
들숨과 날숨 ◆ 들이마쉬고, 내쉬고, 다시 한번 337
호흡계의 질병과 장애 ◆ 숨 고르기가 힘들 때 345

11장 내분비계와 비뇨계: 호르몬의 마술과 몸속 배수로

내분비계 ◆ 호르몬은 어떻게 만들어질까? 351
내분비계의 질병과 장애 ◆ 호르몬이 말썽을 부릴 때 364
비뇨계 ◆ 급하다 급해 화장실 368
비뇨계의 기능과 질병·장애 ◆ 제대로 싸지 못하면 생기는 일 377

12장 생식계: 새로운 생명이 탄생하는 장소

남성 생식계 ◆ 아기 만들기 1부 389
남성 생식계의 질병과 장애 ◆ 아픈 건 부끄러운 일이 아니나 396
여성 생식계 ◆ 아기 만들기 2부 399
여성 생식계의 질병과 장애 ◆ 임신에 따르는 위험 409

옮긴이의 말: 해부학이라는 언어가 들려주는 이야기 412
이미지 저작권자 414

1장

세포:
몸을 이루는 가장 작은 단위

세포의 화학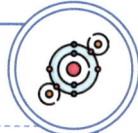

우리는 모두 원자다

하늘에 떠 있는 가장 큰 별에서 바닷가에 있는 가장 작은 모래에 이르기까지, 우주는 온통 물질로 이루어져 있습니다. 더 정확히 말해, 공간을 차지하고 질량이 있는 것은 모두 물질로 이루어져 있지요. 작은 모래 알갱이는 전혀 공간을 차지하지 않고 질량도 없는 것처럼 보입니다. 하지만 이 알갱이가 신발에 들어간다면? 모래 알갱이가 물리적 실체라는 사실을 실감할 테지요.

우리는 물질을 (점심 메뉴를 아무렇게나 떠올려보는 '생각'과 반대되는 의미에서) '물리적 실체'라고 표현할 수 있습니다.

물질의 구조와 특성, 서로 다른 물질들 사이의 상호작용을 다루는 학문을 화학이라고 하는데, 해부학과 생리학의 원리를 배우려면 반드시 먼저 기초 화학을 이해해야 합니다.

물질의 구성 요소인 원자들 사이의 상호작용 덕분에 인체가 생겨나고, 인체가 머무는 세계가 탄생했습니다. 원자atom가 모여 원소element라는, 화학적으로는 분해할 수 없는 순수한 물질이 됩니다(그 이상 분해하는 것은 핵반응의 영역입니다. 원소를 분해하려면 원자력적 수단이 필요하지요). 다양한 원소가 결합해 세포cell라는 인체의 최소 기능 단위가 됩니다. 예를 들어 혈액세포는 몸 전체에 산소를 운반하지요. 혈액세포의 구조는 다른 기능을 수행하는 신경세포나 근육세포와 다릅니다. 이런 세포들의 구조와 기능은 모두 화학적 원리에 따라 결정됩니다.

가장 중요한 원소

인체에서 '가장 중요한' 장기를 단 하나만 꼽을 수 있을까요? 그럴 수 없듯이, 생명이 시작되려면 원소도 여러 종류가 필요합니다. 지구상의 모든 생명체에게 가장 중요한 원소들은 다음과 같습니다

- 수소(H)
- 탄소(C)
- 질소(N)
- 산소(O)

우리가 숨 쉬는 공기, 먹는 음식, 인체의 물리적 구조를 이루는 물질 안에 이 원소들이 없었다면 인류는 존재하지 못했을 것입니

다. 이 원소들은 다른 원소들과 상호작용해 분자(하나 이상의 원자로 구성된 물질)나 화합물(두 가지 이상의 서로 다른 원소로 구성된 분자들)을 이루는 능력이 있습니다. 생명이 시작되는 데 이 원소들이 꼭 필요한 이유이지요.

> **용어 해부하기**
>
> **분자** molecule
> 분자는 하나 이상의 원자로 구성된 물질 한 조각을 말합니다. 분자는 (산소 분자처럼) 동일한 종류의 원자들로 이루어진 경우도 있고, (수소 원자와 산소 원자의 조합이 물 분자가 되는 것처럼) 서로 다른 원자로 이루어진 경우(화합물)도 있습니다.

원자의 구성 입자

모든 원자는 더 작은 기본 입자로 구성되어 있는데, 이 입자의 종류는 전하(물질이 띠는 전기적 성질)에 따라 세 가지로 나눌 수 있습니다.

- 양성자(양전하를 띰)
- 중성자(전하를 띠지 않음)
- 전자(음전하를 띰)

입자들의 수와 조성에 따라 원자의 종류와 다른 원자들과의 상호작용 경향이 정해집니다. 어떤 원자가 양성자를 1개 보유하고 있다면, 그 원자는 분명 수소 원자일 것입니다.

양전하를 띠는 양성자는 원자의 핵에 들어 있습니다.

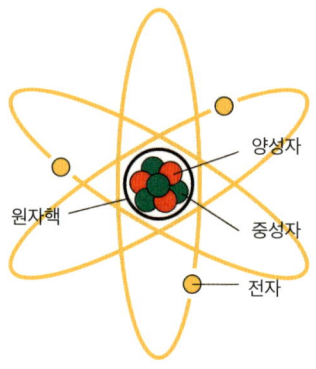

원자의 구조.

원자번호는 어떻게 정해졌을까?
원자번호는 그 원자의 핵에 들어 있는 양성자 수를 의미합니다. 예를 들어 원자번호 6인 탄소의 원자핵에는 양성자가 6개, 원자번호 8인 산소의 원자핵에는 양성자가 8개 들어 있습니다.

원자핵에는 중성자라는 또 다른 입자가 들어 있습니다. 중성자는 원자의 전하에 영향을 미치지 않지만, 원자의 질량을 늘립니다. 그러므로 원자의 질량은 그 안에 들어 있는 양성자 수 '더하기' 중성자 수가 되지요. 탄소는 원자번호가 6(양성자가 6개)이지만, 질량이 12(핵에 중성자도 6개 들어 있다는 뜻)입니다.

그런데 핵에 입자가 많이 들어찰수록 원자의 전하는 점점 한쪽으로 치우칩니다. 우주에서 벌어지는 현상 대부분이 그렇듯이, 원자는 균형을 추구합니다. 균형을 찾기 위해 원자핵 주위에는 음전하를 띠는 입자가 존재하지요. 이 입자를 전자라고 부릅니다. 전자는 핵 주위를 회전하며 일정 궤도에 머무는데, 그 원인은 바로 전자와 양성자 사이의 정전기 인력입니다. 중력이 달을 지구 가까이 붙잡아두는 것과 비슷한 현상이지요. 실제로, 원자는 자연스러운 균형을 찾기 위해 양성자와 같은 수의 전자를 보유해 전히 중립을 유지합니다.

그러나 전자는 핵처럼 한자리에 고정되어 있지 않습니다. 핵 주변의 궤도(껍질)에 퍼져 있지요. 하나의 원자에 궤도가 여러 개일 수 있습니다. 전자 궤도를 핵 주위의 동심원처럼 묘사한 그림을 종종 볼 수 있지요. 모든 원자는 (핵과 가장 가까운) 첫 번째 궤도에 2개의 전자를 담을 수 있습니다. 이 궤도를 다 채우고 남는 전자는 다음 궤도에 8개까지 들어갈 수 있습니다. 두 번째 궤도가 다 차면 나머지 전자들은 다음 궤도에 들어가는 식으로 자리를 찾아갑니다. 두 번째 궤도 이후의 모든 궤도에는 전자가 8개씩 들어갑니다.

숫자로 보는 궤도

원자번호 6(양자 6개와 전자 6개가 들어 있다는 뜻)인 탄소의 경우, 첫 번째 궤도에 전자 2개가 들어가고, 두 번째(가장 바깥) 궤도에 나머지 전자 4개가 들어갑니다.

이렇게 원자와 그 구성 입자에 관한 기초 지식을 갖추고 나면, 원자들이 결합해 분자와 화합물을 이루는 방식을 더 잘 이해할 수 있습니다.

물질의 '실제' 구성단위

원자가 물질의 구성단위라는 말을 들을 때마다 과학자들은 한숨을 내쉽니다. 사실은 원자가 더 작은 입자로 구성되어 있기 때문이지요. 원자는 양자와 같이 더 작은 입자로 이루어져 있고, 오랫동안 과학자들은 이 입자가 물질의 구성단위라고 생각했습니다. 하지만… 양자와 중성자를 구성하는, 미세한 전하를 띠는 쿼크quark가 발견되었습니다. 쿼크는 실제로 본 사람이 없지만, 실험 결과에 따르면 존재할 수밖에 없는 입자입니다. 그러므로 (더 작은 단위가 발견될 때까지) 물질의 실제 구성단위는 쿼크입니다.

원소주기율표

과학자들은 다양한 원소의 관계를 나타내기 위해 주기율표를 만들었습니다. 여러분이 고등학교 화학 시간에 배운 바로 그것이지요. 원자량이 1인 수소로 시작하는 주기율표에는 존재가 확인된 원소 114개가 있고, 존재한다고 추정되는 118번 우누녹튬(수상한 이웃처럼 자세히 아는 사람이 없는 합성 원소)과 같은 원소도 몇 가지가 있습니다. 98가지 원소는 자연에 존재하지만, 나머지 원소는 (이 원소들을 합성하는) 실험실에서만 찾아볼 수 있지요.

원소주기율표에는 각 원소의 원자번호와 화학기호가 표시되어 있습니다. 간혹 원자량이 표기되어 있거나, 성질이 비슷한 원소 그룹이 색으로 구분되어 있기도 합니다.

화학결합
원자는 어떻게 서로 달라붙어 있을까?

원자는 다른 원자와 결합해 분자나 화합물을 형성합니다. 어떤 결합은 오래 유지되고 어떤 결합은 여러분의 고등학교 시절 첫사랑보다 짧게 끝나기도 하지요. 일반적으로 원자는 반대 전하의 인력에 의해 결합합니다. 그러므로 바깥쪽 껍질(궤도)에 전자가 가득 찬 원자는 다른 원자/원소와 결합해 분자나 화합물을 형성할 가능성이 적습니다.

그러나 (가장 바깥쪽, 즉 최외곽 궤도에) 자리가 남는 원자는 다른 원자와 결합할 가능성이 큽니다. 결합은 서로 다른 원자들이 전자를 주거나 받을 때, 또는 전자를 공유할 때 이루어지지요.

이온결합

이온결합은 원자 2개가 전자를 주고받아서 최외곽 궤도를 채울 때 이루어집니다. 소금(염화나트륨, NaCl)이라는 화합물이 전형적인 예입니다. 나트륨(Na)의 최외곽(세 번째) 궤도에는 전자가 1개뿐입니다. 외로운 전자이지요. 나트륨은 최외곽 궤도를 채우기 위해 다른 원자의 전자 7개를 끌어올 수도 있지만, 이것은 매우 어렵고 비현실적인 방법입니다. 모르긴 몰라도 불법일 게 틀림없어요. 그러므로 나트륨은 전자 하나를 포기하고 두 번째 궤도에 전자가 8개 들어찬 상태에서 안정을 찾게 됩니다. 그러나 이러면 나트륨 원자에는 전자가 10개, 양자가 11개가 됩니다. 이 불균형 때문에 원자는 이온이 되고, 나트륨 이온은 양전하를 띠게 되지요.

반면, 염소(Cl)는 최외곽 궤도에 전자 한 자리가 비어 있다는 딜레마를 안고 있습니다. 원자번호 17번인 염소 원자는 세 번째 궤도에 전자가 7개 들어차 있어 8번째 전자의 자리가 비어 있지요. (온라인 데이트 서비스에 가입할 필요도 없이) 나트륨과 천생연분입니다. 나트륨은 염소가 궤도를 채울 수 있도록 전자 1개를 내줍니다. 전자가 양자보다 1개 더 많아진 염소는 음전하를 띠는 염소 이온이 되지요.

결합 부위에서 바로 이런 일이 벌어집니다. 양전하를 띠는 나트륨 이온(Na^+)은 음전하를 띠는 염소 이온(Cl^-)에게 끌리고, 두 이온은 중간 강도의 화학결합을 이루며 염화나트륨(NaCl), 즉 소금이 됩니다.

> **용어 해부하기**
>
> **이온** ion
> 이온은 전자와 양자의 수가 달라 전하를 띠게 된 원자를 가리킵니다. 전자의 수가 양성자의 수보다 적으면 양전하를 띠고, 많으면 음전하를 띱니다.

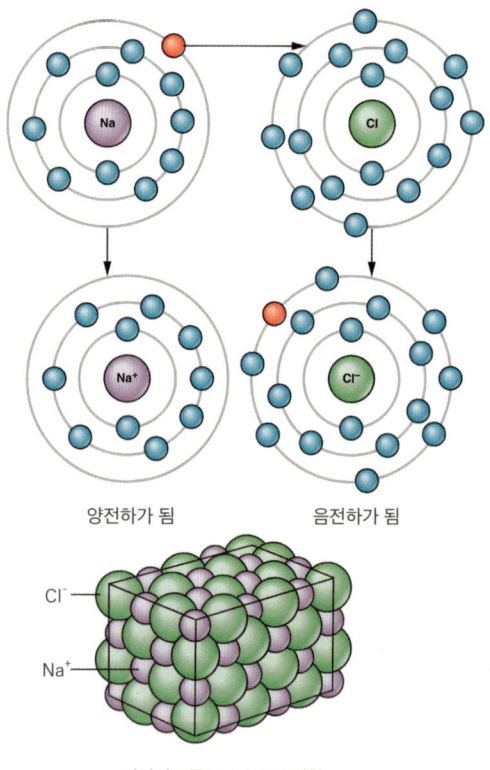

염화나트륨(NaCl)으로 결합

| 나트륨 원자와 염소 원자의 이온결합 과정.

수소결합

수소결합은 화합물 내에서 원자들이 전자를 공유할 때 이루어집니다. 물이 수소결합의 고전적인 예입니다. 수소는 원자번호 1번으로, 전자껍질(궤도)이 반만 차 있습니다. 즉 전자가 1개이지요. 원자번호 8번인 산소는 최외곽 껍질의 전자 자리가 2개 비어 있습니다. 그래서 산소는 2개의 수소 원자와 전자를 공유함으로써 산화수소(H_2O), 즉 물이 됩니다(수소 옆의 숫자 2는 이 화합물에 수소 원자가 2개 들어 있다는 뜻입니다). 이 상태에서는 세 원소의 최외곽 껍질이 모두 채워지지요.

그러나 산소 원자핵에 양자가 더 많이 들어 있으므로, 공유 전자는 수소 원자핵보다 산소 원자핵 주변에 더 오래 머뭅니다. 이 불균형 때문에 산소 원자 쪽은 약한 음전하를, 수소 원자 쪽은 약한 양전하를 띠게 되지요. 이런 극성이 물 분자에 인력을 일으켜 서로 달라붙게 합니다. 이런 유형의 결합은 3대 화학결합 가운데 가장 약한 결합입니다. 유기체가 어떻게, 무엇으로 발달해야 하는지 알려주는 지침서라고 할 수 있는 염색체의 DNA(유전부호) 이중나선도 수소결합을 이룹니다.

공유결합

가장 강력한 화학결합인 공유결합은 분자 또는 화합물이 전자를 대등하게 공유할 때 형성됩니다. 유기본지의 기본인 원자번호 6번 탄소는 최외곽 껍질을 채우려면 전자 4개가 더 필요합니다. 그러므로 탄소는 공유결합을 아주 잘 형성하지요. 탄소는 다른 원자들과 공유결합 4개를 이룰 수 있습니다. 이러한 공유결합이 반복되어 원자들이 줄처럼 길게 이어진 구조를 '사슬chain'이라 부릅니다.

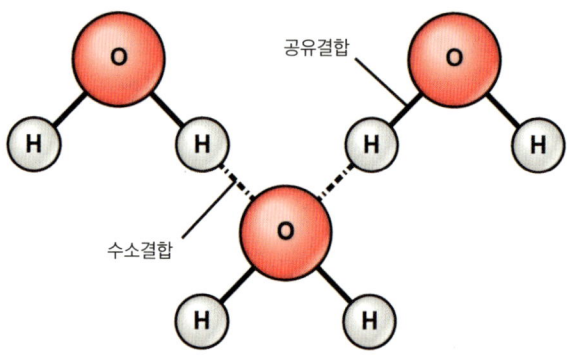

공유결합과 수소결합. 수소 원자와 산소 원자 사이의 결합은 공유결합, 물 분자들 사이의 결합은 수소결합이다.

한 걸음 더 읽기

공유결합 화합물의 예

아미노산은 공유결합으로 기본 구조가 형성되는 화합물로, (조직, 장기, 모발, 피부 등의 필수 요소인) 단백질을 이루는 유기화합물입니다. 아미노산은 탄소가 중앙에 있고, 이 탄소가 4개의 작용기(분자 안에서 특별한 성질이나 반응을 일으키는 핵심 부위)와 공유결합을 이루는 구조로 되어 있습니다. 작용기는 탄소기, 질소기(아미노기), 수소 원자 1개이고, 네 번째 작용기는 아미노산의 종류마다 다릅니다. 이 달라지는 작용기를 R기 또는 곁사슬이라고 부릅니다.

pH: 이온, 산, 염기

pH 수치는 어떤 물질이 산인지 염기인지 알려줍니다. '산acid'은 pH가 낮고 (특정 환경에서) 수소이온을 방출합니다. '염기base'는 pH가 높고 (특정 환경에서) 수산화이온을 방출합니다. 식초는 대표적인 산성 물질이고, 베이킹소다는 대표적인 염기성 물질이지요. 산과 염기가 만나면 화학반응이 일어납니다. 식초와 베이킹소다를 섞으면 거품이 일고 칙칙 소리가 나면서 기체가 발생하듯이 말이지요.

어떤 혼합물의 pH 수치는 본질적으로 그 물질에 있는 수소이온(H^+)의 양에 따라 달라집니다. 수소이온을 대량으로 방출하는 분자나 화합물이 들어 있는 용액은 pH 수치가 낮아져 산성 용액(pH 7.0 이하)이 됩니다. 반대로 수소이온의 농도가 낮아지면 pH가 7보다 커지고 염기(염기성 또는 알칼리성 용액)가 됩니다. 산과 염기를 나누는 국제 기준은 순수한 물(pH 7.0)을 중성으로 간주합니다.

한 걸음 더 읽기

우리 몸의 체액은 약알칼리

혈장과 체액의 pH는 7.3~7.4 정도입니다. 중성(7.0)을 기준으로 삼았을 때, 알칼리에 속하지요. 이 상태를 생리적 중립 지점physiological neutral point이라고 부릅니다. 우리 몸은 다양한 세포 활동 과정에서 pH를 이 수준으로 유지하려는 경향을 보입니다.

유기체는 대개 좁은 범위의 pH 내에서만 살아남을 수 있습니다. pH가 변하면 유기체는 여기에 반응하고, 변화(심지어 사망!)합니다. 예컨대, 사람의 혈액은 pH 7.3~7.4 이내에서 유지되어야 하며, 이를 벗어나면 생명이 위태로워집니다. (열심히 운동할 때 근육세포에서 젖산이 만들어지는 것처럼) 세포는 대사 과정에서 체내의 pH를 조절할 수 있습니다. 이처럼 pH의 균형을 유지하는 것은 생명을 유지하는 데 아주 중요한 요소입니다.

탄수화물과 단백질
우리는 탄소 기반 생명체

지구 위에 사는 생명체는 거의 모두 탄소로 이루어져 있습니다. 탄소에 기반한 유기체와 관련된 화학을 유기화학이라고 부르며, 유기화학은 탄수화물, 단백질, 지질, 핵산을 주로 다룹니다. '유기organic'화합물이라고 부르는 이 물질들은 숨을 쉬는 폐에서부터 발을 내딛는 에너지에 이르기까지, 이번 주말 우리가 마라톤을 뛰는 데 필요한 모든 요소를 구성합니다.

탄수화물

'당(또는 낭뉴)'이라고도 알려진 탄수화물은 에너지를 보존, 운반, 이전, 저장하는 과정에서 막중한 역할을 합니다. 식물은 태양에너지를 흡수해 탄소 분자를 탄수화물로 만드는 데 사용합니다 우리가 그 식물을 먹으면, 몸 안에서 복잡한 탄수화물 분자들이

낱개의 이산화탄소(CO_2) 분자로 분해되고, 이렇게 결합이 깨지는 과정에서 방출되는 에너지는 몸의 다른 곳에 이용됩니다. 우리 몸은 지방이나 기다란 탄수화물 사슬(다당류)에 에너지를 저장할 수도 있습니다.

단일 탄수화물 분자를 단당류라고 부릅니다. 포도당은 에너지를 저장하는 가장 중요한 단당류 중 하나입니다.

단당류 2개로 이루어진 탄수화물을 이당류라고 합니다. 포도당과 과당으로 이루어져 있는 수크로스sucrose는 대사(몸이 음식을 에너지로 바꾸고, 필요한 물질을 만들거나 분해하는 과정)에서 중요한 역할을 담당하는 또 다른 이당류입니다. 수크로스는 평소 우리가 설탕이라고 부르는 물질입니다.

> **한 걸음 더 읽기**
>
> **이당류보다 큰 탄수화물**
> 3~9개의 단당류로 구성된 탄수화물을 '올리고당'이라고 합니다. 2개 이상의 단당류로 구성된 탄수화물을 '다당류'라고 통칭하며, 다당류 중에는 올리고당보다 훨씬 더 긴 분자도 있습니다.

당류는 에너지 저장소입니다. 포도당 분자가 서로 결합하면 당원glycogen이 됩니다. 당원은 근육과 간세포(간을 이루는 세포)에 저장되어 있다가 우리가 늦잠을 자서 아침도 못 먹고 뛰쳐나가는 날처럼 에너지가 많이 필요하고 혈당이 낮을 때 사용되지요.

단백질

단백질은 세포의 안과 밖을 모두 구성하는 분자입니다. 세포를 제자리에 고정해주고, 세포가 몸 안에서 이동하는 동안 부착분자(세포가 서로, 혹은 주변 환경에 달라붙도록 돕는 분자)가 되어주며, 세포의 대사 활동을 촉진하는 효소가 되기도 합니다.

아미노산

아미노산이 펩타이드결합이라는 특별한 방식으로 결합하면 단백질이 됩니다. 그래서 단백질을 폴리펩타이드polypeptide라고 부르기도 하지요. 아미노산의 종류는 20가지에 이릅니다. 단백질의 최종 형태와 기능은 아미노산 조성에 따라 달라집니다. 아미노산에서 달라질 수 있는 작용기는 R기뿐이므로, 아미노산의 R기에 따라 단백질에 고유한 물리·기능적 특성이 부여되지요.

   예를 들어 발린valine이나 아이소류신isoleucine 같은 아미노산의 R기는 탄화수소(탄소와 수소로만 이루어진 분자)로 이루어져 있습니다. 이런 아미노산은 전기적으로 중립인 상태이므로 물과 같이 극성을 띠는 분자와 상호작용하지 않습니다. 그래서 이런 아미노산은 소수성(물을 꺼리는 성질)을 띠고, 세포막 같은 곳(지방산과 탄화수소 사슬로 구성된 소수성 구역)에 자주 등장하지요. 다른 아미노산은 (물에 이끌리는) 친수성을 띱니다. 아미노산은 종류에 따라 산성인 경우도, 염기성인 경우도 있습니다.

아미노산과 단백질의 접히는 구조

단백질의 최종 3차원 구조는 아미노산의 조성에 따라 달라집니다. 단백질의 1차 구조인 아미노산 사슬은 고유한 형태로 접혀 3차원 단백질 구조를 이룰 때만 기능을 발휘할 수 있습니다. 예를 들어, 글라이신glycin은 수소로만 이루어진 가장 작은 R기를 가지고 있습니다. R기가 크면 접힘을 방해할 수 있는데, 글라이신은 작기 때문에 쉽게 접힙니다.

단백질의 구조

단백질의 첫 번째 아미노산은 언제나 메티오닌methionine입니다. RNA에서 단백질합성을 시작하는 첫 신호가 메티오닌이기 때문입니다. 단백질의 1차 구조는 보통 한 줄로 이어지는 단백질 서열이지만, 유연한 단백질 분자는 두 가지 방식 중 하나로 저절로 뒤로 접힙니다.

1. 꺾이면서 옆으로 펼쳐지는 베타 병풍 구조beta pleated sheet (단백질이 판 모양으로 펼쳐지는 부위).
2. 가까운 영역이 말려들며 관을 형성하는 알파 나선 구조 alpha helix.

이 두 방식은 아미노산 사이의 수소결합으로 이루어지며, 단백질의 2차 구조를 만듭니다.

이렇게 단백질이 접히면 거리가 가까워진 아미노산들 사이에 결합이 이루어집니다. 시스테인cysteine이라는 아미노산을 예로 들어봅시다. 시스테인 2개가 가까워지면 이황결합을 형성해 커다란 단백질 고리가 만들어집니다. 이런 구조를 단백질의 3차 구조라고 부릅니다.

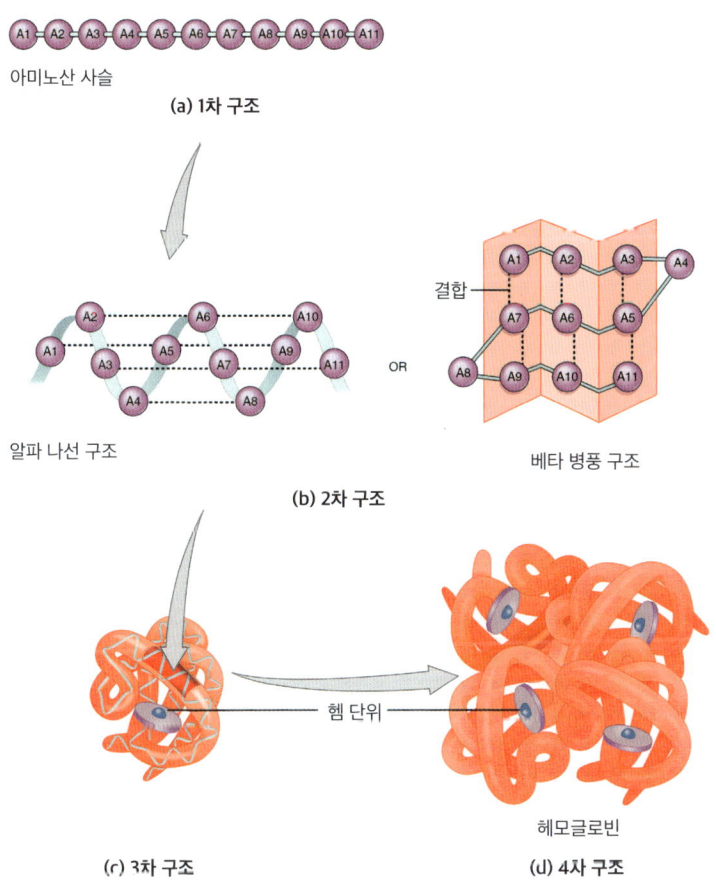

단백질의 구조 변화.

마지막으로 각각의 단백질 단위가 결합해 거대 단백질 응집체를 이룰 수 있습니다. 이런 4차 구조(2개 이상의 단백질 체인이 결합해 만들어진 최종 구조)는 헤모글로빈 분자에서 찾아볼 수 있습니다. 성인의 헤모글로빈(산소 운반 단백질)은 4개의 단백질 단위가 결합해 커다란 단일 분자를 이루어 혈류를 통해 산소를 운반합니다.

지질과 핵산
에너지 저장고와 암호 통신병

탄수화물과 단백질은 늘 관심을 많이 받지만, 지질과 핵산이야말로 세포생물학, 나아가 인간 생명의 핵심 요소입니다.

지질

지질lipid은 세포막을 구성하고 에너지를 저장하는 탄화수소 분자입니다. 전기적으로 중성인 탄화수소 사슬로 이루어진 소수성 물질이지요.

> **한 걸음 더 읽기**
>
> **기름이 물과 섞이지 않는 이유**
> 기름은 탄화수소(소수성 물질)이므로 물과 같이 전하를 띠는(극성) 분자와 상호작용하지 않습니다.

포화지방산 대 불포화지방산

지방산 사슬은 탄화수소 중합체(작은 분자가 여러 개 결합해 만들어진 긴 사슬 구조)에 카복실산carboxylic acid(탄소와 산소가 결합해 약산성을 띠는 화합물)이 붙어 있는 구조를 지닙니다. 탄소 원자들이 서로 단일결합(두 원자가 전자 한 쌍을 공유하는 가장 기본적인 형태의 결합)을 이루며 이어지고, 나머지 결합 부위는 수소 분자로 채워져 있지요. 이렇게 탄소의 모든 결합 부위가 다른 원자로 채워지면 포화지방산이 됩니다. 탄소의 결합 부위가 포화되면 직선형의 포화지방산 사슬이 됩니다.

그런데 탄소 원자들 사이에 전자 두 쌍을 공유하는 이중결합이 생기는(그래서 양쪽 탄소 원자에 수소 원자가 1개씩 덜 들어차는) 경우가 있습니다. 이렇게 생긴 불포화지방산은 이중결합 부위가 구부러져 있습니다. 하나의 지방산 사슬에 이중결합 부위가 2개 이상인 경우 다중불포화지방산이 됩니다.

건강에 좋은 지방과 나쁜 지방

포화지방산이 많은 음식을 섭취하면 콜레스테롤(동맥을 막을 수 있는 밀랍 같은 물질)이 늘어나 심장 건강을 해칠 수 있습니다. 포화지방산 대부분은 (육류나 유제품 같은) 동물성 음식에 들어 있지요. 심장 건강에는 불포화지방산이 좋습니다.

인지질

인지질은 형질막, 세포핵, 미토콘드리아(에너지를 생산하는 세포 내 구조), 소포(저장 및 수송 담당)와 같은 세포의 막 구조를 이루는 주요 구성 성분입니다. 기본적으로 글리세롤 분자 1개에 지방산 사슬 2개가 나란히 붙어 있는 구조를 지닙니다. 분자의 머리는 전하를 띠는 친수성이지만, 지방산 꼬리는 소수성입니다. 이런 이중성을 양친매성amphipathic이라고 부릅니다.

중성지방

중성지방은 신체에서 에너지를 저장하는 물질입니다. 흔히 '지방'이라고 부르지요. 이 성분은 지방세포에 저장되어 있다가 에너지가 많이 필요할 때 소환됩니다. 중성지방은 포도당의 두 배에 달하는 에너지를 내보낼 수 있지만, 탄수화물보다 에너지를 내보내는 속도가 느립니다. 세포에서 지방을 분해해 혈류로 내보내기까지 시간이 더 오래 걸리기 때문이지요.

스테롤

인체의 스테롤sterol(지방의 일종)은 주로 콜레스테롤입니다. 콜레스테롤을 흔히 몸에 나쁜 물질이라 생각하지만, 우리 몸은 콜레스테롤이 없으면 작동하지 못합니다. 콜레스테롤은 세포막의 간격을 유지해 안정성을 확보하는 데 중요한 역할을 하지요. 또한, 인체 기능을 유지하는 주요 호르몬인 에스트로겐과 테스토스테론도 콜레스테롤로부터 만들어집니다.

핵산

핵산은 모든 인체 세포에서 꼭 필요한 분자입니다. 핵산은 데옥시리보핵산(DNA)과 리보핵산(RNA)이라는 두 가지 형태로 존재합니다. 이 선형 분자들은 유전정보를 저장하고(DNA), 단백질합성 정보를 복사하는(RNA) 역할을 합니다.

DNA

이중나선 분자로 알려진 DNA는 두 가닥의 사슬이 수소결합으로 붙어 있는 구조입니다. 이 결합은 세포분열을 하는 동안 이루어지는 DNA 복제나 RNA 합성 혹은 (유전정보를 단백질로 변환하는) 전사 과정에서 쉽게 풀어집니다.

　DNA 가닥은 몇 가지 기본 단위로 구성됩니다. 첫째, 당 분자는 핵산 가닥의 기본 구조를 이룹니다(당 분자는 데옥시리보스 deoxyribose로, DNA의 'D'에 해당하지요). 기본 구조를 이루는 다른 요소로는 인산기가 있습니다. 인산기는 당류를 긴 사슬 형태로 이어줍니다.

　당에는 퓨린이나 피리미딘 계열의 핵염기 nucleobase도 붙어 있습니다. DNA에 들어 있는 퓨린은 아데닌(A)과 구아닌(G), 피리미딘은 티민(T)과 시토신(C)이라는 핵염기입니다. 이 핵염기들 사이의 수소결합이 DNA 사슬의 이중나선 구조를 지탱합니다. 핵

염기들은 언제나 A-T와 G-C로 일정한 쌍을 이룹니다. 분자 구조를 보면, A-T 쌍은 2중 수소결합, G-C 쌍은 3중 수소결합이지요. 그러므로 G-C 쌍을 분해하려면 A-T 쌍을 분해할 때보다 더 많은 에너지가 필요합니다. 이것은 DNA 복제와 RNA 합성 과정에서 나타나는 중요한 특징입니다.

퓨린과 피리미딘의 차이?

퓨린purine과 피리미딘pyrimidine에 해당하는 염기들은 모두 질소 염기입니다. 퓨린 계열 염기는 2개의 탄소-질소 고리로 이루어져 있고, 피리미딘 계열 염기는 1개의 탄소-질소 고리가 있습니다. 두 계열의 염기들이 수행하는 역할은 유사합니다.

RNA

RNA는 DNA와 구조가 비슷하지만, 중요한 차이가 있습니다. 리보핵산이라는 이름에서 알 수 있듯이, 첫 번째 차이는 당입니다. RNA에는 리보스ribose라는 당이 들어 있습니다. 또한 RNA는 두 가닥이 아니라 한 가닥으로 합성됩니다. 마지막으로 RNA에는 G, C, A가 들어 있지만, T는 없습니다. 대신 우라실uracil(U)이 들어 있지요.

지질과 핵산 · 43

주요 무기화합물
살아 있는 시체들의 밤

해부학을 공부하다 보면 주로 유기화합물(탄소가 함유된 분자)의 구조와 기능, 대사에 초점을 맞추게 됩니다. 하지만 무기화합물 또한 인간과 모든 생명이 존재하는 데 꼭 필요한 물질입니다.

탄소 기반 여부 외에도 유기물과 무기물 분자를 쉽게 구분하는 기준이 있습니다. 유기물 분자는 대개 생물이 만들어내고, 무기물 분자는 그렇지 않다고(대개 지질geologic 현상처럼 다른 방법으로 만들어진다고) 보면 됩니다.

물

지구상의 생명체는 대부분 탄소를 바탕으로 이루어져 있지만, 탄소와 무관한 물이 없으면 생명은 존재할 수 없습니다. 인체는 50~65퍼센트가 물로 이루어져 있습니다. 그중 3분의 2는 우리의 세포 안에, 나머지는 조직액이나 혈류 같은 형태로 세포 밖에 있지요. 우리 뇌는 85퍼센트, 뼈는 10퍼센트가 물로 이루어져 있습니다.

물은 극성을 띠는 분자로 이루어져 여러 분자(예를 들어, 염화나트륨)를 이온화할 수 있는 만능 용매입니다. 용매에 다른 물질이 녹으면 용액이 되지요. 만능 용매란 다양한 물질을 용해시킬 수 있는 용매를 말합니다. 용액의 예로 레모네이드를 들 수 있습니다. 식염수(염화나트륨이 녹은 물)도 있지요. 두 용액의 용매는 모두 물입니다. 인체에 있는 물은 염화물과 같은 원소들을 녹여냅니다. 단백질과 그 밖의 다른 분자에도 용매로 작용하시요.

> **용어 해부하기**
>
> **이온화** ionizing
> 전기적으로 중성인(전하를 띠지 않는) 원자(또는 분자)가 전하를 띠는 상태로 변하는 과정을 통칭하는 말입니다.

물은 인체에서 일어나는 여러 작용에 필수적인 기질substrate(또는 반응물)입니다. 기질이란 효소의 촉매반응이나 생화학반응의 대상이 되는 분자를 가리킵니다.

한 걸음 더 읽기

수압과 혈압의 관계
혈류의 수압은 혈압과 심장 활동에 큰 영향을 미칩니다. 신장은 체내 수분량과 수압 변화에 반응하며 혈압을 조절하지요. 예를 들어, 혈압이 오르면 이를 낮추기 위해 물과 소금의 배출량을 늘립니다.

인체에서 물이 하는 역할은 다음과 같습니다.

- 체온을 조절함.
- 관절을 부드럽게 하고, 조직을 촉촉하게 함.
- 노폐물을 씻어냄(변비를 예방하고 신장의 부담을 덜어줌).
- 혈류를 통해 물질과 가스를 운반함.
- 무기물 같은 물질을 몸에서 이용할 수 있게 녹임.

염의 역할

우리 몸은 여러 무기화합물을 (곧이어 등장하는 인산칼슘과 같이) 염$_{salt}$의 형태로 이용합니다. 염은 염기가 산과 반응해 생기는 이온 결합 화합물로, 전하를 띠는 물질(양전하를 띠는 이온과 음전하를 띠는 이온)로 이루어졌지만, 서로 상쇄되기 때문에 실제로는 전기적으로 중립입니다.

이런 성질 때문에 염은 몸속에서 용해되어 전해질(전도성을 띠는 자유이온)이 되고, 용액을 통해 전하를 운반할 수 있습니다. 예를 들어, 염화나트륨은 신경 자극 전달과 근육 수축에 필수적인 물질입니다. 그뿐 아니라 소화를 돕고, 체액량을 조절하는 데도 기여하지요.

인산칼슘

염의 일종인 인산칼슘은 뼈와 치아를 구성하는 주요 무기물입니다. 뼈와 치아는 우리가 자세를 유지하고, 움직이고, 먹기 위해 꼭 필요한 부위이며, 칼슘을 인산염 형태로 저장하는 중요한 역할을 담당합니다.

칼슘은 그중에서도 근육 수축, 신경 신호전달, 단백질 활성화에 필수인 이온입니다. 칼슘의 혈중농도가 줄어들면 세포 활동의 항상성을 유지하기 위해 뼈에 저장된 칼슘이 동원됩니다. 내분비샘에서는 칼슘 혈중농도를 조절하는 호르몬이 분비됩니다.

산과 염기

산과 염기는 우리 몸에서 수많은 역할을 합니다. 위에서는 염산을 이용해 음식을 소화합니다. 그러나 일단 염산이 음식과 섞인 다음에는 중화 작업이 필요합니다. 그렇지 않으면 다른 조직을 파괴할 수 있기 때문이시요. 우리 몸에서는 염산의 활동을 억제하기 위해 염기인 중탄산염을 만들어냅니다.

우리 몸은 체액의 pH를 일정하게 유지하기 위해 체내의 pH 수치에 미묘한 변화를 주는 완충제를 만들기도 합니다.

주요 무기화합물

미네랄

그 밖에도 인체가 기능하려면 미네랄 형태의 무기물이 필요합니다. 미네랄이란 자연에 존재하는 고체 물질로, 다양한 인체 기능을 돕습니다. 예를 들어, 철은 산소가 적혈구와 결합해 몸의 다른 곳으로 운반되는 과정을 돕습니다. 철이 부족하면 빈혈이 생기고, 피로해지거나 치명적인 질병에 시달릴 수 있지요. 어떤 미네랄은 호르몬을 만들거나 심장박동을 조절하는 데 사용됩니다. 우리 몸이 제대로 기능하려면 다음과 같은 미네랄이 필요합니다.

- 마그네슘
- 망간
- 요오드
- 아연
- 칼륨
- 불소

세포의 구성

세포의 은밀한 사생활

인체 세포 대부분은 여러 세포소기관cell organelle, 즉 특수한 기능을 담당하는 세포 내 단위로 이루어져 있습니다. 세포소기관이란 세포막, 세포질, 핵, 내막계, 미토콘드리아 등을 말합니다.

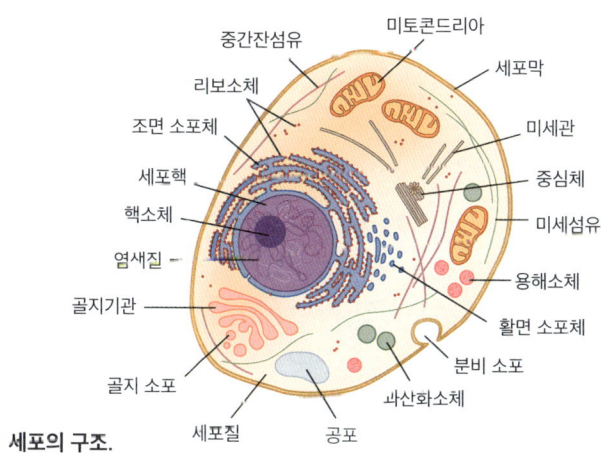

세포의 구조.

세포막

세포막membrane(또는 형질막)은 세포 안팎의 경계를 구분해줍니다. 단백질과 지질 분자로 이루어져 있는데, 세포의 종류에 따라 비율이 달라집니다. 보통 단백질 분자 하나에 지질 분자 50개가 배치됩니다. 그러나 단백질 분자가 지질 분자보다 훨씬 더 크므로, 단백질이 세포막 중량의 50퍼센트를 차지하지요. 이 분자들은 단백질과 지질로 이루어진 두 장의 층이 맞대고 있는 이중 막 구조로 되어 있습니다. 한 장은 세포 바깥쪽에, 나머지 한 장은 세포 안쪽, 즉 세포질에 닿아 있습니다.

세포막을 이루는 지질의 주성분은 인지질입니다. 인지질 막의 한쪽 면은 음전하를 띠는 인산기가 드러나 있으므로, 전하나 극성을 띠는 물 분자와 상호작용합니다. 반대쪽 면은 지방산 탄화수소 사슬로 된 비극성(소수성) 영역입니다. 이 부분은 기름과 물이 섞이지 않듯이, 극성을 띠는 분자와 물을 밀어내는 반투과성 막으로 효과적인 여과 장벽이 됩니다.

한 걸음 더 읽기

세포 구조에서 콜레스테롤이 하는 역할

세포막에는 콜레스테롤이 풍부합니다. 콜레스테롤은 막의 유동성을 조절하지요. 콜레스테롤 분자에는 인지질처럼 친수성 머리와 소수성 꼬리가 있어 인지질들 사이에 끼어들 수 있습니다. 그러면 인지질의 움직임이 제한되어 세포막이 더 안정적인 구조를 이룹니다.

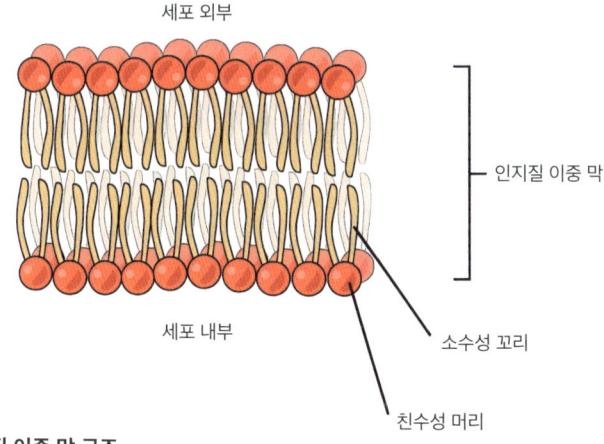

| 인지질 이중 막 구조.

 인지질 이중 막에 박혀 있는 단백질은 세포막의 한쪽 또는 양쪽에서 벌어지는 일에 관여합니다. 이렇게 막을 관통하는 구조 덕분에 다양한 세포 기능을 수행할 수 있지요. 세포막 단백질은 세포 안팎으로 물질을 수송하고, 세포를 고정하거나 세포의 이동을 지지해주는 부착점이 되기도 합니다. 화학신호를 수신하는 수용체로서 세포 안으로 신호를 전달해 세포 활동에 영향을 미치기도 하지요.

자유 부유 단백질
세포막 단백질은 한곳에 고정되어 있지 않습니다. 세포막 위를 떠다니기도 하고, 회전하기도 하고, 수평면을 기준으로 뒤집히기도 합니다.

세포질

세포질cytoplasm은 세포 내 영역을 이르는 말로, 세포막을 경계로 세포 바깥과 구분됩니다. 가장 활발하게 대사가 이루어지는 곳으로, 세포질 곳곳에는 세포의 작업장들이 있지요. 이곳에서는 융합된 물질을 분해하기도 하고, 단백질과 인지질을 생산하기도 합니다.

세포핵

세포의 한가운데에는 세포의 유전정보 DNA가 담긴 세포핵nucleus이 있습니다. 핵에서는 DNA 부호를 세포질 안에서 단백질을 만드는 RNA로 번역합니다.

핵막의 성분은 세포막과 같습니다. 그러나 핵막은 4중 인지질층(두 겹의 이중 막)과 그 사이의 핵막공간perinuclear cistern으로 이루어져 있습니다.

핵에서 가장 눈에 띄는 구조물은 단백질과 핵산으로 구성된 핵소체nucleolus입니다. 이곳에서 단백질합성에 필요한 rRNA(리보소체 RNA)가 합성되어 핵 바깥으로 이동할 준비를 마칩니다.

> **용어 해부하기**
>
> **리보소체 ribosome**
> 리보소체(리보솜)은 살아 있는 세포라면 어디에나 있는 구조물입니다. 유기체의 단백질 생산 대부분을 담당합니다.

핵막에 있는 단백질 복합체는 핵막을 드나드는 물질 수송을 조절합니다. 작은 수용성 분자는 막힘 없이 통과하지만, 커다란 분자는 도움을 받아야 통과할 수 있습니다. '조력자' 역할을 하는 동향수송cotransport 분자가 '화물' 분자와 결합해주어야 하지요. 그 중 핵 안과 밖으로 수송을 돕는 단백질을 각각 임포틴importin과 익스포틴exportin이라고 부릅니다.

내막계

세포막에 자리한 세포소기관들은 물리·기능적으로 서로 연결되어 내막계endomembrane system를 이룹니다. 내막계를 이루는 요소는 다음과 같습니다.

- 핵 외피(핵을 둘러싼 막)
- 골지기관
- 소포
- 형질막(세포막)

소포체

소포체endoplasmic reticulum(ER)는 단백질과 지질 생산에 중요한 역할을 합니다. 주름이 있는 넓은 막 구조로 되어 있고, 원형질 공간의 상당 부분을 차지하지요. 소포체에는 두 가지 유형이 있습니다.

- 조면 소포체rough ER(rER)는 단백질을 합성하는 리보소체라는 세포소기관으로 덮여 있어 표면이 거칠어 보입니다.
- 활면 소포체smoothe ER(sER)에는 리보소체가 없으며, 이곳에서 지질이 합성됩니다.
- 소포체에서 떨어져 나온 조각들은 소포vesicle라는 구형 막 구조물 형태로 이동하다가 골지기관 막과 결합합니다.

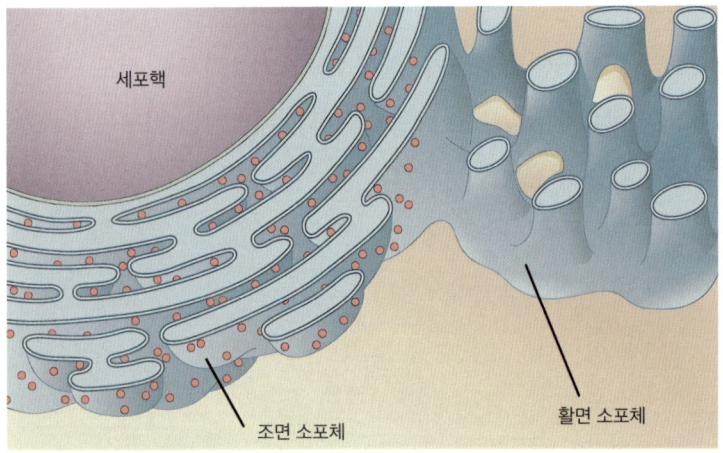

| 핵막의 조면 소포체와 활면 소포체.

골지기관

골지기관Golgi apparatus은 주머니 모양의 막들이 납작하게 여러 겹 포개진 구조물로, 목적지에 맞게 단백질을 분류해 포장하는 역할을 합니다. 소포가 골지기관의 안쪽 면에 도착하면 형성면cis face

에 새 층이 생겨납니다. 새 층이 하나씩 생길 때마다 기존의 형성면 층은 공장의 조립라인처럼 한 층씩 바깥으로 밀려납니다. 골지기관의 성숙면 trans face, 다시 말해 바깥쪽 마지막 층에서는 소포가 떨어져 나가 목적지로 향합니다.

어떤 물질은 세포막으로 배송되고, 어떤 물질은 미토콘드리아와 같이 막으로 이루어진 다른 세포소기관으로 전달됩니다.

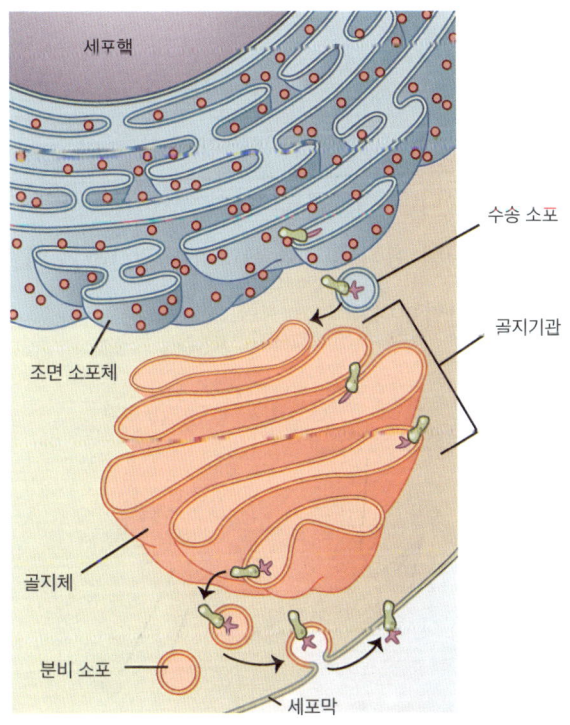

조면 소포체와 골지기관. 수송 소포는 소포체에서 합성된 단백질과 지질을 골지체로 운반하고, 분비 소포는 골지체에서 가공된 물질을 세포 밖으로 방출한다.

소포

세포가 제대로 기능하려면 내막계에서 수송을 담당하는 소포 외에도 다른 종류의 소포가 필요합니다. 용해소체lysosome(리소좀)는 단백질, 탄수화물 또는 지방을 분해하는 효소 덩어리입니다. 과산화소체peroxisome는 간과 신장의 세포에 많으며, 과산화수소가 들어 있어 에탄올을 해독하고 지방산을 분해합니다.

미토콘드리아

미토콘드리아는 세포가 쓸 에너지를 생산하는 곳으로, 핵막처럼 이중 막 구조로 되어 있습니다. 미토콘드리아도 핵처럼 DNA를 가지고 있습니다. 미토콘드리아의 게놈에는 30개 이상의 유전자가 부호화되어 있어 대사와 에너지를 생산하는 데 꼭 필요한 물질들을 생산합니다.

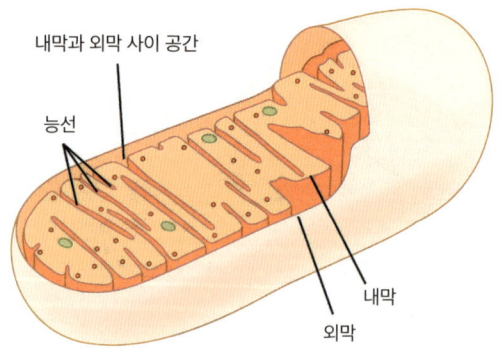

| 미토콘드리아의 구조.

미토콘드리아 외막은 편평한 캡슐 모양이지만, 내막은 능선 crista이라는 (표면적을 넓히는) 주름 막 구조로 되어 있습니다. 내막에는 단백질로 된 전자전달계 electron transport system가 있어 미토콘드리아 내부의 바탕질 matrix로부터 내막과 외막 사이의 공간으로 양성자 혹은 수소이온(H^+)을 실어나릅니다. 수소이온을 옮기며 생기는 에너지는 모든 인체 세포에 에너지를 공급하는 ATP(아데노신삼인산) 생산에 사용됩니다.

2장

조직: 세포들의 팀워크

조직의 구성
세포들이 똘똘 뭉친 팀

조직tissue이란 비슷한 세포들이 모여 특정한 층을 이룬 곳으로 장기organ의 고유한 기능을 수행합니다. 성인의 몸은 200가지가 넘는 세포로 이루어져 있지만, 모든 인간의 생명은 수정란이라는 하나의 세포에서 시작되지요.

조직의 발달

조직이 무엇인지 쉽게 이해하려면, 세포와 장기의 중간 단계라고 생각하면 됩니다. 세포로 구성되어 있는 조직이 장기를 구성하지요.

한 걸음 더 읽기

줄기세포와 조직

줄기세포란 조건이 갖춰지면 특정 세포나 장기, 또는 조직의 기능을 수행할 수 있는 미분화된 세포를 말합니다. 예를 들어, 적절한 환경이 조성되면 줄기세포는 몸의 다른 곳으로 전기신호를 전달하는 신경세포로 분화할 수 있습니다. 어떤 조직 내에서는 수리공처럼 손상 부위를 복구하기도 합니다.

배아 발달 초기에는 세포가 새로(그리고 빠르게!) 분열해 다른 인체 세포의 기원이 되는 세 가지 세포층을 형성합니다. 창자배 형성gastrulation이라고 부르는 이 과정은 (주머니배라고 부르는) 세포 뭉치가 층을 이루면서 진행됩니다. 처음에는 내층과 외층이 생깁니다. 이 층들이 합쳐져 세 번째 층인 중층을 형성하지요. 인간을 포함해 이렇게 세 가지 층을 갖춘 생물을 삼배엽성동물이라고 부릅니다.

이 층들을 배엽층germ layer이라고 부릅니다. 이 때 '배germ'라는 말은 병을 유발하는 세균germ과는 관련이 없고, '발아germinantion'라는 단어와 관련이 있습니다. 배엽층은 인체의 배아기에 만들어지며, 모든 조직과 장기의 기원이 됩니다(조직과 장기를 '발아'시킵니다). 각 층은 다음과 같습니다.

- 외배엽
- 중배엽

- 내배엽

외배엽은 몸을 덮는 피부가 됩니다. 중추신경계의 기원이 되는 신경관neural tube도 외배엽에서 시작하지요.

인체는 관 안에 관이 들어 있는 구조라고 볼 수 있습니다. 이때 외배엽은 피부라는 바깥쪽 관을, 내배엽은 안쪽 관을 형성합니다. 이 안쪽 관이 바로 소화관입니다.

양쪽 어디에도 포함되지 않는 많은 조직과 장기가 그 사이에 있는 중배엽에 속합니다. 근육과 뼈, 혈액, 결합조직은 모두 중배엽에서 생겨납니다.

> **용어 해부하기**
>
> **기관발생** organogenesis
> 배엽에서 인체의 모든 장기가 만들어지는 과정을 가리키는 말입니다.

우리 몸은 크게 네 가지 조직으로 이루어져 있습니다.

- 상피조직은 몸을 보호합니다
- 결합조직은 구조들을 연결합니다.
- 근육조직은 수축 운동을 수행합니다.
- 신경조직은 운동을 조율합니다.

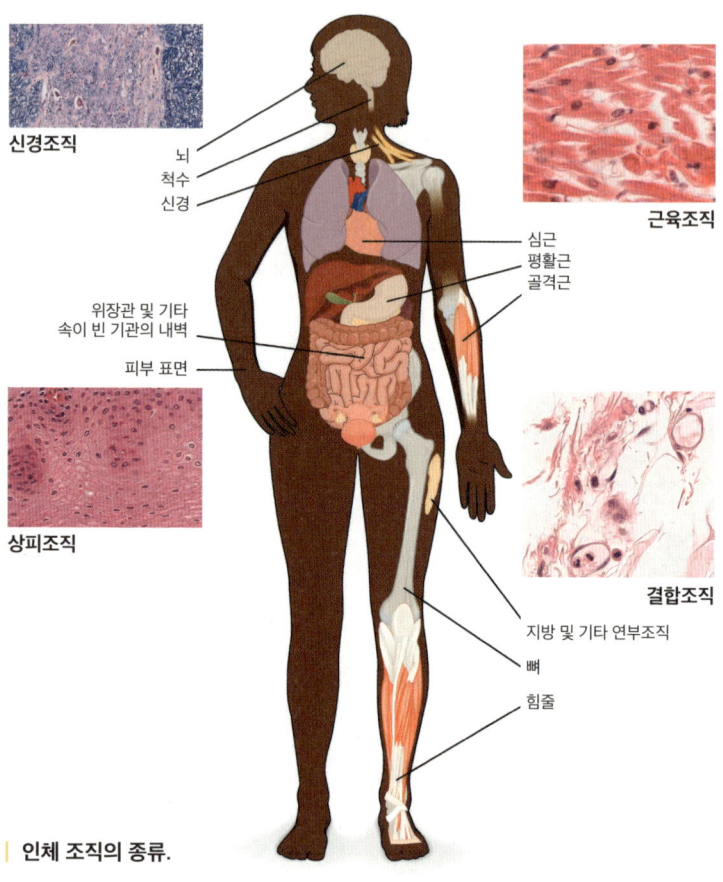

인체 조직의 종류.

> **한 걸음 더 읽기**
>
> **해부학은 생리학과 어떤 관계가 있을까?**
>
> 해부학은 '형태'나 '구조'를, 생리학은 '기능'을 다룬다고 생각하면 됩니다. 두 분야는 서로 연관되어 있고 따로 떼어낼 수 없습니다. 예를 들어, 근육조직에는 수축하는 성질이 있어서(해부학), 몸을 움직이는 데 사용됩니다(생리학).

조직학은 조직 자체와, 조직들이 어떻게 하나의 온전한 인체를 작동시키는지를 다루는 학문입니다. 과학자들은 어떤 장기의 고유한 기능을 담당하는 조직을 '실질parenchyma', 혈관이나 신경과 같이 그 장기의 고유 기능을 수행하지 않는 나머지 조직을 '버팀질stroma'이라고 부릅니다. 어떤 장기의 작동 방식(또는 제대로 작동하지 않는 이유)을 제대로 이해하려면 실질과 버팀질을 모두 살펴야 합니다.

상피조직
내 몸을 감싼 껍데기

인체의 4대 기본 조직 중 하나인 상피조직epithelial tissue은 몸의 표면이나 속이 빈 장기의 내벽을 덮고 있습니다. 피부 표면과 마찬가지로 위와 장의 내벽도 상피조직으로 이루어져 있지요. 실제로 체강(몸 안에서 장기들이 위치하는 빈 공간) 안쪽도 얇은 상피세포층으로 덮여 있습니다. 이 세포층은 내부를 보호하고, (피부가 병원체의 침입을 방지하듯이) 방수 장벽을 형성해 물질의 유입을 막거나 물질을 가둬두는(위 내벽이 염산을 가두어 다른 부위를 보호하는 것과 같은) 역할을 합니다.

상피세포의 종류

상피세포epithelial cell는 모양에 따라 분류할 수 있습니다. 어떤 상피세포는 달걀프라이처럼 납작하고 핵 부위가 볼록 솟아 있습니다. 이렇게 납작한 세포를 편평상피squamous epithelium라고 부릅니다. 어떤 상피세포는 세포의 폭과 높이가 같은 정육면체 모양입니다. 이런 세포를 입방상피cuboidal epithelium라고 합니다. 마지막으로 폭보다 키가 커서 기둥처럼 생긴 상피세포를 원주상피columnar epithelium라고 부릅니다.

층의 개수

한 층으로 된 상피조직을 단층상피simple epithelium라고 합니다. 단층상피에서는 모든 상피세포가 바닥막이라는 아래층의 조직과 닿아 있습니다. 여러 층의 상피세포로 구성된 상피조직은 중층상피stratified epithelium라고 부릅니다. 이런 중층상피에서는 맨 아래 세포만 아래층 조직과 닿아 있습니다. 우리 몸에는 여러 층인 것처럼 보이지만 자세히 보면 모든 세포가 바닥막에 닿아 있고, 세포의 키가 크거나 들쭉날쭉한 부위가 있습니다. 이것이 바로 중층상피와 혼동하기 쉬운 거짓중층상피pseudostratified epithelium입니다.

상피를 묘사할 때는 모양과 층의 개수를 모두 고려해야 합니다. 납작한 세포가 한 층으로 덮여 있으면 단층편평상피라고 부릅니다. 비슷한 방식으로, 상피조직이 여러 층으로 되어 있고 표면이 정육면체 모양의 세포로 덮여 있으면 중층입방상피라고 부릅니다.

여러 층으로 구성된 상피조직은 어떻게 분류할까?
상피조직이 여러 층으로 되어 있으면, 아래층의 세포 모양과 상관없이 표면에 있는 상피세포 모양을 기준으로 분류합니다.

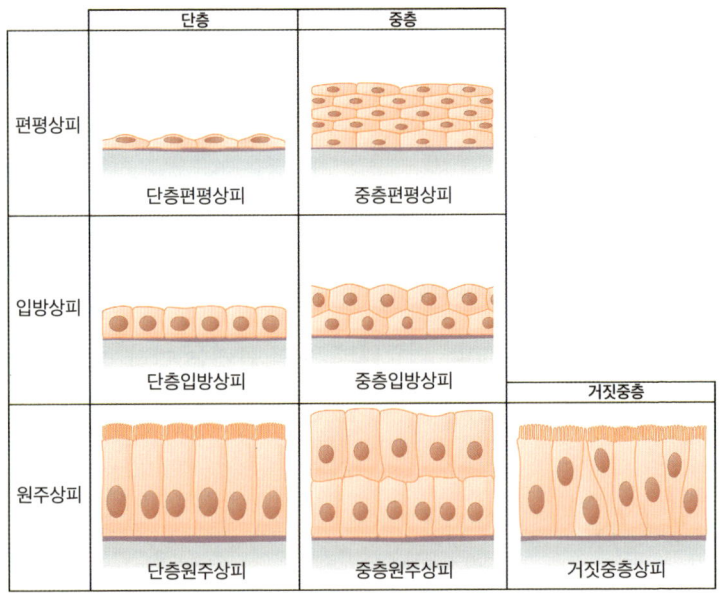

| 상피조직 세포의 유형.

    요관(콩팥에서 방광으로 오줌을 보내는 가늘고 긴 관)과 방광 내벽은 이행상피transitional epithelium로 덮여 있습니다. 중층상피인 이 부위의 표면은 돔 모양(방광이 비었을 때)과 납작한 모양(방광이 차 있을 때)을 오가는 커다란 세포로 덮여 있습니다. 이행상피 조직의

세포는 핵이 2개인 경우가 많아서 쉽게 알아볼 수 있습니다.

상피세포 꼭대기의 모양

장기의 속이 빈 공간, 즉 내강lumen의 상피세포 표면을 꼭대기면 apical surface이라고 부릅니다. 이곳의 세포들은 조직의 생리 기능에 특화된 막을 갖추고 있습니다. 꼭대기면에서 일어나는 변형 중 하나로 호흡기 섬모cilia가 있습니다. 호흡기 상피세포의 꼭대기에는 털 모양의 섬모가 자라나 앞뒤로 움직이며 물질을 운반합니다.

소장세포의 꼭대기에는 미세융모microvilli가 있습니다. 손가락이 뒤엉키와 있는 섯지럼 생긴 이 돌기는 세포의 표면적을 넓혀 영양소와 물을 잘 흡수할 수 있게 하지요.

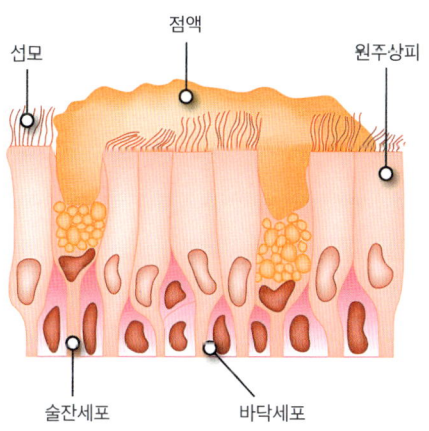

| 호흡기 상피세포와 섬모의 구조.

바닥막

상피층 아래에는 건물을 땅 위에 단단히 고정하는 것처럼 상피세포를 고정해주는 분자들이 위치한 바닥막basement membrane이 있습니다. 바닥막은 라미닌laminin(세포부착분자)이 상피세포를 고정하고, 다른 바닥막 분자들이 아래의 결합조직과 엮여 상피층을 더욱 단단히 붙들어주는 이행부위(서로 다른 두 조직이 맞닿아 점진적으로 변하는 경계를 이루는 부위)입니다.

바닥막은 3개의 판lamina(층)으로 구성되어 있습니다.

- 투명판lamina lucida은 상피세포 아래에 면한 투명한 층으로, 이곳에 세포부착분자가 있습니다.
- 투명판 아래에 치밀판lamina densa이 있습니다. 아교질이 그물처럼 촘촘하게 엮여 있어 어두운 색을 띠는 곳입니다. 치밀판 역시 세포를 고정해주는 층입니다.
- 가장 아래에 그물판lamina reticularis이 있습니다. 아래층의 결합조직 섬유가 위로 뻗어 나와 치밀판 분자와 엮이는 곳입니다.

용어 해부하기

바닥판 basal lamina
투명판과 치밀판을 일컬어 부르는 말입니다. 바닥막과 헷갈릴 수 있지만, 이 둘은 다른 용어입니다.

결합조직과 근육조직

세상의 조직들이여, 연합하라

인체를 이루는 기본 조직 중에는 결합조직 connective tissue 과 근육조직 muscle tissue 이 있습니다. 두 조직은 형태도 기능도 다르지만, 상피조직과 신경조직의 관계처럼 협력해 인체 기능을 수행합니다.

결합조직

이름에서도 알 수 있듯이, 결합조직은 조직 사이의 부착을 돕는 세포와 분자로 구성되어 있어서 다른 조직들을 결합해줍니다.

결합조직 세포

섬유모세포 fibroblast 는 결합조직을 이루는 주된 세포로, 잡아당기고 늘어나는 힘을 조직이 버틸 수 있도록 해주는 아교질 collagen (콜라젠) 단백질을 축적합니다. 늘어난 조직을 되돌리는 탄력섬유

elastic fiber도 만들어내지요. 결합조직에는 진공청소기처럼 병원균과 잔해를 제거하는 대식세포macrophage도 있습니다. 지방세포adipocyte도 빼놓을 수 없지요. 이 세포는 지방 방울(지질, 콜레스테롤, 지방산)을 가득 채우고 있다가 에너지가 필요할 때 방출합니다. 우리 몸에 연료가 남아돌 때는 연료 물질이 지방으로 저장되고, 혈액 내에 연료가 부족해지면 저장된 지방이 유용한 에너지 형태로 전환됩니다.

결합조직의 분류

결합조직은 세포와 섬유의 비율, 그리고 섬유의 밀집도에 따라 분류할 수 있습니다.

- 느슨한 결합조직loose connective tissue은 섬유가 성글고 세포가 많아 느슨한 틈으로 세포들이 이동합니다. 큰 혈관 주위, 피부 상피조직 아래, 소화기와 호흡기에서 느슨한 결합조직을 찾아볼 수 있습니다.
- 치밀 불규칙 결합조직dense irregular connective tissue은 느슨한 결합조직보다 섬유가 더 많고 세포는 더 적습니다. 섬유의 배열 형태에 따라 분류됩니다. 피부 진피는 아교질 섬유가 불규칙한 형태로 소용돌이치는 치밀 불규칙 결합조직입니다.
- 치밀 규칙 결합조직dense regular connective tissue은 대부분 아교

질이나 탄력섬유로 이루어져 있고 세포가 거의 없습니다. 섬유가 나란하게 빽빽이 들어차 있지요. 뼈와 뼈를 연결하는 인대나 근육을 뼈에 연결하는 힘줄(건)은 치밀규칙결합조직으로, 늘어나는 힘을 버티는 데 강합니다.

근육조직

근육은 몸을 움직일 뿐 아니라 몸속 물질을 운반하기도 합니다. 모든 근육의 유일한 기능은 수축입니다. 근육 수축은 액틴actin과 마이오신myosin이라는 두 단백질이 미끄러지면서 일어납니다. 겹쳐 있는 액틴과 마이오신은 서로 미끄러져 들어가면서 세포 양 끝을 당겨 근육을 짧아지게 합니다.

골격근

골격근skeletal muscle은 뼈에 붙어 있는 근육을 의미합니다. 우리 몸은 근육이라는 엔진이 뼈라는 지렛대를 잡아당기는 구조 덕분에 움직일 수 있습니다.

  배아가 발달하는 과정에서 근육세포들이 융합해 핵이 여러 개인 기다란 근육세포 줄기를 이룹니다. 이것이 골격근 섬유입니다. 개별 근육 섬유에는 서로 중첩되는 액틴과 마이오신 분자가 기다란 기둥을 이루며 들어차서 세포핵이 모두 세포막 주변으로 밀려납니다. 골격근 세포는 액틴과 마이오신의 반복적인 중첩 구조로 가로무늬가 나타납니다.

수의적(의지에 의해) 조절이 가능한 유일한 근육 유형이 골격근입니다. 근육 수축을 의식적으로 조절할 수 없다면 잔을 집어 들거나 달리기 경주에 참가할 수 없겠지요.

> **용어의 해부학**
>
> **근절** sarcomere
> 사슬의 연결 고리처럼 액틴과 마이오신이 직렬로 반복되는 단위를 칭하는 말로, 근육원섬유마디라고도 부릅니다. 근육이 수축할 때는 각 근절이 조금씩 짧아집니다. 모든 근절이 동시에 짧아지면, 이 변화들이 합쳐져 근육이 몇 센티미터 짧아집니다.

심근

심근cardiac muscle(심장근육)도 골격근과 마찬가지로 액틴과 마이오신이 중첩되며 가로무늬가 나타납니다. 그러나 무의식적으로 조절되는 불수의근이라는 점이 다르지요. (달리거나 쉬면서) 운동 상태를 조절해 심박수를 늘이거나 줄일 수는 있지만, 의지만으로 심박수를 조절할 수는 없습니다.

기다란 기둥 모양의 골격근과 달리, 심근 세포는 불규칙하게 갈라져 있습니다. 이렇게 갈라진 가지들은 그물망처럼 서로 엮여 있어 심근은 (선형으로 수축하는 골격근과 달리) 3차원으로 수축할 수 있습니다.

심근 세포들은 사이원반intercalated disk이라는 부착점을 통해 서로 연결되어 있습니다. 사이원반 덕분에 수축할 때도 서로 단단히 붙어 있지요. 사이원반에는 틈새이음gap junction이라는 세포막 터널이 있어서 한쪽 세포에 있는 물질들이 방해 없이 이웃 세포로 흘러 들어갈 수 있습니다. 그러므로 심근 세포들은 틈새이음을 통해서도 이어져 있는 셈입니다. 심장은 여러 부분으로 구성되어 있지만 하나의 단위처럼 기능합니다.

평활근

평활근smooth muscle에는 골격근과 심근에 있는 가로무늬가 없습니다. 액틴과 마이오신이 있지만 규칙적인 배열을 이루지 않기 때문이지요. 평활근의 액틴과 마이오신은 세포막 전체에 흩어져 있는 치밀소체dense body라는 단백질 덩어리에 붙어 있습니다. 이런 3차원 구조 때문에 세포는 수축하면서 쪼그라듭니다.

 평활근은 심근과 마찬가지로 불수의근이며, 틈새이음을 통해 결합해 평활근 조직 띠를 구성할 수 있습니다. 평활근은 소화관, 요관, 혈관과 같은 속이 빈 장기를 둘러싸고 있고, 소변과 같은 물질의 이동을 돕습니다. 예를 들어 유문 괄약근은 물질이 언제 어떻게 위에서 소장으로 넘어갈지를 조절하는 근육 띠입니다. 이렇게 평활근 띠가 수축하면 장기 내부의 통로가 좁아지거나 닫히고, 이완하면 통로가 열립니다.

신경조직

신경 쓰지 마? 그거 어떻게 하는 건데?

신경조직은 몸의 한 곳에서 다른 곳으로 전기신호를 보냅니다. 이 신호들은 처리해야 할 정보를 몸에서 중추신경계로, 또는 중추신경계에서 몸으로 전송할 수 있습니다. 예를 들어, 뜨거운 난로에 손을 대면 신경 반응이 일어납니다. 신경세포들은 무엇인가 뜨거운 것이 닿았다는 정보를 뇌(중추신경계)에 전달하지요.

신경세포

신경세포neuron(뉴런)는 신경계의 신호전달 세포로, 모양과 크기가 다양합니다. 일반적으로 몸통에서 신경돌기neurite가 뻗어 나와 삐죽삐죽한 모습이 특징이지요. 신경돌기는 신호전달 방향에 따라 이름이 달라집니다. 전기신호를 신경세포 몸통으로 전달하는 신경돌기는 가지돌기dendrite(수상돌기)라고 부릅니다. 신호를 신경세포 몸통에서 내보내는 돌기는 축삭axon(축삭돌기)이라고 부르지요. 보통 신경세포에는 가느다란 가지돌기 여러 개와 길고 두꺼운 축삭 1개가 달려 있습니다.

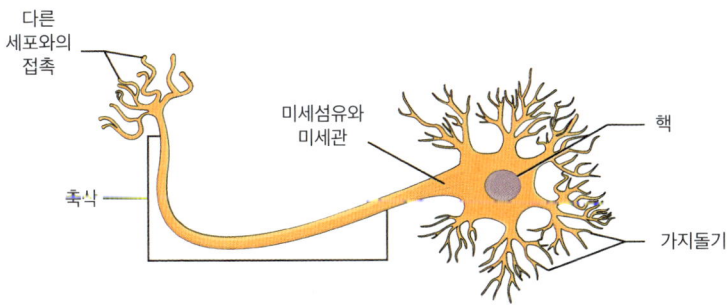

| 신경세포의 구조.

신경아교세포

신경계에서 신호전달을 담당하는 세포는 신경세포이지만, 신경세포가 신경계에서 차지하는 비율은 20퍼센트에 불과합니다. 신경계의 부피는 대부분 신경아교세포neuroglia라고 불리는 지지세포(신경세포를 보호하고, 구조를 지지하며, 대사 기능을 돕는 세포)가 차지합니다.

신경아교세포는 '신경 접착제'다?

'신경아교세포neuroglia'라는 용어는 '신경 접착제nerve glue'를 의미하는 그

> 리스어에서 유래했습니다. 사실 신경아교세포는 아무것도 붙여주지 않습니다. 과학자들이 이 세포를 처음 발견했을 때 접착제 역할을 한다고 오해했기 때문에 이런 이름이 붙었을 뿐이지요.

영화관 화면에 등장하는 배우들은 영화 제작에 참여한 인원 가운데 극히 일부일 뿐입니다. 화면 뒤에서 활약하는 스태프들처럼, 신경아교세포도 신경계의 숨은 구성원입니다. 신경아교세포는 신경세포보다 작고, 신경돌기가 없습니다. 이 세포는 신호를 주고받는 일에는 직접 관여하지 않습니다. 대신 신경세포 주위의

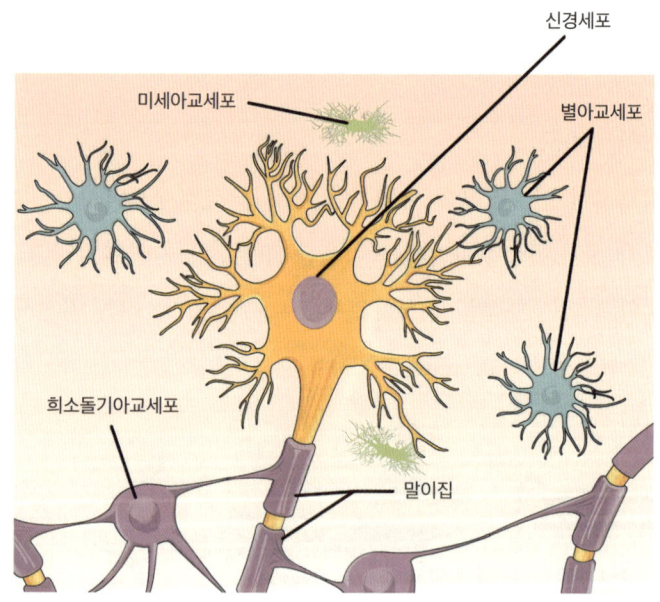

| 신경조직 내 신경세포와 다양한 신경아교세포.

환경을 유지하고, 신경전달물질 섭취를 조절해 신경세포를 지원하지요. 또한 손상된 신경세포를 복구하는 등 다른 지지 기능도 수행합니다.

> **용어 해부하기**
>
> **신경전달물질** neurotransmitter
> 신경세포들 사이에서 신호를 전달하는 화학물질입니다. 신경세포들 사이에는 시냅스synapse라는 작은 공간이 있는데, 이 공간에서 전기신호가 신경전달물질 형태의 화학신호로 바뀌어 전달됩니다.

말이집형성 세포

신경아교세포 중 하나인 말이집형성 세포myelinating cell는 신경세포의 축삭을 보호하는 절연재 역할을 합니다. 온몸에 절연 테이프를 여러 겹 둘러 감듯, 이 세포는 축삭의 세포핵 주위를 40~50번 둘러 감습니다.

말이집myelin은 축삭을 단단히 감아 둘러싸는 막 구조를 가리킵니다(말이집형성은 무엇인가를 감아 둘러싸는 현상입니다). 말이집이 축삭을 절연해주면, 신경세포의 전기신호 전달 속도가 훨씬 빨라집니다. 팔다리 부위의 신경세포에 말이집을 형성하는 신경아교세포는 이 세포를 발견한 생리학자 테오도어 슈반Theodor Schwann의 이름을 따서 슈반 세포Schwann cell라고 부릅니다.

중추신경계에서는 희소돌기아교세포oligodendrocyte가 말이집형성을 담당합니다. 이 세포는 문어발처럼 팔을 여러 개 뻗을 수 있어 세포 하나가 여러 축삭에 말이집을 만들 수 있습니다.

별아교세포

또 다른 신경아교세포로는 별 모양을 띠는 별아교세포astrocyte가 있습니다. 이 세포는 혈관을 둘러싸고 혈류 안팎으로 이동하는 물질을 조절합니다. 이를 통해 신경계를 감염으로부터 보호하지요. 별아교세포는 혈액뇌장벽blood-brain barrier(뇌 조직으로 들어오는 이물질을 막아 뇌를 보호하는 관문 역할을 하는 기전)의 일부를 구성하며 병원균을 걸러내고, 영양소의 이동과 노폐물 처리를 돕습니다.

미세아교세포

미세아교세포microglia는 신경계의 진공청소기입니다. 포식세포로 알려진 이 세포는 신경계를 순찰하면서 병원균과 노폐물을 찾아내 포식작용phagocytosis을 통해 제거합니다. 또한, 해로운 이물질을 에워싸 세포가 손상되기 전에 효과적으로 없애버리지요.

뇌실막세포

중추신경계의 마지막 신경아교세포는 뇌실막세포ependymal cell입니다. 이 세포들은 뇌척수액을 생산하는데, 뇌척수액은 척수와 뇌 주위를 순환하며 머리와 척추에 가해지는 충격을 흡수합니다. 또한, 뇌척수액이 생성되고 제거되면서 생기는 척수액의 흐름은 혈액뇌장벽을 강화하지요. 병원균이 중추신경계에 접근하려면 이렇게 강처럼 흐르는 뇌척수액을 헤엄쳐 건너야 합니다.

이렇게 중추신경계와 말초신경계에 있는 조직과 장기는 다양한 신경세포로 이루어져 있습니다.

3장

피부:
우리가 평생 입는 옷

피부와 털, 손발톱

피부에 양보하세요

인체에서 가장 큰 장기는 무엇일까요? 놀랍게도, 피부입니다. 여러 층으로 구성된 피부는 우리 몸을 감싸며 감염과 탈수로부터 보호해줍니다. 피부에 난 털은 접촉을 감지하고 체온을 유지하지요. 피부의 땀샘은 증발 작용을 통해 체온을 낮춥니다.

표피

피부는 우리 몸 전체를 감싸고 있지만, 부위에 따라 차이가 있습니다. 팔의 피부와 발바닥의 피부는 확연히 다른데, 이런 차이는 주로 표피(맨 위)의 두께 때문입니다.

표피는 최대 다섯 가지 층으로 이루어집니다.

- 기저층

- 가시층
- 과립층
- 투명층
- 각질층

각 층을 하나씩 살펴볼까요? 피부의 가장 아래, 바닥막 바로 위의 기저층stratum basale은 세포분열을 통해 피부 표면에서 오래된 세포가 떨어져 나갈 때마다 지속적으로 새로운 세포를 공급합니다. 표피 대부분을 이루는 이 세포를 각질세포keratinocyte라고 합니다. 기저층에는 감각신경세포와 연결되어 자극을 감지하는 메르켈세포Merkel cell도 있습니다. 이 세포는 주로 손끝, 입술, 얼굴 등 촉각이 예민한 부위에 많이 분포합니다. 기저층 위에는 가시 모양의 세포들로 구성된 가시층stratum spinosum이 있습니다.

> **용어 해부하기**
>
> **멜라닌세포 melanocyte**
> 색소가 함유된 세포로, 피부에 고유한 색을 부여해줍니다. 이 세포는 표피 가시층 전체에 분포합니다. 마치 해변의 파라솔처럼 아래에서 분열하는 세포들이 자외선에 의해 손상되지 않도록 덮어주는 역할을 하지요.

(죽은 세포를 살아 있는 세포로 대체하면서) 위로 밀려 올라간 피부세포(각질형성세포)는 과립층stratum granulosum에 도달합니다. 이 세

포에는 각화유리질 과립(작고 둥근 알갱이)이 들어차 있어서 피부의 구조를 유지해주고, 오돌토돌한 외형을 띠지요. 과립층이 살아 있는 세포로 된 마지막 층입니다.

그 위에는 투명층 stratum lucidum이 있습니다. 죽은 피부 세포로 구성된 얇고 투명한 층입니다. 그 위에 두께의 편차가 큰 마지막 층인 각질층 stratum corneum이 있습니다. 각질층은 여러 층의 죽은 세포로 이루어져 있으며, 감염으로부터 우리 몸을 보호하는 진정한 일차 방어선입니다.

> **용어 해부하기**
>
> **표피탈락 desquamation**
> 죽은 피부 세포가 떨어져 나가는 과정을 일컫는 말입니다. 피부에서는 계속해서 표피 세포가 떨어져 나가고 새로운 세포가 만들어집니다. 새 세포가 피부 아래에서 표면까지 올라오는 데는 14일 정도가 걸립니다.

피부가 가장 두꺼운 곳은 손바닥과 발바닥입니다. 앞서 살핀 다섯 층 가운데 각질층이 가장 두껍습니다. 두꺼운 피부는 걷거나 물건을 쥘 때 생기는 마찰로부터 피부를 보호해줍니다. 다른 부위의 피부와 달리 모낭이나 기름샘(피지샘)이 없고, 땀샘도 적은 편이지요. 손바닥이나 발바닥도 축축해질 때가 있지만, 다른 부위에 비해 땀 분비량이 훨씬 적습니다.

우리 몸의 대부분은 얇은 피부로 덮여 있습니다. 이런 부위에는 두꺼운 피부의 다섯 층 가운데 두 층(과립층과 투명층)이 없습니다. 대신 털의 성장을 돕는 모낭과 기름샘이 많지요. 땀샘도 얇은 피부와 두꺼운 피부 어디에나 있지만, 얇은 피부에 훨씬 밀집해 있어서 땀을 배출해 몸을 식혀줍니다.

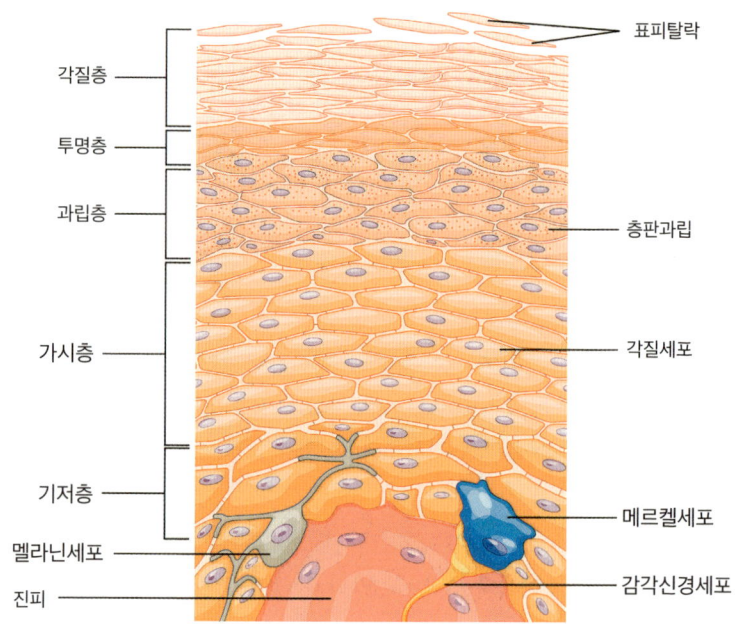

| 표피를 이루는 층 구조.

진피

진피는 표피 아래 위치한 층으로, 진피 아래에 있는 결합조직(피하조직)과 표피 사이에서 이행부위를 이룹니다. 주로 아교섬유,

탄력섬유, 지방조직으로 이루어진 치밀 불규칙 결합조직입니다. 진피에는 피부에 혈액을 공급하는 혈관뿐 아니라 압력과 통증, 온도를 감지하는 여러 신경종말(신경섬유의 끝부분)과 수용체가 분포합니다.

털과 손발톱

털과 손발톱은 피부가 변형된 구조물입니다. 각질층과 동일한 물질로 이루어져 있지요. 각질층이 얼마나 치밀하게 압축되었는지, 그리고 다른 죽은 세포들과 함께 어떻게 배열되어 있는지가 다를 뿐입니다.

털

각질층의 죽은 세포들을 가져다가 죽은 세포로 이루어진 튜브 안에 단단히 말아 넣는다고 생각해보세요. 그게 바로 털입니다. 모낭은 표피에서 진피 쪽으로 깊게 파인 작은 구덩이입니다. 모낭 가장 깊숙이에는 모근이 있습니다. 세포가 분열하는 곳이지요. 모낭에 영양을 공급하고 털의 성장을 돕는 혈관이 분포하는 곳이기도 합니다.

　털은 새로운 층이 더해지면서 모낭 밖, 즉 피부 표면으로 계속 자라 나옵니다. 털이 자라면서 표피의 다른 층들이 털의 몸통을 둘러싸고 지탱해주지요. 모낭과 연결된 입모근(털세움근)이라는 근육도 있습니다. 털을 세우는 역할을 하는 작은 근육으로, 추위나 공포 등의 자극을 받으면 수축해 털을 곤두세우지요. 피부에 도톨도톨한 소름이 돋는 것도 입모근 때문입니다.

손발톱

피부 표면과 체모 대부분은 부드러운 편입니다. 손발톱은 그보다 훨씬 단단하지요. 죽은 세포층이 빽빽이 들어차 있기 때문입니다. 우리가 흔히 손발톱이라고 알고 있는 부위는 사실 손발톱 판plate입니다. 죽은 세포로 이루어진 이 단단한 판들은 손발톱 바닥 덕분에 아래층의 진피에 단단히 붙어 있습니다. 손발톱의 아랫부분에는 껍질(손발톱위허물)이 있습니다. 이 껍질은 표피의 일부분으로, 손발톱이 새로 자라 나오는 곳을 덮고 있습니다. 껍질 아래에서는 손발톱 판을 이루는 물질이 계속 새롭게 만들어지면서 손발톱을 앞으로 밀어냅니다.

  손발톱 판이 손가락 끝 너머로 자랄 때가 잘 끼는 틈이 생기는 곳은 손발톱끝아래허물이라고 부릅니다. 손발톱에서 우리에게 가장 친숙한 부위이자, 너무 길어지지 않도록 정기적으로 다듬어야 하는 곳이지요.

피부의 구조와 기능

피부가 장난이 아닌데?

피부의 역할은 세균의 침입을 막아주기만 하는 데 그치지 않습니다. 다양한 구조로 여러 기능을 수행하지요.

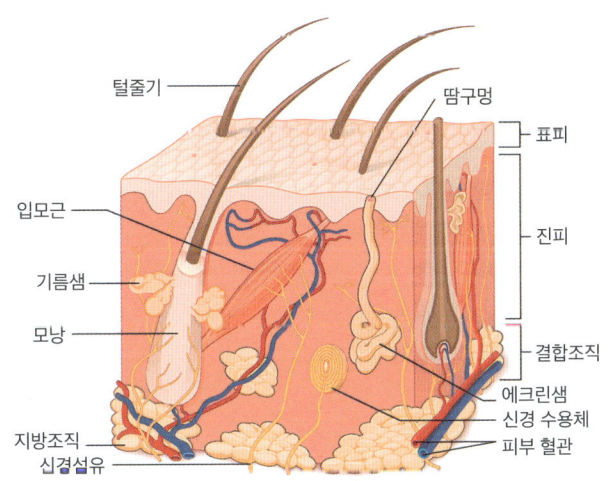

| 피부의 세부 구조.

땀샘과 기름샘

피부는 인체를 보호해주는 얇고 빈틈없는(연속된) 판으로, 세포들로 이루어져 있습니다. 피부의 부속기관은 몸을 식히고 피부를 건강하게 유지하는 역할을 하지요. 그중 가장 중요한 기관이 바로 땀샘과 기름샘입니다.

땀샘

고대 이집트인은 젖은 리넨 천을 입구와 창문에 걸어 뜨거워진 실내를 식혔습니다. 리넨 천이 머금은 물이 증발하면서 열기를 차단하고 실내 온도를 효과적으로 내려주었지요. 인체도 이와 같은 원리로 체온을 낮춥니다. 이것을 발한이라고 하지요. 땀이 나서 피부 표면이 젖으면 증발이 일어나면서 열을 빼앗고, 체온이 낮아집니다.

한 걸음 더 읽기

겨드랑이에서 땀 냄새가 나는 이유

땀샘은 대개 에크린샘과 아포크린샘으로 나뉩니다. 에크린샘은 우리 몸 대부분에 분포하며, 몸을 식혀주는 땀이라는 액체를 분비합니다. 아포크린샘은 겨드랑이에 주로 분포하는데, 세균 대사에 의해 독특하고 불쾌한 냄새를 풍기는 다른 종류의 땀을 분비하지요.

땀샘의 분비 부위는 진피 깊은 곳에 있습니다. 여기서 소금기 있고 단백질과 지질이 풍부한 액체, 즉 땀이 나오지요. 땀은 길게 꼬여 위쪽으로 열린 관을 통해 피부 위로 분비됩니다.

기름샘

기름샘sebacious gland은 피부 진피층에서 모낭 측면에 붙어 있습니다. 피지는 기름샘에서 생성되는 밀랍 같은 분비물입니다. 모낭으로 주입되어 털줄기를 덮은 다음 피부 표면으로 배출됩니다. 이 물질은 포유동물의 피부와 털을 방수 처리하고 매끄럽게 해줍니다.

상처 치유

감염원이 혈류 등 인체 내부로 침투하지 못하도록 차단하려면 피부에 상처가 없어야 합니다. 그러므로 피부에 상처가 나면 신속하고 완벽하게 봉합하고 복구해야 하지요. 상처를 복구할 때는 피부의 모든 층이 관여합니다.

염증기

상처가 나면 우리 몸은 가장 먼저 혈액 손실을 최소화하려 합니다. 손상된 혈관은 반사적으로 수축해 상처 부위의 혈류를 줄입니다. 동시에 혈액응고를 담당하는 혈소판이라는 혈액세포가 활성화되어 더 이상의 혈액 손실을 막기 위해 상처 부위에 혈소판 마개를 만들지요. 이 마개는 혈액이 완전히 응고되어 핏덩이blood clot(흔히 말하는 피딱지)를 제대로 형성하기 위한 시발점입니다.

동시에, 손상 부위에 체액과 면역세포가 몰려와 병원체를 씻어 냅니다. 남아 있는 병원체를 파괴할 백혈구 세포도 실려 오지요. 염증기inflammatory phase에 일어나는 이러한 반응은 비특이적 면역 반응입니다. 감염의 종류와 무관하게 몸에서 즉각적으로 반응한 다는 뜻이지요.

증식기

상처 부위가 응고된 혈액과 백혈구 세포로 채워지면, 결합조직 세포인 섬유아세포가 와서 피부의 빈 공간을 채우며 임시 지지대 역할을 합니다. 이 물질들로부터 육아조직granulation tissue이 만들어지기 시작하지요. 육아조직은 상처를 봉합하고 정상적인 조직의 구성 성분을 자라나게 하여 원래 피부를 회복할 토대를 제공합니다.

피부 표면은 결합조직이 아니라 상피조직이므로, 상처 가장자리의 상피세포들이 분열해 퍼져 나가면서 육아조직을 덮습니다. 새롭게 자라나는 조직에 영양을 공급하기 위해 혈관이 자라나서 들어가고, 새로운 혈액순환이 이루어집니다.

상처가 아무는 동안 조직도 함께 재구성됩니다. 피딱지가 줄어들면서 상처의 가장자리가 가까워지면 새 조직이 필요한 공간도 줄어들지요. 이러한 과정을 증식기proliferative phase라고 합니다.

흉터는 왜 생길까?

상처 부위에 아교질 같은 결합조직 단백질이 너무 많이 생산되어 상피조직이 정상적으로 재생되지 못한 결과가 흉터입니다. 상처가 너무 넓거나 육아조직이 너무 넓게 자라도 재상피화re-epithelialization가 일어나지 못해 흉터가 생깁니다.

성숙기

치유 과정의 최종 단계를 성숙기maturation phase라고 합니다. 마지막 몇 수 농안은 남아 있던 육아조직이 제거되고, 모든 혈액응고 물질이 사라지며, 나머지 피부 구성 요소가 정확한 비율로, 적확한 지점에, 적절하게 형성됩니다. 이 시기가 지나면, 작은 상처 대부분도 흔적을 거의 찾아볼 수 없이 복구됩니다.

체온 조절

피부가 질병과 탈수로부터 우리 몸을 보호한다는 사실은 많은 사람이 알고 있습니다. 그러나 피부가 체온을 조절해준다는 사실을 아는 사람은 그리 많지 않지요.

땀

더우면 몸에서 땀이 납니다. 피부 표면에서 액체가 증발하면서 피부의 열이 함께 공기 중으로 흩어지고 그로 인해 피부가 시원

해집니다. 따라서 피부와 피부에 혈액을 공급하는 혈관은 인체와 환경 사이에서 열을 교환하는 라디에이터라고 할 수 있습니다.

열 보존

피부와 피부의 혈관은 몹시 추운 날 심부체온(신체 내부의 온도. 정상 범위는 36.5~37.5℃)이 떨어지지 않게 유지하는 데도 중요한 역할을 합니다. 추위에 노출되면 처음에는 손과 얼굴의 피부가 붉어집니다. 신체 내부의 열을 끌어다 피부를 덥히기 위해 피부 주위의 혈관이 확장되기 때문이지요.

그러나 이런 현상은 일시적입니다. 심부체온이 일정 수준 이하로 떨어지면, 피부로 가는 혈류가 줄어들고 몸 깊은 곳으로 혈액이 쏠립니다. 우리 몸이 심부체온을 지키기 위해 덜 중요한 신체 부위를 희생시키는 것이지요.

피부의 질병과 장애
피부를 위협하는 적들

갓 태어난 아기 피부는 대부분 부드럽고, 매끈하며, 흠이 없습니다. 그러나 나이가 들고 피부가 자외선과 여러 환경에 오래 노출되다 보면, 색이 변하거나 세포가 증식해 점이나 주근깨, 종양과 같은 국소 변화가 나타나지요. 피부를 손상시키고 다른 기관계에도 문제를 일으킬 수 있는 다른 피부 질환도 발생할 수 있습니다.

여드름

보통 여드름은 호르몬 변화로 유분과 피지 생산이 늘어나면서 청소년기에 심해지는 흔한 피부 질환입니다. 모공과 기름샘이 막히거나 감염되어 생기지요. 근본적인 원인이 해결될 때까지 여드름이나 농포가 지속적으로 생길 수 있습니다.

> **용어 해부하기**
>
> **면포** comedo
> 여드름과 관련 있고, 우리가 흔히 겪는 피부 문제입니다. 흔히 '블랙헤드'라고도 부르지요. 오염이나 다른 물질 때문에 모공이 막히면 면포가 생깁니다. 면포는 '화이트헤드'가 되기도 하고, 감염되는 경우에는 여드름이 됩니다.

물집

사이즈가 맞지 않는 신발을 신고 오래 다녔을 때, 또는 장갑을 끼지 않고 도구를 장시간 사용했을 때와 같이 피부에 마찰이 오래 일어나면 물집이 생깁니다. 물집 또한 일상에서 우리가 흔히 겪는 피부 손상이지요. 마찰로 인해 가시층 세포가 닳아버리면, 세포들이 분리되면서 생긴 빈틈을 혈관에서 혈장(혈액에서 혈구를 제외한 액상 성분)이 새어 나와 메꾸면서 진피 위 공간을 밀어 올립니다. 그 후에도 마찰이 계속되어 조직이 손상되면 피부 내 혈관까지 손상되어 물집에 피가 찰 수 있습니다.

모반

피부의 특정한 지점에 생기는 영구적인 양성 색조 변화를 모반 nevus이라고 하며, 출생점birthmark이라고도 부릅니다. 멜라닌세포(색소세포)가 증식해 생기는 모반은 갈색이나 검은색을 띱니다. 피부 근처 혈관이 모여 생긴 모반은 붉은색을 띠는데, 혈관모반

angiomatous nevus 또는 딸기반점strawberry mark이라고 부릅니다.

점은 멜라닌세포 모반의 일종입니다. 주근깨는 주로 자외선에 노출된 부분에 멜라닌세포가 평평하게 침착되어 생깁니다.

피부암

가장 흔한 암인 바닥세포암종basal cell carcinoma은 표피 기저층 세포가 이상 증식하여 생깁니다. 자외선 노출로 DNA가 손상된 세포가 분열하면, 건강한 세포가 아닌 손상되고 병든 세포가 새로 생기지요. 다행히 바닥세포암종은 아주 천천히 자라며, 몸의 다른 부분에 퍼지는 일도 거의 없습니다. 그래도 치료하지 않으면 병이 생긴 부위가 변형될 수 있습니다.

흑색종melanoma은 흔하지는 않지만, 가장 위험한 피부암입니다. 멜라닌세포가 통제를 벗어난 상태로 분열해 점과 같은 색의 암이 되지요(때로는 점이 암으로 발전하기도 합니다). 흑색종이 위험한 이유는 다른 신체 부위로 빠르게 전이되어 치료가 어려워질 수 있기 때문입니다.

편평세포암종squamous cell carcinoma은 피부 가장 바깥층이 통제를 벗어나 분열하여 생깁니다. 피부가 얇게 벗겨져 불그레해진 부위나 궤양처럼 보일 수 있고, 암 병변(종양)이나 그 주변에 출혈이 동반되기도 합니다. 흑색종처럼 편평세포암종도 자외선으로 세포기 손상되어 생깁니다. 발병 부위가 변형될 수 있고, 암이 퍼지기 전에 치료하지 않으면 위험할 수 있습니다.

알레르기반응

우리 몸의 면역계는 감염을 차단하기 위해 바이러스나 세균 같은 병원균과 싸우지만, 때로는 반려동물의 비듬이나 꽃가루같이 위험하지 않은 물질과 전쟁을 벌이기도 합니다. 피부에서도 이런 면역반응이 나타나 부종, 두드러기(가려운 붉은 자국), 발진(작고 붉은 혹)이 생기지요. 이런 반응을 유발하는 물질(알레르기항원)이 사라지면, 우리 몸은 안정을 되찾고 알레르기반응도 사라집니다. 알레르기반응 대부분은 심하지 않지만, 심각한 알레르기반응은 치명적일 수 있습니다.

한 걸음 더 읽기

알레르기 검사

알레르기를 검사하는 데 주로 쓰는 방법은 알레르기항원이나 변형된 형태의 항원을 피부에 접촉시키거나(피부접촉검사), 피하에 주사하는(진피내검사) 것입니다. 흔한 알레르기는 대부분 이런 방식으로 진단합니다.

습진

습진은 피부가 붉고 가려워지는 여러 증상을 통칭하는 말입니다. 그중에는 서로 아무 관련이 없는 증상들도 있지요. 가장 흔한 증상들은 다음과 같습니다.

- 아토피습진atopic eczema은 흔히 '아토피'라고 알려진 증상

을 말합니다. 아토피피부염atopic dermatitis이라고도 부르며, 붉고 가려운 피부 병변이 넓게 나타납니다. 아토피습진은 건초열 같은 알레르기가 있는 사람들에게 더 흔히 나타난다고 알려져 있지만, 아직 정확한 원인을 모릅니다.

- 자극피부염irritant dermatitis은 독성 물질에 오랫동안 또는 반복적으로 노출되어 생깁니다.
- 옴scabies은 진드기에 감염되어 피부가 붉고 가려워지는 상태를 가리킵니다.
- 정체피부염stasis dermatitis은 다리에 혈액 순환이 잘되지 않을 때 생깁니다.

건선

건선은 만성(오래 가는) 피부 질환으로, 두꺼운 은색 비늘이 떨어지는 건조하고 가려운 병변이 나타납니다. 피부 표면을 구성하는 세포들의 생활사에 문제가 생겨 발생하며, 악화와 호전이 반복되는 경우가 많습니다. 건선 치료는 피부 세포의 급속한 성장을 늦추고, 통증과 가려움을 완화하는 데 초점을 둡니다.

뼈: 내 몸을 세우는 단단한 기둥

근골격계
누구나 해골 한 벌은 갖고 있나

뼈는 인체에 고유한 형태를 부여해주는 건축 구조입니다. 골격계가 없으면 우리가 할 수 있는 일이 거의 없겠지요. 우리가 커다란 연부조직soft tissue(뼈나 치아를 제외한 부드러운 조직) 덩어리라면 소파에 기대앉아 TV를 볼 수도 없을 겁니다. 뼈는 인체에 물리적인 형태를 부여하고 근육과 함께 몸을 움직이는 것 외에도 많은 일을 합니다. 혈액세포를 만들고 칼슘을 저장하기도 하지요.

운동의 지렛대

쇠 지렛대를 써본 사람이라면 지렛대의 작동 원리를 경험해보았을 테지요. 우리가 힘 쓰는 일을 할 때, 골격계의 뼈들은 지렛대가 되고, 골격근(뼈에 달라붙어 있는 근육)은 지렛대에 가해지는 힘을 제공합니다. 지렛대 장치와 마찬가지로, 골격근이 어떤 뼈의 어느 지점에 붙어 있는지에 따라 임무를 수행하는 데 필요한 힘과 강도가 달라집니다.

골격근은 일직선으로 수축하며 뼈를 잡아당깁니다. 골격근의 한쪽 부착점은 고정되어 있지만, 반대쪽 부착점은 움직일 수 있습니다. 예를 들어, 이두근(두갈래근)의 이는곳origin(기시점)은 어깨뼈에 고정되어 있습니다. 이두근의 닿는곳insertion(정지점)은 아래팔의 노뼈(팔꿈치부터 손목 관절까지 이어지는 긴뼈)에 있어서 노뼈와 함께 움직입니다. 근육이 수축할 때는 양쪽 끝이 가운데를 향해 모입니다. 그러나 어깨가 고정되어 있으므로, 겉으로는 아래팔만 어깨 쪽으로 당기는(아래팔을 굽히는) 것처럼 보이지요. 근육의 수축은 사실 골격계의 뼈가 개입하는 현상입니다.

조혈

수정된 배아(수정 후부터 임신 8주 말까지 태아 이전의 발생단계)가 몇 주만 자라면 확산(물질이 농도 차이에 따라 자연스럽게 이동하는 현상)만으로는 모든 세포에 산소를 공급할 수 없습니다. 이때 배아의 전구 세포(성숙한 세포로 분화하기 전, 초기 형태를 지닌 세포)에서 적혈구 세포가 만들어지고 원시 순환계가 자리를 잡습니다. 배아가 자라 태아가 되면 지라(비장)와 간에서 새로운 적혈구 세포가 만들어집니다. 성인이 되면 이 장기들은 다른 기능을 맡게 되고, 혈구 세포를 생산하는 기능은 팔과 다리의 긴뼈long bone(장골)에 넘어가지요.

조혈hematopoiesis은 긴뼈의 골수에 있는 배아 줄기세포에서 혈액세포를 만드는 과정입니다. 뼛속에서 혈액세포의 생산을 돕는 지방 물질을 골수라고 합니다. 적혈구를 생산하는 과정을 적혈구형성erythropoiesis, 백혈구를 생산하는 과정을 백혈구형성leukopoiesis이라고 합니다.

> **용어 해부하기**
>
> **적혈구형성호르몬** erythropoietin
> 신장에서 생성되어 적혈구 생산을 촉진하는 호르몬입니다. 고산지대와 같이 산소가 희박한 지역에서 지내면 호르몬 분비를 직접적으로 자극받아 적혈구 생산이 증가합니다.

칼슘 저장

뼈의 주성분은 인산칼슘이라는 단단한 무기질입니다. 그 덕분에 중력을 버티고 인체의 움직임을 지탱할 뿐만 아니라 거대한 칼슘 저장고 역할을 하지요. 마찬가지로 인산칼슘으로 이루어진 이의 사기질(이의 표면을 덮는 단단한 물질)과 달리, 뼈에는 구멍이 많습니다. 이 구멍들에는 뼈를 복구해주는 살아 있는 세포가 가득 차 있지요.

> **용어 해부하기**
>
> **골다공증** osteoporosis
> 주로 노인, 특히 여성 노인에게 발생하는 질환으로, 칼슘과 뼈바탕질이 점차 소실되는 증상이 나타납니다. 이로 인해 뼈가 약해져 골절 위험이 높아집니다.

혈당이 두 가지 호르몬(혈당을 낮추는 인슐린과 혈당을 높이는 글루카곤)에 의해 조절되듯이, 칼슘도 두 가지 호르몬에 의해 엄격히 관리됩니다. 부갑상샘호르몬parathyroid hormone은 칼슘의 혈중농도를 높이고, 칼시토닌calcitonin은 이를 낮추는 역할을 합니다.

몸통뼈

아담의 갈비뼈를 뺐다고?

우리 몸에는 206개 이상의 뼈가 있고, 이 뼈들은 크게 두 가지 범주로 나뉩니다. 첫 번째는 몸의 수직면 또는 중심축에 따라 배열된 몸통뼈대(축골격)입니다. 머리뼈, 척추뼈, 흉곽이 여기에 속하지요. 나머지 하나는 팔다리뼈대(사지골격)입니다. 먼저 몸통뼈대를 살펴봅시다.

머리뼈

뇌를 감싸고 있는 머리뼈skull(두개골)는 작고 납작한 여러 개의 뼈로 이루어져 있습니다. 머리뼈는 뇌가 자리할 공간을 확보해주고, 척추의 부착점이 되어줍니다. 머리뼈의 각 부분을 살펴봅시다.

뇌머리뼈

뇌머리뼈의 윗부분을 이루는 막 모양의 머리덮개뼈calvaria(두개관)는 머리뼈의 지붕에 해당합니다. 여러 개의 뼈로 이루어진 뇌머리뼈는 출생한 직후에는 숫구멍fontanelle이라는 빈 공간을 남기고 느슨하게 결합되어 있습니다. 뇌가 급성장할 수 있게 자리를 남겨둔 공간으로, 나중에는 빈 공간이 메워지며 하나의 구조를 이룹니다.

아기 머리의 '말랑말랑한 곳'은 무엇일까?
아기 정수리 꼭대기에 있는 부드러운 부분은 여러 개의 숫구멍 중 가장 큰 (나중에는 머리뼈가 자라서 들어갈) 구멍입니다.

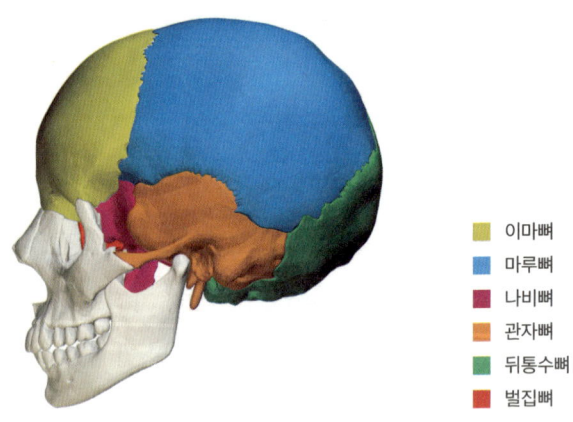

| 머리덮개뼈의 구조.

뇌머리뼈는 좌우 이마뼈, 좌우 마루뼈, 뒤통수뼈로 이루어져 있습니다. 좌우 귀 주변에는 관자뼈가 있습니다. 그 안으로 외이도와 내이, 7개의 뇌신경, 주요 혈관들이 지나갑니다.

머리뼈속막

머리뼈속막endocranium(두개골내막)은 뇌가 놓인 자리입니다. 머리덮개뼈가 지붕이라면, 머리뼈속막은 바닥에 해당하지요. 발달 과정 초기에는 연골로 이루어져 있다가 연골속뼈형성(나중에 자세히 다루겠습니다)이라는 과정을 통해 뼈로 대체됩니다. 머리덮개뼈와 마찬가지로 머리뼈속막도 여러 개의 뼈가 지닌 맞물리면서 하나의 기능 단위를 이루는 복합 구조물입니다.

얼굴머리뼈

머리뼈의 마지막 부분은 턱과 얼굴을 구성하는 뼈입니다. 해부학 강의에서 내장두개골viscerocranium이라고도 부르는 얼굴머리뼈는 위턱뼈, 아래턱뼈, 코와 입천장(각각 코뼈와 입천장뼈)으로 이루어져 있습니다. 눈구멍과 콧구멍 안쪽에도 작은 뼈가 더 있습니다.

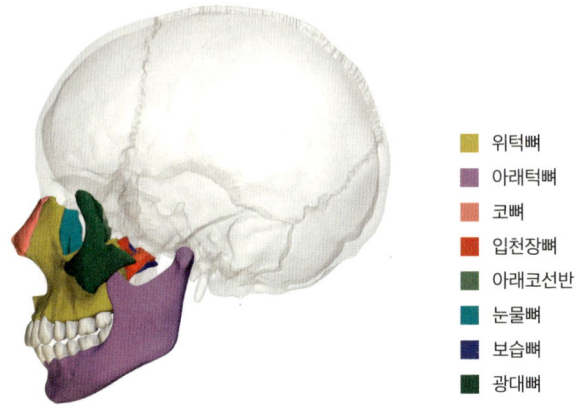

■ 위턱뼈
■ 아래턱뼈
■ 코뼈
■ 입천장뼈
■ 아래코선반
■ 눈물뼈
■ 보습뼈
■ 광대뼈

| 얼굴머리뼈의 구조.

척추

인체를 받치는 기둥인 척추는 33개의 척추뼈로 구성된 아주 복잡한 구조물입니다. 척추뼈들이 맞물려 있는 덕분에 우리는 허리를 세우거나 구부릴 수 있습니다.

 가장 위쪽에 있는 척추뼈 7개를 목뼈(경추)라고 하고, C1~C7으로 표기합니다. 고리뼈라고도 부르는 C1은 척추를 머리뼈 뒤통수의 융기(뼈 표면에서 둥글게 돌출된 부위로, 주로 관절을 형성하는 부분)에 연결해줍니다. 중쇠뼈라고 부르는 C2는 머리뼈가 척추 위에서 회전할 수 있게 해줍니다. 별명이 붙은 척추뼈는 이 둘뿐이지요.

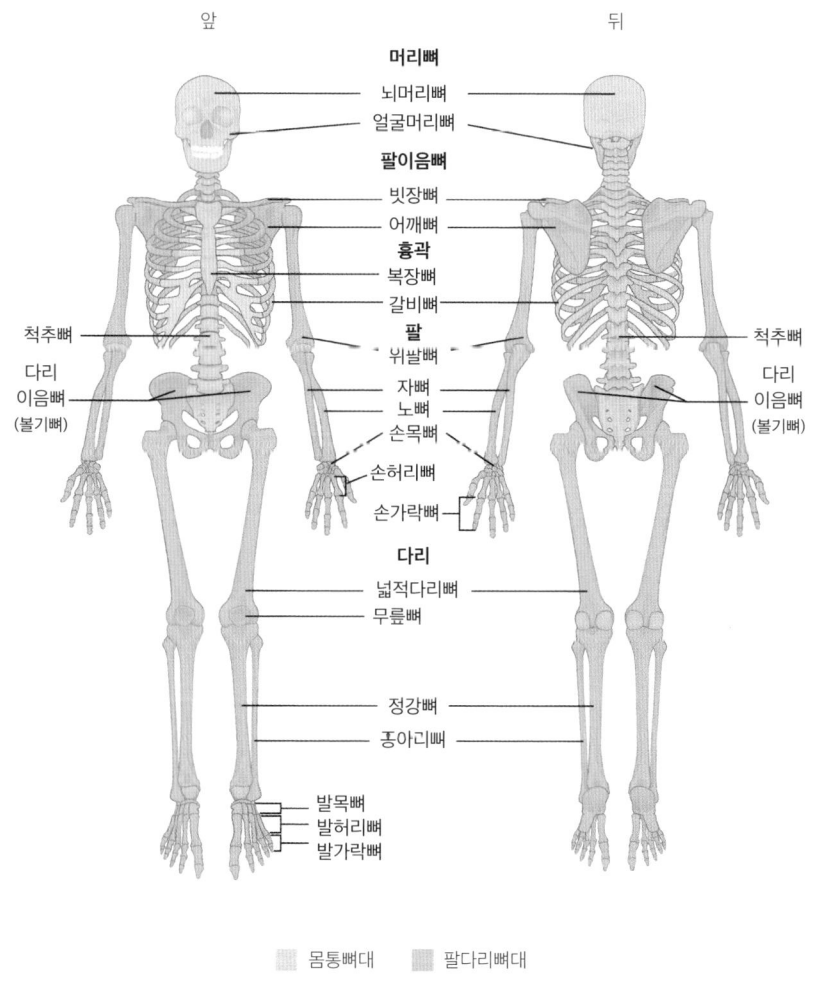

몸통뼈대와 팔다리뼈대 구조.

> **용어 해부하기**
>
> **상부** superior
> 해부학에서 말하는 '상부(위-)'란 질이나 성과가 우월하다는 뜻이 아닙니다. 그저 '머리에 가까운 쪽'이라는 뜻이지요. 마찬가지로 하부inferior(아래-)도 열등하다는 뜻이 아니라 머리에서 먼 쪽을 의미합니다.

목뼈 아래에 있는 척추뼈 12개는 등뼈(흉추, T1~T12)입니다. 등뼈는 45도가량 원호를 이루면서 갈비뼈들과 연결되어 있습니다.

그다음 척추뼈 5개는 하복부 높이에 있는 허리뼈(요추)입니다.

나머지 9개 척추는 엉치뼈(천골)와 꼬리뼈(미추)라는 2개의 덩어리로 융합되어 있습니다. 엉치뼈는 5개의 척추뼈로 이루어져 있고, 몸통과 다리를 연결하는 골반이음구조pelvic girdle의 일부를 구성합니다. 마지막 척추뼈 4개는 융합해 꼬리뼈를 이룹니다.

흉곽

흉곽rib cage은 갈비뼈와 갈비연골, 복장뼈(흉골)로 이루어져 있고, 심장과 폐를 포함해 흉부의 주요 장기를 둘러싸며 보호합니다. 호흡을 돕기도 하지요.

갈비뼈

열두 쌍의 갈비뼈(늑골)는 척추에서 나와 복장뼈가 있는 가슴 앞까지 이어집니다. 우리가 숨을 들이쉴 때는 흉곽이 통째로 (확장

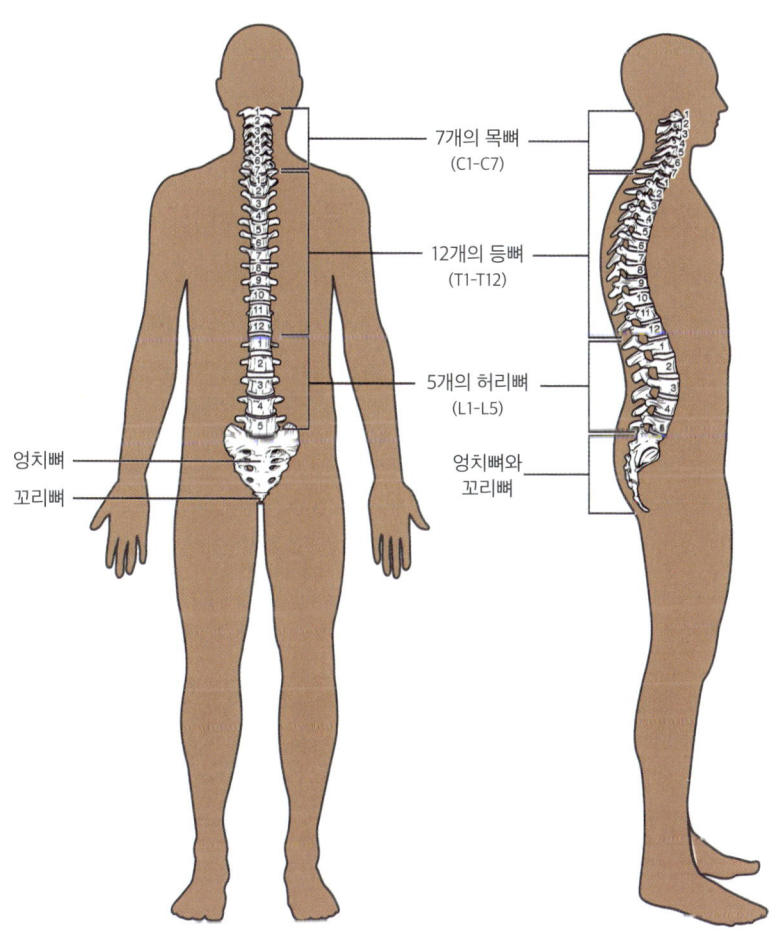

척추의 구조.

되며) 위로 움직이고, 숨을 내쉴 때는 이완되면서 중력에 의해 아래로 (그리고 안쪽으로) 내려옵니다.

맨 위의 갈비뼈 7개는 참갈비뼈라고 합니다. 갈비뼈는 모두 구조가 같지만, 이 7개의 뼈는 단단한 결합조직인 각각의 갈비연골을 통해 직접 복장뼈에 붙어 있습니다. 나머지 다섯 쌍의 갈비뼈는 거짓갈비뼈라 부릅니다. 그중 다음 갈비뼈 세 쌍은 각각의 갈비연골이 아니라 일곱 번째 갈비뼈의 갈비연골과 하나로 이어진 연골을 통해 간접적으로 복장뼈에 붙어 있지요. 가장 아래에 있는 마지막 갈비뼈 2개는 등쪽에서 척추와 붙어 있을 뿐 배쪽(앞)은 고정되어 있지 않으므로 뜬갈비뼈라고 부릅니다.

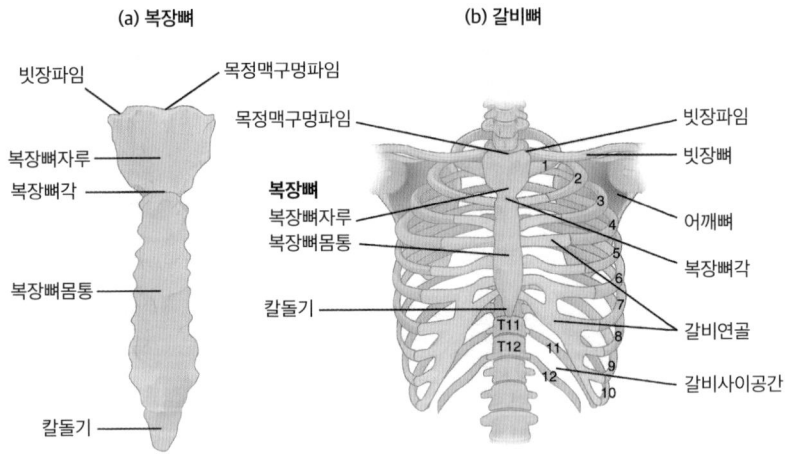

| 복장뼈의 주요 부위(왼쪽)와 갈비뼈의 주요 부위(오른쪽).

복장뼈

흉부의 배쪽면(앞면)에 있는 복장뼈는 납작한 판 모양의 뼈들로 이루어져 있습니다. 복장뼈 대부분을 차지하는 가운데 부분을 복장뼈몸통이라고 부릅니다. 그 위쪽에는 넓은 사각형의 복장뼈자루가 있고, 아래쪽에는 칼돌기라고 부르는 화살촉 모양의 돌기가 붙어 있습니다.

팔다리뼈와 관절
삐거덕삐거덕 움직이는 팔다리

몸통뼈가 몸의 세로축을 구성한다면, 팔다리뼈는 팔과 다리, 그리고 팔다리를 몸통뼈에 연결해주는 이음뼈들로 이루어져 있습니다.

팔이음뼈

팔이음뼈pectoral girdle(어깨이음구조)는 어깨뼈(견갑골)와 빗장뼈(쇄골)로 이루어져 있으며 팔을 지탱해줍니다. 빗장뼈는 어깨뼈를 복장뼈 자루에 고정해주는 가느다란 뼈입니다. 팔이음뼈는 팔, 가슴, 등에 있는 근육들이 붙어 있는 곳이기도 합니다.

> **용어 해부하기**
>
> **인대** ligament
> 뼈와 뼈를 결합해주는 결합조직입니다. 힘줄tendon(건)은 인대와 똑같은 물질로 이루어져 있지만, 근육을 뼈에 붙여주는 역할을 합니다.

어깨뼈는 등에 두드러져 보이는 넓고 납작한 뼈입니다. 양쪽 어깨뼈는 어깨에서 시작되어 척추를 바라봅니다. 어깨뼈의 넓은 표면에는 가시위근(극상근), 가시아래근(극하근), 어깨밑근(견갑하근)과 같은 커다란 등 근육들이 붙어 있습니다. 삼각형으로 된 어깨뼈의 밑면은 척추를, 꼭짓점은 어깨를 향하고 있습니다. 꼭짓점의 면은 실제로는 오목하게 패여 있어서 위팔뼈(상완골) 머리

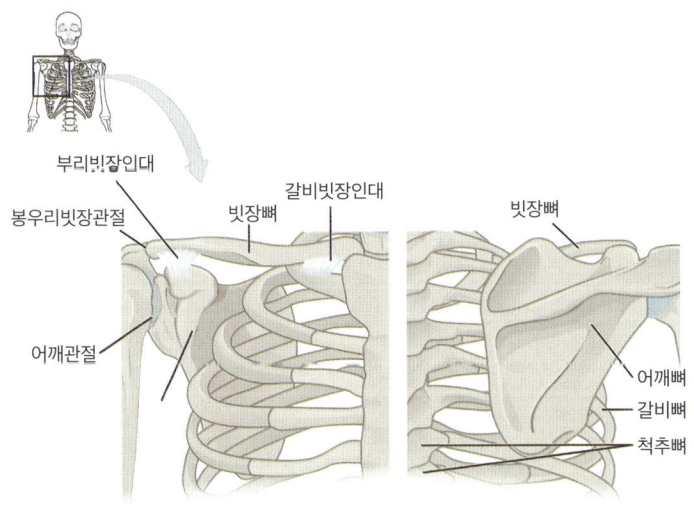

| 팔이음뼈의 주요 부위.

의 둥근 부분과 만나 자유롭게 움직이는 관절을 이룹니다. 어깨 관절의 인대와 힘줄이 이 연결 부위를 안정적으로 지탱해줍니다.

팔과 손

인간의 팔은 위팔뼈, 노뼈(요골), 자뼈(척골)라는 3개의 긴 뼈로 이루어져 있습니다. 위팔은 위팔뼈라는 하나의 뼈로, 아래팔은 노뼈과 자뼈로 이루어져 있지요. 위팔뼈머리(상완골두)는 어깨뼈의 접시오목(관절와)에 들어맞습니다. 위팔뼈의 반대쪽 끝은 노뼈·

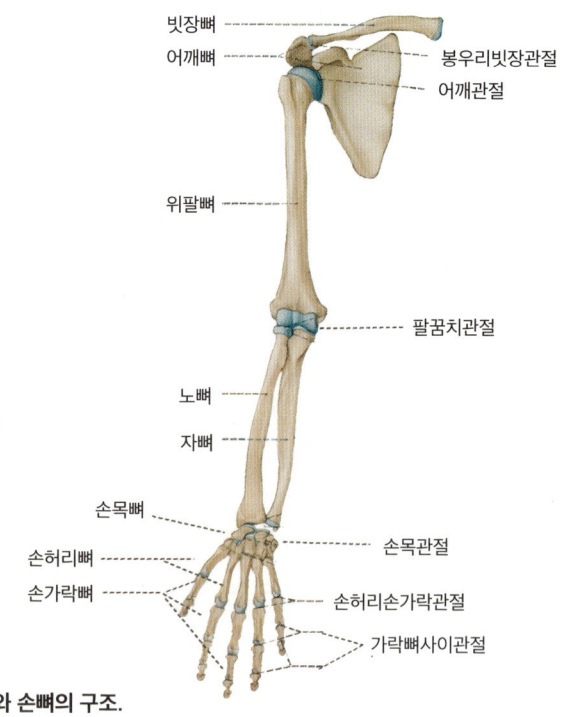

| 팔뼈와 손뼈의 구조.

자뼈와 닿아 관절(팔꿈치)을 이룹니다. 위팔뼈 하단에 있는 작은 혹 모양의 작은머리(상완골소두)와 도르래 모양의 도르래(활차)는 각각 노뼈의 머리와 자뼈의 도르래파임에 들어맞습니다.

아래팔 끝에는 손목, 손, 손가락을 이루는 뼈 무리가 있습니다. 노뼈와 자뼈 바로 아래에 있는 불규칙한 모양의 작은 뼈 8개를 모두 손목뼈라고 부르며, 이 뼈들은 손바닥과 손가락에 있는 뼈들을 아래팔에 연결해줍니다. 손목뼈에서 가장 먼저 뻗어 나가는 긴 뼈들을 손허리뼈(중수골)라고 합니다. 손허리뼈는 각각 3개씩 이어진 손가락뼈(지골)와 연결되어 있습니다.

다리이음뼈

골반은 엉치뼈와 2개의 볼기뼈로 이루어진 복합 구조물입니다. 이 뼈들은 바닥이 뚫린 바구니 모양의 다리이음뼈 pelvic girdle(골반이음구조)를 형성해 아랫배(하복부) 장기를 받치고, 다리를 몸통뼈에 연결합니다. 여성의 골반은 남성보다 바닥이 더 넓게 뚫려 있습니다.

2개의 볼기뼈는 골반 뒤쪽에서 엉치엉덩관절(천장관절)을 통해 엉치뼈와 연결되어 있습니다. 엉치엉덩관절은 골반 앞쪽의 두덩결합(치골결합)보다 단단하게 고정되어 있습니다. 임신과 분만 중에는 상대적으로 유연한 두덩결합 부위에서 다리이음뼈가 확장되어 아기가 산도를 통과할 수 있습니다.

양쪽 골반뼈는 각각 세 부분으로 나뉩니다. 골반 뒤쪽의 넓은 날개 부분은 엉덩뼈(장골)입니다. 골반 앞쪽은 두덩뼈(치골)가 위에 있고, 궁둥뼈(좌골)가 아래에 있습니다. 그 사이에 폐쇄구멍이라는 커다란 구멍이 나 있습니다. 이 세 부분이 모두 만나는 지점에는 절구라고 부르는 커다란 함몰 부위가 만들어집니다. 절구는 넓적다리뼈(대퇴골)의 머리 부분과 절구 모양으로 맞물리며 둥근 관절을 이룹니다.

다리

다리의 구조는 팔과 비슷합니다. 무릎 위로 뼈 하나(넓적다리뼈), 무릎 아래로 뼈 둘(정강뼈와 종아리뼈), 그리고 발목과 발뼈들로 구성되어 있지요. 넓적다리뼈는 체중을 온전히 지탱합니다.

> **용어 해부하기**
>
> **관절융기** condyle
> 뼈끝이 둥글게 튀어나온 부위를 말합니다. 이런 부위는 대부분 다른 뼈와 맞물려 관절을 이룹니다.

무릎에서는 넓적다리뼈 내외측 관절융기가 정강뼈(경골)의 매끈한 면과 만나 관절을 이룹니다. 정강뼈는 체중을 온전히 지탱합니다. 종아리뼈(비골)는 정강뼈 옆에 붙어 있어 무릎을 직접 지탱하지는 않습니다. 그 밖에도 무릎에는 무릎뼈(슬개골)가 별도의 인대로 고정되어 있습니다.

발목에는 종아리뼈 하단의 가쪽복사가 옆으로 튀어나와 있습니다. 둥근 혹처럼 생긴 이 부분은 겉에서도 잘 보입니다. 이곳은 정강뼈와 종아리뼈가 발목뼈(주근골)와 만나 관절을 이루는 곳입니다. 발목뼈 가운데 가장 잘 보이는 부분은 발꿈치뼈(종골)입니다. 손과 마찬가지로, 발에서도 발허리뼈(중족골)라는 길고 가는 뼈가 발목과 발가락을 이어줍니다.

관절

관절은 인체의 움직임이 이루어지는 곳이지만, 실제로는 전혀 움직이시 못하는 관설노 있습니다. 그러므로 해부학에서 관절은 움직이든 움직이지 않든, 2개 이상의 뼈가 맞닿아 연결된 곳이라고 정의할 수 있습니다.

둥근관절

엉덩이와 어깨에 있는 이런 유형의 관절은 긴뼈의 둥근 머리가 팔이음뼈(어깨뼈의 접시오목)나 다리이음뼈(골반뼈의 절구)의 오목한 곳과 맞물리면서 만들어집니다. 둥근관절 ball and socket joint 은 아주 넓게 회전하는 운동이 가능한, 가장 유연한 관절입니다.

윤활관절

유활관절 synovial joint 도 아주 유연한 관절이지만, 한 가지 평면에서만 움직입니다. 문을 여닫듯이 움직이므로 '경첩 hinge' 관절이라고

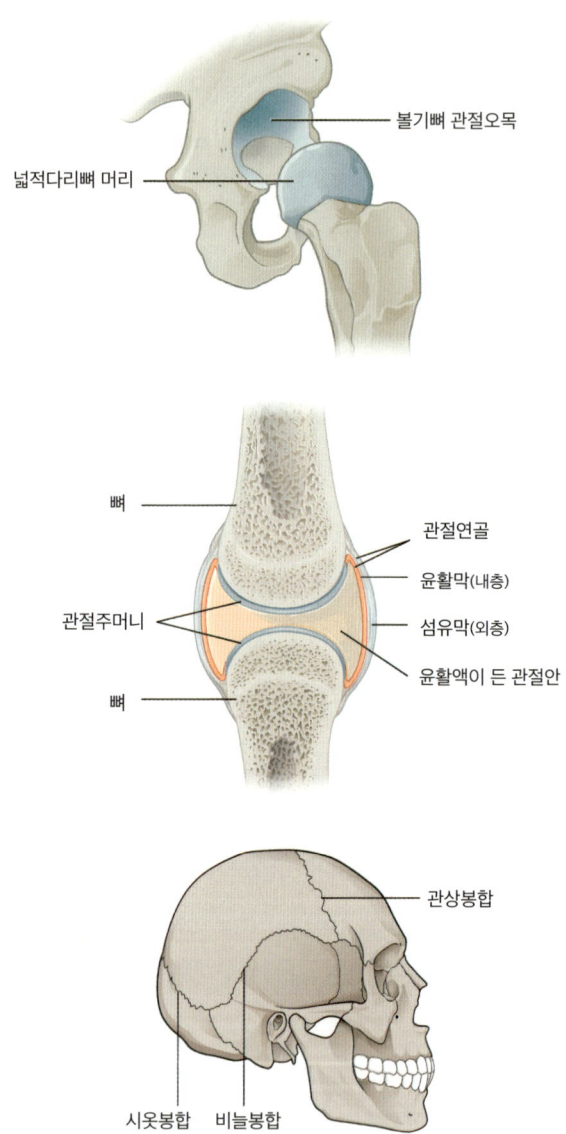

둥근관절(위)과 윤활관절(가운데), 섬유관절(아래).

도 부르지요. 이런 관절은 윤활막으로 덮여 있는데, 이 막에는 윤활액을 분비하는 세포가 있습니다. 높은 압력이 가해지는 기계에는 유압액을 쓰듯이, 윤활액은 맞닿은 뼈 사이의 압력을 완충해 주는 역할을 합니다.

섬유관절

섬유관절fibrous joint은 움직이지 못하는 관절로, 성인의 머리뼈에 있는 뼈들 사이의 봉합선이 이에 해당합니다. 태아기와 초기 아동기에는 머리의 뼈들이 서로 붙어 있지 않아서 빈 공간(숫구멍)이 있지요. 이 빈 공간으로 머리뼈들이 눌리면서 태아는 좁은 산도를 통과합니다. 시간이 흘러 이 뼈들이 완전히 붙으면, 분리된 뼈였다는 증거로 봉합선이 남습니다.

뼈의 성장·복구와 질병
뼈를 깎는 성장과 뼈아픈 고통

뼈는 이의 사기질과 달리 살아 있는 조직입니다. 뼈 안에는 뼈의 성장을 돕고 손상을 복구하는 세포가 들어 있습니다.

뼈의 성장

뼈는 배아와 태아 시기에 생기기 시작합니다. 이때 뼈는 막속뼈형성과 연골속뼈형성이라는 두 가지 방식으로 만들어집니다.

막속뼈형성intramembranous osteogenesis은 머리뼈, 빗장뼈, 복장뼈 같은 납작한 뼈가 만들어지는 과정입니다. 배아 막에서 온 결합조직 세포들이 모여 뼈가 될 자리를 만들고, 뼈모세포라는 어린 뼈세포로 변해 뼈의 재료인 뼈바탕질을 분비합니다. 뼈모세포는 뼈세포로 변해서 뼈바탕질 속에 있는 작은 방인 뼈세포방에 자리를 잡습니다.

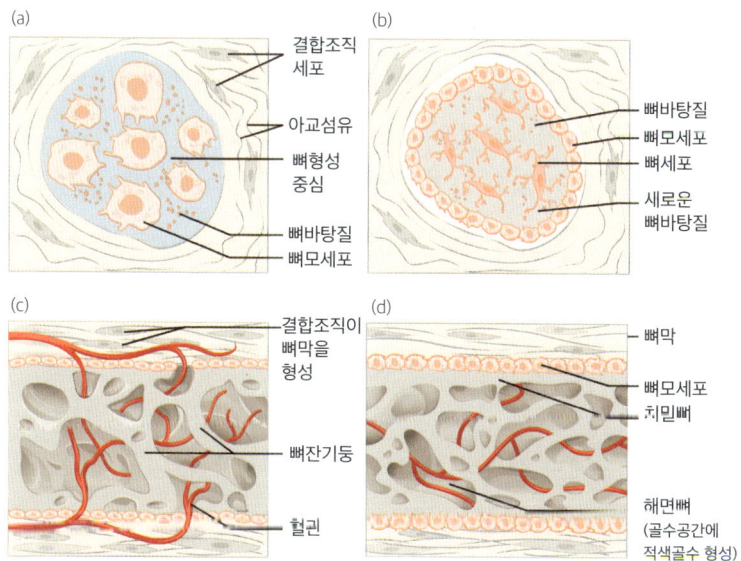

막속뼈형성의 4단계. (a) 결합조직 세포가 군집을 이루어 뼈형성중심을 만든다. (b) 뼈모세포가 분비된 뼈바탕질에 갇혀 뼈세포로 분화한다. (c) 뼈잔기둥과 뼈막이 만들어진다. (d) 뼈잔기둥 위로 치밀뼈가 발달하며, 밀집된 혈관들이 응축되어 적색골수를 형성한다.

뼈바탕질은 너무 단단해서 기체나 영양소가 퍼져 나갈 수 없습니다. 그래서 뼈세포들은 뼛속에 소관이라고 하는 작은 통로를 뚫고 서로 연결된 망을 만들어 물질을 주고받습니다. 이렇게 만들어진 뼈는 겉은 단단한 치밀뼈 층으로 이루어져 있고, 안은 구멍이 많이 뚫린 해면뼈와 골수공간으로 구성되어 있습니다.

연골속뼈형성endochondral osteogenesis은 위팔뼈나 넓적다리뼈 같은 긴뼈를 만드는 과정입니다. 처음에는 뼈 대신 연골로 된 틀(연골

주형)이 만들어지고, 태아가 자라면서 이 연골도 커집니다. 그러다 뼈몸통 가운데로 혈관이 침투하고, 뼈 줄기세포들이 들어옵니다.

그러면 먼저 뼈몸통 주위에 뼈 고리가 생깁니다. 뼈 고리는 치밀해서 영양소가 퍼져 나가는 것을 막고, 따라서 연골세포가 죽게 되지요. 그 자리에는 뼈모세포가 들어와 뼈를 만듭니다. 이것이 일차뼈형성중심primary ossification center입니다. 뼈몸통은 치밀한 뼈로 둘러싸이고, 안쪽에는 뼈잔기둥이 자라면서 골수공간을 만듭니다.

이후 뼈끝에도 혈관이 들어가 이차뼈형성중심secondary ossification center이 생깁니다. 뼈몸통은 가운데에서 끝으로, 뼈끝은 끝에서 가운데로 뼈가 자라며, 둘 사이에는 연골로 된 판(성장판)이 남습니다. 이 판은 보통 20대 초중반에 모두 뼈로 바뀝니다.

뼈의 복구

누구나 살면서 한 번쯤 뼈가 부러지는 경험을 합니다. 뼈에는 혈관과 살아 있는 세포가 많아서 골절은 대부분 스스로 치유되지요.

뼈가 부러지면 먼저 혈관이 끊어져 피가 고이고, 혈전이 생깁니다. 그러면 뼈를 감싸던 결합조직 세포들이 움직여 손상 부위에 결합조직 물질을 만들어냅니다. 피부 상처가 아물 때 육아조직이 하는 역할과 비슷하지요.

몇 주가 지나면 이 결합조직 세포 일부가 연골세포로 변하고, 다시 뼈모세포들이 뼈를 만들어 골절된 부분을 메웁니다. 처음

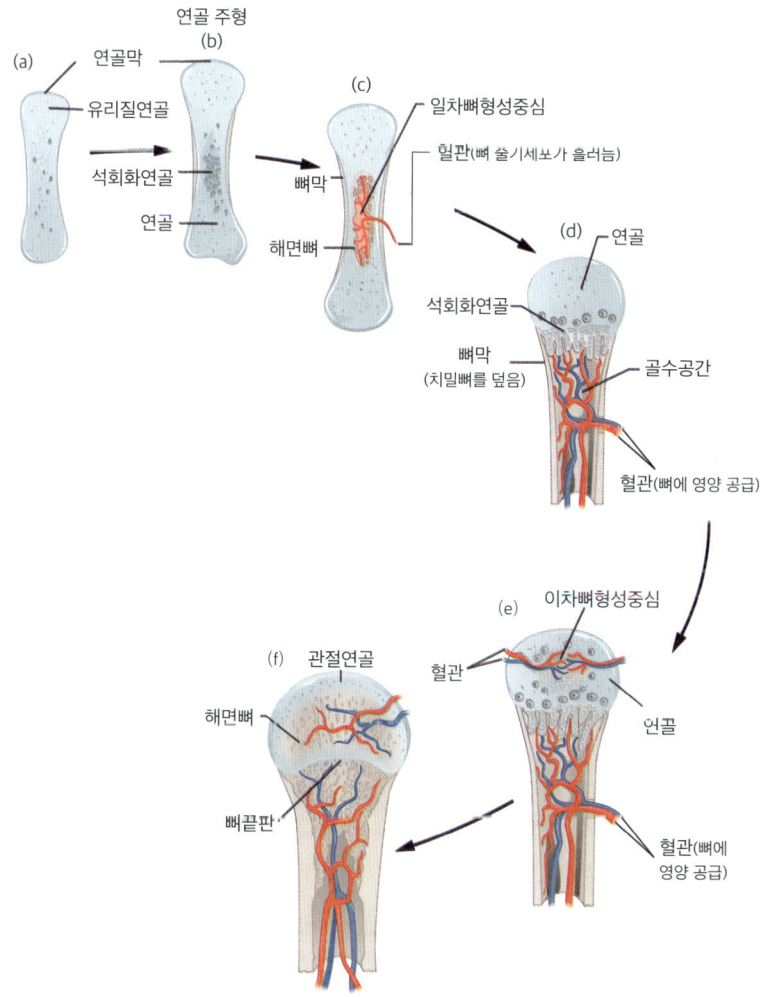

연골속뼈형성의 6단계. (a) 결합조직 세포가 연골세포로 분화하고, (b) 연골 주형과 연골막이 형성된다. (c) 혈관이 연골을 뚫고 들어와 연골막이 골막으로 변하고, 뼈 고리가 발달한다. 이로써 일차뼈형성중심이 형성된다. (d) 뼈 안쪽에서 뼈잔기둥이 사라지고, 골수공간이 생긴다. (e) 뼈끝에서 이차뼈형성중심이 발달한다. (f) 뼈끝판과 관절 표면에 관절연골이 남는다.

에는 약간 다를 수 있지만, 시간이 지나면서 새로 생긴 뼈도 점점 더 튼튼하고 정돈된 모양으로 변합니다.

뼈 성장 질환

뼈에는 여러 생리 활동에서 핵심 역할을 하는 칼슘이 풍부합니다. 칼슘은 뼈에 저장되기도 하고, 빠져 나가 다른 곳에 쓰이기도 하지요. 시간이 흘러 뼈의 칼슘 출납 균형이 깨지면 뼈가 약해질 수 있습니다. 또한, 식단에 주요 무기물과 비타민이 부족해지면 뼈의 성장 균형이 깨져 문제를 일으키기도 하지요. 뼈 성장에 문제가 생기는 사례 두 가지를 살펴봅시다.

골다공증

골다공증osteoporosis은 뼈가 약해지고 쉽게 부러지는 퇴행성 골질환으로, 폐경기 여성에게 주로 찾아옵니다. 조직학적으로 뼈의 부피가 줄어들고 구멍이 많아지는 현상 때문에 이런 이름이 붙었습니다. 폐경 여성의 호르몬, 특히 에스트로겐 농도가 낮아지면 뼈 흡수와 형성의 균형을 유지하기 어려워집니다. 그래서 뼈바탕질을 제거해 이온화된 칼슘을 혈류로 되돌려보내는 뼈파괴세포의 활동이 뼈모세포(뼈를 형성하는 세포)의 활동을 압도하지요.

나이가 들면, 칼슘의 재흡수와 저장을 조절하는 호르몬들의 균형도 칼슘의 혈류 유출을 늘리는 방향으로 기울기 때문에 뼈의 소실이 가속화됩니다.

> **한 걸음 더 읽기**
>
> **골다공증 치료**
> 골다공증 환자에게 호르몬대체요법(HRT)이 도움이 될 수 있지만, 일부 호르몬은 유방암 발병 위험을 높일 수 있으니 의사의 긴밀한 관리하에 치료가 이루어져야 합니다.

구루병

구루병rickets이 생기면 긴 다리뼈가 휘거나 팔다리뼈 모양이 변형됩니다. 뼈의 칼슘 침착에 문제가 생겨서 뼈가 얇아지고 약해져서 체중을 버티지 못하고 휘기 때문입니다. 비타민 D가 부족하면 칼슘을 섭취해도 이런 일이 생깁니다. 소장 벽에서 칼슘을 흡수하고, 그 칼슘을 혈류를 통해 필요한 부위로 실어 나르려면 반드시 비타민 D가 필요하기 때문이지요. 칼슘이 부족해 구루병이 생기는 경우도 있지만, 이런 일은 기근이나 기아에 시달리는 사람, 특히 어린이에게 주로 생깁니다.

5장

근육:
밀고 당기며 움직이는 몸

주요 골격근

움직여! 움직여!

골격근은 인체를 이루는 세 가지 근육 중 하나입니다(나머지 두 가지는 심근과 평활근). 인체를 움직여 커피잔을 드는 단순한 일이나 발레와 같이 복잡한 일을 할 수 있게 해주는 엔진이지요. 우리 몸에서 이름이 붙은 근육은 구분하는 방식에 따라 600개 혹은 800개가 넘을 수도 있습니다.

머리와 목 근육

표정을 풍부하게 만들어주는 입술은 입둘레근(구륜근)이라는 1개의 타원형 근육으로 이루어져 있습니다. 양쪽 눈도 눈꺼풀을 움직이는 눈둘레근(안륜근)으로 둘러싸여 있지요. 씹는 데는 깨물근(교근)만큼 중요한 근육이 없습니다. 이 근육은 아래턱뼈에 붙어 턱을 강하게 닫아줍니다.

목에서는 근육 여러 개가 머리를 양옆, 위아래로 움직여줍니다. 그중 가장 눈에 잘 띄는 근육은 목빗근(흉쇄유돌근)입니다. 이 근육은 머리뼈 측면에서부터 출발해 목 앞쪽으로 돌아 내려와 복장뼈에 연결됩니다. 이 근육이 수축하는 쪽으로 머리가 기울어지지요. 목빗근은 좌우로 한 쌍이 있으므로 목 앞쪽에 V 자로 목선을 만듭니다.

등쪽(뒤쪽) 표면에는 커다란 근육의 일부인 등세모근(승모근)이 머리뼈 뒤쪽에서 목뼈와 등뼈까지 내려오며 부채처럼 펼쳐져 어깨뼈에 붙어 있습니다. 이 근육은 어깨뼈를 다양한 방향으로 움직여주지요.

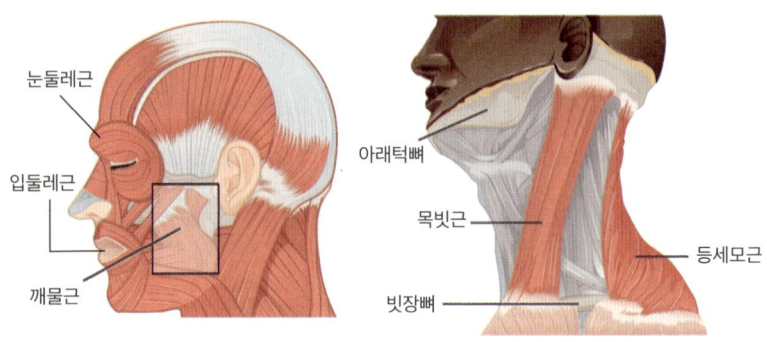

| 머리(왼쪽)와 목(오른쪽)의 주요 근육.

가슴과 어깨 근육

가슴에서 가장 부피가 큰 근육은 큰가슴근(대흉근), 속된 말로 '갑빠'라고 부르는 곳입니다. 등세모근과 마찬가지로, 큰가슴근은 복장뼈에서 부채처럼 펼쳐진 채로 출발했다가 한곳으로 모여 위팔뼈 상부에 붙습니다. 이 근육은 위팔뼈를 몸의 앞쪽 중앙으로 당기며 팔을 모아줍니다.

> **용어 해부하기**
>
> **모음/벌림** adduction/abduction
> 모음은 신체 부위를 몸 정중선 쪽으로 움직이는 근육 활동을 뜻합니다. 몸 정중선에 신체 부위를 '더해준다'고 생각하면 쉽습니다. 신체 부위를 정중선에서 멀리 떨어뜨리는 움직임은 벌림(멀어짐)이라고 부릅니다.

팔 벌리기는 주로 어깨세모근(삼각근)이 담당합니다. 어깨에서 가장 부피가 큰 근육이지요. 세모근의 등쪽, 배쪽, 안쪽은 각각 어깨뼈, 빗장뼈, 위팔뼈에서 출발합니다. 이 근육이 수축하면 팔

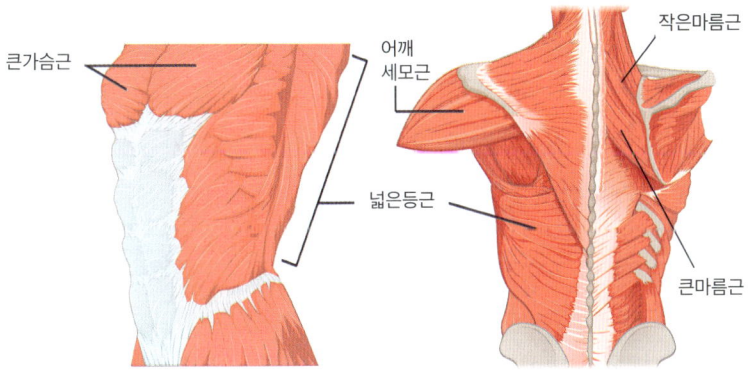

| 가슴과 어깨, 등의 주요 근육.

이 올라가지요. 팔을 움직이는 근육 중 가장 잘 보이는 것은 큰가슴근과 세모근이지만, 그 외에도 깊은 곳에 위치한 여러 근육이 광범위한 팔운동을 돕습니다.

등과 엉덩이 근육

등 표면 맨 위에는 등세모근이 있습니다. 나머지 등 표면에는 커다란 부채 모양의 넓은등근(광배근)이 있습니다. 넓은등근은 등뼈부터 엉치뼈까지의 척추에서 뻗어 나와 위팔뼈 안쪽에 붙습니다. 보디빌더가 넓은등근을 수축시키면, 몸 양쪽으로 근육 가장자리가 코브라의 목 뼛처럼 펼쳐집니다.

등의 깊은 곳에는 큰마름근과 작은마름근(대능형근과 소능형근)이 척추에 붙어 있어서 어깨뼈를 다양한 방향으로 움직여줍니다.

엉덩이 또는 궁둥이에는 3개의 볼기근(둔근)이 있습니다. 큰볼기근(대둔근)은 엉덩이 대부분을 차지하는 가장 넓고 부피가 큰 근육입니다. 이 근육이 수축하면 엉덩이 관절이 펴지면서 넓적다리가 엉덩이와 일직선을 이룹니다. 허리와 가까운 엉덩이 옆쪽에 있는 중간볼기근(중둔근)과 그 안쪽에 있는 작은볼기근(소둔근)은 넓적다리를 옆으로 벌리고 회전시킵니다.

복부 근육

누구나 배에 왕王 자가 보이지는 않지만, 배의 정중선을 따라 나란히 늘어선 근육 다발 5개, 즉 배곧은근(복직근)은 누구에게나 있습니다. 그중 가운데 다발 3개를 흔히 식스 팩이라고 부르지요. 다음 근육들은 배곧은근과 함께 복부에 긴장을 유지하고 장기를 그 안에 가두어줍니다.

- 배곧은근 옆, 몸통 측면에 있는 배바깥빗근(외복사근)
- 배바깥빗근 바로 안쪽에 있는 배속빗근(내복사근)
- 배속빗근 안쪽, 가장 깊은 곳에 있는 배가로근(복횡근)

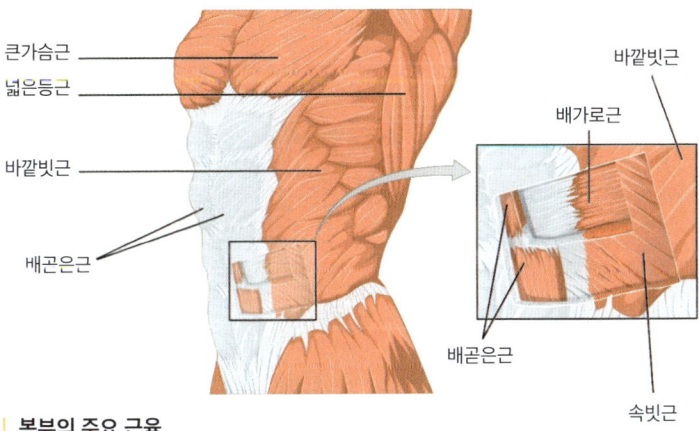

| 복부의 주요 근육.

팔 근육

위팔을 굽히거나 펼 때는 근육 2개가 서로 반대로(대항해) 움직입니다. 팔 앞쪽의 커다란 근육은 윗부분이 긴 갈래와 작은 갈래로 갈리져 있어서 위팔두갈래근(상완이두근)이라는 이름이 붙었습니다. 위팔두갈래근은 아래팔을 위팔 쪽으로 잡아당기며 팔을 굽힙니다. 아래팔을 펴는 일은 위팔 뒤쪽에 있는 위팔세갈래근(상완삼두근)의 역할입니다. 세 갈래로 갈라진 윗부분에서 두 갈래는 겉에서 보이지만, 세 번째 갈래는 깊이 숨어 있습니다.

아래팔에는 작고 섬세한 근육이 모여 있어서 손목과 손가락의 움직임을 돕습니다. 이 근육들은 아래팔의 '몸쪽'에서 시작해 기다란 힘줄로 손목과 손가락뼈까지 이어져 각자 고유한 운동을 담당하지요. 굽힘근(굴근)은 관절을 구부리고, 폄근(신근)은 관절을 폅니다.

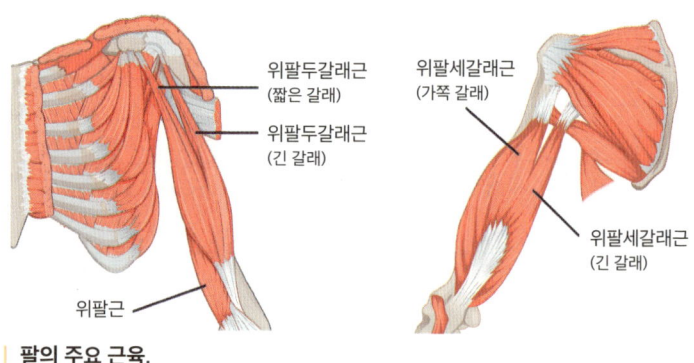

팔의 주요 근육.

> **용어 해부하기**
>
> **몸쪽** proximal
> '근위'라고도 하며, 일반적으로 '몸에 가장 가까운' 부분이라는 뜻입니다. 부착점에 가장 가까운 부분이라는 뜻으로 쓰이기도 합니다.

아래팔에는 손바닥이 위를 향해 펼쳐져 있을 때 팔을 비틀어 아래를 향하도록 뒤집는 엎침근(회내근), 도로 위쪽으로 뒤집어주는 뒤침근(회외근)도 있습니다.

다리 근육

넓적다리 앞쪽 표면에는 넓적다리네갈래근(대퇴사두근)이라는 큰 근육이 있습니다. 네갈래근은 넓적다리곧은근(대퇴직근), 가쪽넓은근(외측광근), 안쪽넓은근(내측광근), 중간넓은근(중간광근)으로 이루어져 있습니다. 그중 가장 잘 보이는 근육은 가운데 겉에 있는 넓적다리곧은근이며, 바깥쪽에는 가쪽넓은근, 안쪽에는 안쪽넓은근이 있습니다. 중간넓은근은 넓적다리곧은근 안에 있습니

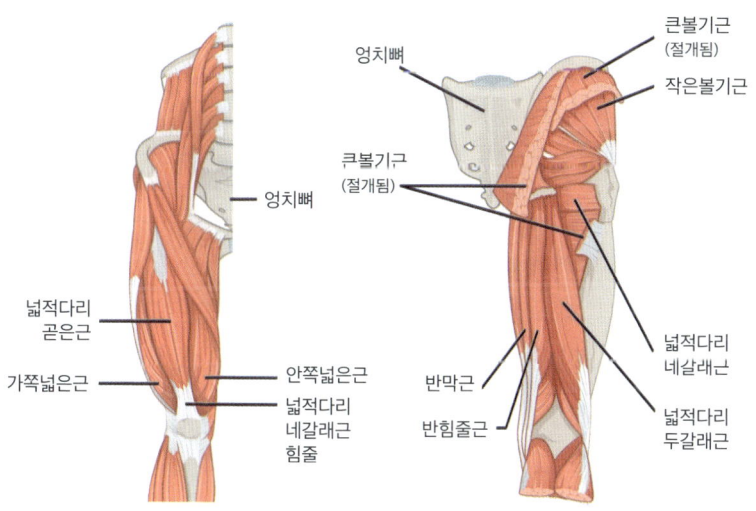

오른쪽 넓적다리의 주요 근육.

다. 이 네 근육은 함께 무릎 관절을 곧게 폅니다.

 넓적다리 뒤쪽에서 무릎 관절을 구부려 발꿈치를 엉덩이 쪽으로 당겨 올리는 근육들의 집합을 넓적다리뒤근육(햄스트링)이라고 합니다. 이 근육들 가운데 표면에는 넓적다리두갈래근(대퇴이두근)과 반힘줄근(반건형근)이 쌍을 이루며 넓적다리 뒤쪽 가운데를 따라 붙어 있습니다. 그 속에는 반막근이 있습니다.

 종아리 근육은 머리가 두 갈래인 장딴지근gastrocnemius(비복근)으로 되어 있습니다. 이 근육은 길고 질긴 아킬레스힘줄을 통해 발꿈치뼈까지 이어집니다. 이 근육이 수축하면 발꿈치가 위로 들리면서 발목이 곧게 펴지지요. 발바닥을 땅에 붙이고 서 있다가 발레리나처럼 발끝으로 선다고 생각해보세요. 손과 마찬가지로, 종아리에도 작은 근육이 여러 개 있어서 다양한 방향으로 발을 구부리고, 펴고, 회전할 수 있습니다.

신경과 근육의 연결
내가 신호하면 움직이는 거야

신경계는 신경세포를 통해 근육으로 전기신호를 흘려보내 수축을 지시합니다. 그러나 신경과 표적 장기인 근육은 물리적으로 연결되어 있지 않습니다. 그러므로 전기신호는 화학물질로 바뀌어 퍼져 나가 신경세포의 세포막과 근육의 세포막 사이에 있는 공간(연접틈새)을 건너야 합니다. 건너온 화학물질을 감지한 근육세포의 화학수용체들은 신호전달 체계를 활성화해 근육세포에서 다시 전기신호를 만들어내지요. 이렇게 다시 생겨난 전기신호가 근육의 수축을 일으킵니다. 이제 시냅스라고 부르는 이 접합부의 구성 요소와 신호전달 기전을 살펴보겠습니다.

> **용어의 해부학**
>
> **신호전달** signal transduction
> 세포 내에서 어떤 자극이나 신호를 다른 유형으로 변환하는 생물학적 과정입니다. 예를 들어, 신경세포에서 발생한 전기신호가 신경전달물질이라는 화학신호로 바뀌고, 근육세포에 전달되어 다시 전기신호로 바뀝니다.

운동신경

신경에서 흘러나오는 신호는 골격근을 수축시킵니다. 신경세포 안팎의 이온 농도 차이는 막전위라는 세포막 안팎의 전압 차이를 유발합니다. 리모컨에 들어 있는 건전지처럼 양극과 음극이 생기는 것이지요.

신경세포에 자극이 입력되면 이온이 세포막 통로를 통해 안팎으로 이동하면서 막전위가 변합니다. 세포막의 한곳에서 막전위가 변하기 시작하면, 그 변화는 파장이 퍼지듯 이웃 세포막의 이온 통로를 열어젖히면서 신경세포 축삭을 따라 표적을 향해 나아갑니다. 막전위 변화(활동전위)가 신경 말단에 도달하면, 신경전달물질이 저장된 시냅스 소포들이 연접전(시냅스 이전) 세포막과 융합하면서 신경세포 세포막과 표적 세포 사이의 공간으로 방출됩니다.

입말을 수어로 통역할 때처럼, 수단이 달라져도 의미는 달라지지 않습니다. 소리로 표현된 문장이 수어 동작으로 (동일한 정보를 지닌 채) 통역되었다가, 다시 소리로 변환되는 것과 같지요.

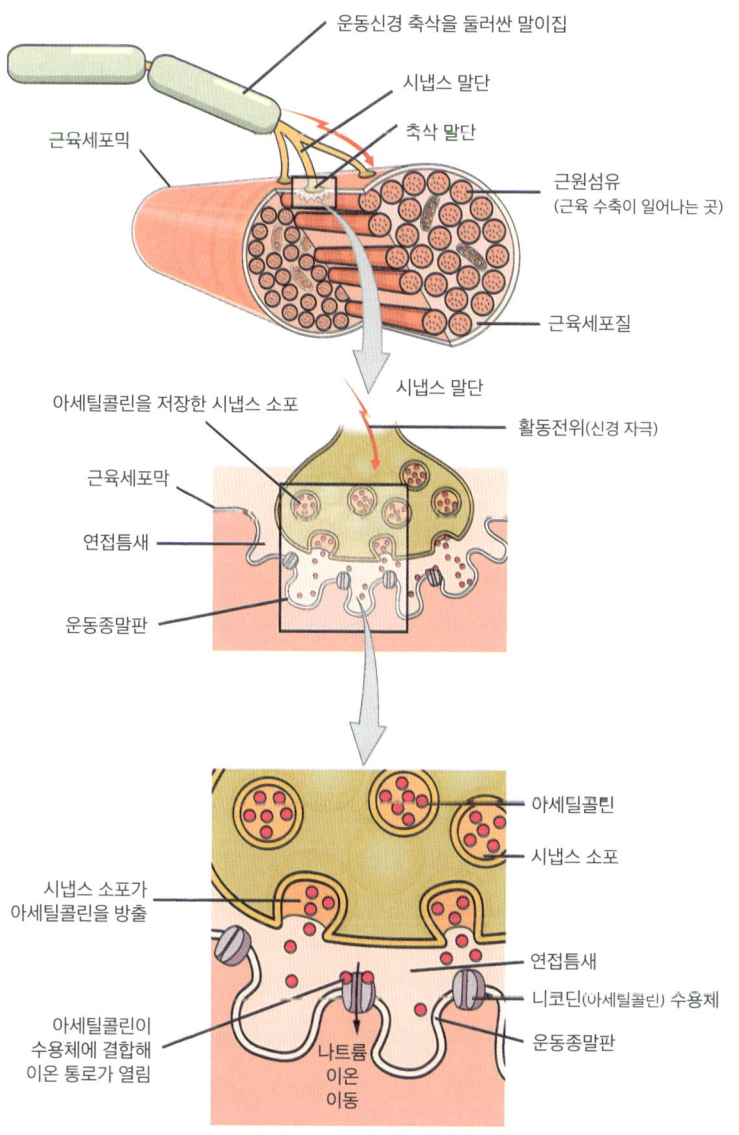

| 신경과 근육의 접합부에서 일어나는 신호전달 과정.

근육을 수축시키는 운동신경세포는 전기신호를 보내 아세틸콜린이라는 신경전달물질(화학물질)을 분비합니다. 이렇게 신경의 전기신호는 화학신호로 바뀌어 세포막 사이 공간 너머로 퍼져 나갑니다.

골격근 세포막

근육세포의 신경전달물질 수용체는 신경세포 말단 가까이에 있는 근육세포막의 운동종말판에 밀집해 기다리고 있다가 전달받은 화학물질을 전기신호로 다시 생성해냅니다. 근육세포의 아세틸콜린 수용체는 니코틴 수용체라고 부릅니다. 아세틸콜린 분자 2개가 니코틴 수용체에 결합하면 통로가 열리면서 나트륨 이온이 들어오고 칼륨 이온이 빠져나갑니다.

이런 국소적인 전위(전압 차) 변화가 근육세포 표면을 따라 전달됩니다. 신경세포의 막전위 변화처럼 파장이 퍼지듯 근육세포의 세포막 통로를 열어젖히며 나아가지요. 일단 니코틴 수용체가 활성화되면 활동전위가 재현되어 근육 세포막 전체로 퍼져나갑니다. 골격근의 세포막은 근육세포 속으로 주머니나 동굴처럼 접혀 들어가 가로세관이라는 터널을 형성합니다. 따라서 근육세포 전체에 신속하게 활동전위를 전달해 근육을 수축시킬 수 있습니다.

운동 단위

근육이 수축할 때는 (ATP 형태의) 에너지를 소모합니다. 에너지를 아끼면서 필요한 만큼만 근육을 사용하기 위해 근육들은 운동 단위motor unit로 분리되어 있습니다. 운동신경세포 1개와 이 신경세포의 통제를 받는 근육세포들로 구성된 기능 단위이지요. 근육이 수축할 때, 중추신경계는 소수의 운동 단위만을 활성화한 다음 점점 더 많은 단위를 활성화해 일을 완수합니다.

운동 단위의 예는?

주로 힘을 쓰는 근육(넓적다리네갈래근)의 경우, 운동신경세포 1개가 근육세포 수백 개와 연결되어 있습니다. 그러나 안구 수정체의 모양을 조절하는 섬모체근처럼 운동을 섬세하게 조절해야 하는 근육의 경우에는 신경세포 1개에 비교적 적은 수의 근육세포가 연결되어 있지요.

근육 수축
우리가 힘을 쓰는 법

근육의 기능은 오직 하나, 바로 수축입니다. 골격근이 수축하면 근육 양쪽 끝이 (그곳에 붙은 구조와 함께) 서로 가까워집니다. 근육 수축은 액틴actin과 마이오신myosin이라는 수축 단백질이 미끄러지듯 움직이는 활주운동sliding movement 덕분에 일어납니다.

근육의 가로무늬 구조

골격근과 심장근은 현미경으로 보면 근육세포에 가로무늬가 보여서 가로무늬근이라고도 부릅니다. 근육의 어떤 부분은 빛을 많이 통과시키고, 어떤 부분은 덜 통과시키기 때문에 밝고 어두운 띠가 생기지요. 밀도가 높은 부분이 어둡고, 밀도가 낮은 부분은 밝게 보입니다.

  마이오신잔섬유가 있는 어두운띠anisotropic band는 A띠라고 부릅니다. 마이오신은 단백질 분자 여러 개가 실처럼 얽혀 만들어지지요. 꼬리 부분은 가벼운사슬light chain들이 감겨 원통 모양을 이루고, 머리 부분은 무거운사슬heavy chain로 되어 있어 자유롭게 움직입니다.

A띠 안에서도 액틴과 마이오신이 겹치는 부분은 특히 밀도가 높아 더 어둡고, 가운데 부분은 마이오신만 있어서 상대적으로 밝습니다. 이 밝은 부분을 H띠라고 합니다. A띠 한가운데에는 M선이라는 어두운 선이 지나가는데, 마이오신잔섬유를 고정시키는 역할을 합니다. M선은 골격근 수축의 기본 단위인 근절sarcomere의 중심입니다.

A띠 양쪽에는 I띠라고 부르는 밝은띠isotropic band가 있습니다. 이 부분은 액틴잔섬유만 있어서 밀도가 낮지요. 액틴잔섬유는 두 가닥의 F 액틴이 꼬여 있고, 이 F 액틴은 작은 구슬처럼 생긴 G 액틴 분자가 이어져 있는 구조입니다. 마치 진주 목걸이 같은 모양이지요.

어두운띠의 M선처럼, I띠 한가운데에도 Z선이라는 어두운 선이 지나갑니다. 이 선은 근육이 수축할 때, 마이오신잔섬유가 미끄러져 들어가도록 액틴잔섬유들 사이 간격을 적절히 유지하는 역할을 합니다.

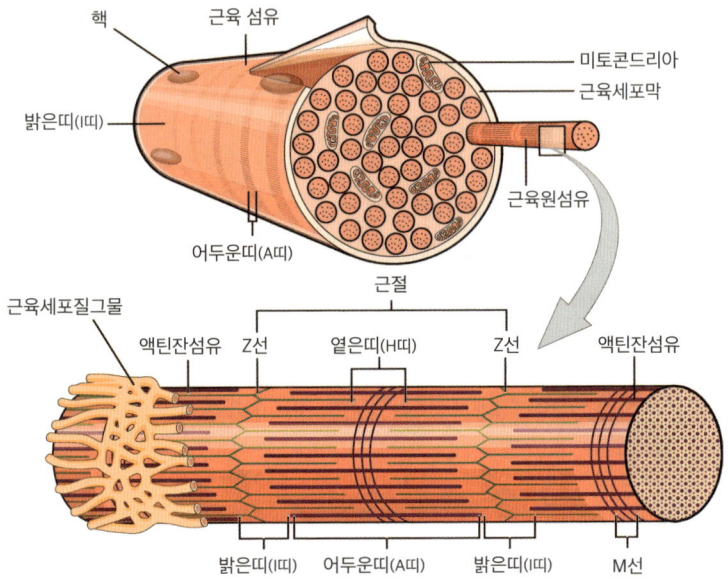

| 근육세포의 가로무늬 구조.

> **용어 해부하기**
>
> **근절** sarcomere
> 근육을 이루는 기본 구간으로, 근육원섬유마디라고도 합니다. 근육 수축을 돕는 구조적이고 기능적인 단위입니다. 가운데에 온전한 어두운띠 1개, 양 끝에 각각 밝은띠 반 개씩으로 구성되어 있지요. 근육이 수축할 때는 세포 끝에 있는 액틴 분자가 M선 쪽으로 미끄러져 들어갑니다. Z선들 사이의 간격도 더 가까워져 근절 전체가 짧아집니다.

부속 단백질

근육의 수축과 이완을 조절하는 데는 트로포마이오신tropomyosin과 트로포닌troponin이라는 단백질이 중요합니다.

트로포마이오신은 F 액틴 가닥 사이를 따라 놓여 있고, G 액틴 분자들의 마이오신 결합 부위를 덮고 있어서 근육이 이완된 상태를 유지시킵니다. 트로포마이오신에는 트로포닌이라는 단백질 분자가 붙어 있습니다. 트로포닌은 세 가지 부분으로 구성되는데, 이는 각각 액틴, 트로포마이오신, 칼슘 이온과 결합합니다. 칼슘이 트로포닌과 결합하면 트로포마이오신이 움직여서 액틴이 마이오신에 결합할 수 있게 됩니다. 그러면 마침내 근육이 수축합니다. 칼슘은 근육 수축을 시작하는 신호 역할을 하는 셈입니다.

칼슘의 역할

근육이 이완되어 있을 때 칼슘 이온은 근육세포질그물sarcoplasmic reticulum이라는 세포소기관 안에 저장되어 있습니다. 신경이 자극되면 이곳에서 칼슘이 방출되고, 자극이 멈추면 다시 칼슘을 거둬들여 근육을 이완시킵니다.

칼슘을 방출하는 전압작동통로voltage-gated channel는 가로세관과 연결되어 있습니다. 활동전위가 근육 세포막과 가로세관을 따라 퍼지면, 근육세포질그물에서 칼슘이 빠르게 방출되어 근육 전체에 퍼지고, 부속 단백질과 결합해 근육 수축을 시작합니다.

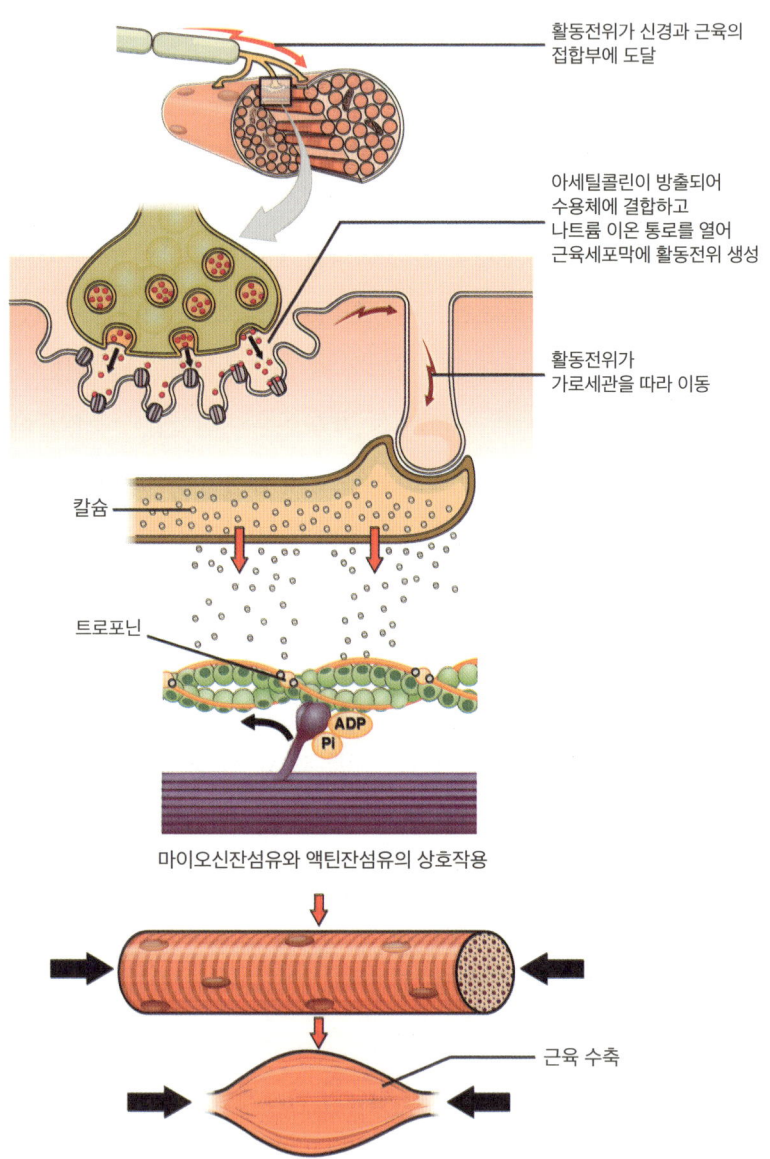

신경과 근육의 접합부에서 일어나는 근육 수축 과정.

잔섬유의 활주운동

근육이 수축할 때, 마이오신 머리에 붙어 있던 ATP 분자가 ADP 와 인산으로 분해되면서 에너지가 방출됩니다. 이 에너지를 이용해 마이오신 머리는 G 액틴과 연결다리(교차결합)를 만듭니다. 즉, 마이오신 머리가 액틴에 딱 달라붙습니다.

연결다리가 만들어지면, 마이오신 머리에서 인산이 떨어져 나가면서 파워 스트로크power stroke가 일어납니다. 파워 스트로크란 마이오신 머리가 액틴을 끌어당겨 M선 쪽으로 밀어내는 움직임을 말합니다. 이 움직임 덕분에 근육의 기본 단위인 근절이 짧아지고, 결국 근육 전체가 수축합니다.

하지만 이 과정이 한 번만 일어나서는 근육이 충분히 수축할 수 없습니다. 파워 스트로크가 끝나면 마이오신 머리는 액틴에서 떨어지고, 다시 ATP가 결합해 다시 파워 스트로크를 준비합니다. 이 과정을 여러 번 반복해야 근육이 힘을 낼 수 있습니다. 줄다리기 게임을 떠올려보세요. 팀원들이 번갈아 줄을 잡아당기고 놓으면서 팀 전체가 힘을 쓰지요. 근육 안에서도 수많은 마이오신 머리가 번갈아 힘을 써야 근육 수축이 끊기지 않고 유지될 수 있습니다.

근육 수축이 끝나면, 신경 신호가 멈추고 근육세포의 활동전위도 사라집니다. 그러면 칼슘 방출이 중단되고, 근육세포질그물이 칼슘을 다시 빨아들입니다. 칼슘이 사라지면 트로포닌이 원래 모양으로 돌아가면서 트로포마이오신을 끌어당겨 다시 액틴 결합

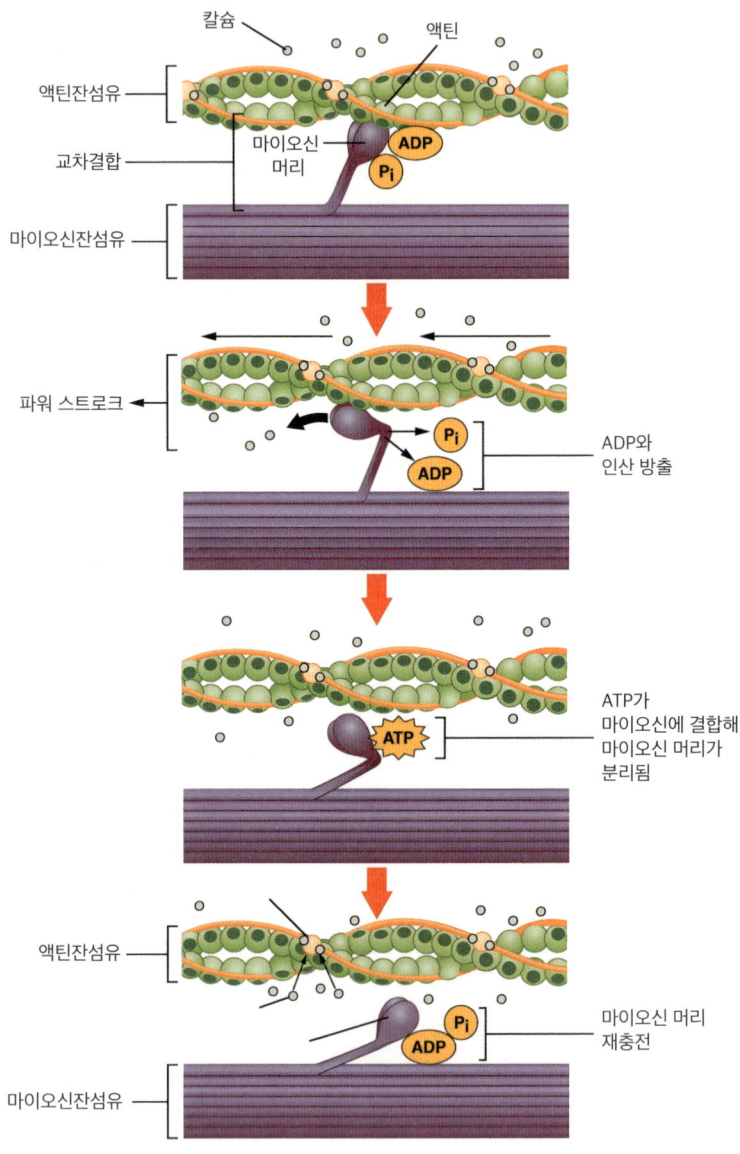

| 근육 수축 과정에서 일어나는 파워 스트로크.

부위를 가립니다. 그러면 마이오신이 액틴에 붙을 수 없게 되어 근육이 이완하지요.

사후경직이 일어나는 이유?

사후경직rigor mortis(사후경축)은 사망 시 온몸에 전기신호가 폭주하면서 골격근이 수축해 발생하는 현상입니다. 전기신호가 멈추지 않으면 근육의 수축 주기는 무한히 반복됩니다. 그런데 수축과 이완에는 ATP가 필요하므로, ATP가 고갈되면 수축 주기의 진행도 멈추지요. 이 시점에 근육들은 마지막 파워 스트로크에 진입한(수축한) 채로 멈추고 이완되지 못해 사후경직이 일어납니다.

근육의 질병과 장애
근육통만 문제가 아니다

근육에는 가볍고 일시적인 불편감에서부터 극단적인 근육 소실(위축)과 사망에 이르기까지 다양한 문제가 생길 수 있습니다. 사소한 문제는 누구나 한 번쯤 겪지만, 심각한 문제를 경험하는 사람은 드물지요. 그래도 살다 보면 근육 질환을 겪는 사람을 한 번쯤은 만날 수도 있습니다. 근육에는 감염, 자가면역질환, 암이 생길 수 있습니다.

손상과 과용

가구를 옮기다가 허리를 다쳐본 사람이라면 근육 부상이 얼마나 흔한 문제인지 공감할 것입니다. 근육에 문제가 생긴 것 같은 부상도 실제로는 근육을 뼈에 붙여주는 힘줄이나 뼈를 뼈에 붙여주는 인대 같은 결합조직에 문제가 생긴 경우가 있습니다. 흔한 부상과 원인은 다음 두 가지입니다.

- 염좌sprain: 인대에 생기는 문제입니다. 인대가 늘어나거나 찢어지면 다친 부위에 부종과 통증이 생깁니다. 갑자기 넘어지거나 사고로 관절이 비틀릴 때 자주 발생합니다.
- 과긴장strain: 힘줄이나 근육에 생기는 문제입니다. 염좌와 비슷하게 힘줄이나 근육이 늘어나거나 찢어져 부종, 압통, 통증이 생깁니다. 과긴장이 발생하면 근육에 경련이 일어나거나 움직이기 어려워질 수 있습니다. 스포츠 손상은 과긴장에 해당하는 경우가 많습니다. 과긴장은 일정 기간 근육을 과하게 사용해 생길 수도 있고, 갑자기 일어날 수도 있습니다.

염좌와 과긴장은 둘 다 안정과 냉찜질, 압박이 일반적인 치료법입니다.

근육연축

근육연축muscle spasm은 주로 탈수 때문에 근육이 이완되지 못한 채 비자발적으로, 그리고 반복적이거나 지속적으로 수축하는 현상입니다. 근육이 부적절한 수축 신호를 받으면 불편감이나 통증이 따르는 경련성 수축이 전기신호가 멈출 때까지 이어집니다. 근육은 신경 자극이 근육세포막에 전압 변화를 일으키면 수축 신호로 받아들인다는 점을 기억하세요. 탈수로 전하를 띠는 이온 농도가 변하면 이런 이온들이 근육세포 주위에 과하게 쌓입니다. 그렇게 신경 자극과 동일한 전압 변화가 생겨 근육 수축이 일어나지요. 이 경우에는 정상적으로 조절되는 수축 자극과 달리, 이온 농도의 균형이 회복될 때까지 수축 신호가 멈추지 않습니다.

치료사와 트레이너는 근육 안팎의 혈액 순환을 촉진하고 가능한 한 빨리 이온 균형을 되찾기 위해 경련이 일어난 근육을 마사지하고 스트레칭시켜야 합니다. 또한, 즉시 수분을 공급하면 경련의 재발을 막는 데 도움이 됩니다.

> **한 걸음 더 읽기**
>
> **근육 경련과 연축의 차이는?**
> 근육연축은 비자발적인 근육 수축을, 근육경련은 연축으로 일어나는 결과를 가리키므로 이 둘은 기본적으로 같은 말입니다. 근육연축에는 근육경련 외에도 (통증과 같이) 다른 증상이 동반될 수 있습니다. 약물 때문에 근육연축이 일어나기도 합니다.

근디스트로피

근디스트로피muscular dystrophy의 가장 흔한 예는 어린이에게 잘 생기는 뒤센느근디스트로피(DMD)입니다. 이 병은 근육의 부피를 줄이고 운동 능력을 떨어뜨려 사람을 쇠약하게 만들 뿐 아니라 수명까지 단축시킵니다.

뒤셴느근디스트로피의 원인은 근육의 세포골격(세포 안의 단백질)을 세포 밖 단백질과 연결해주는 디스트로핀dystrophin 단백질 유전자의 돌연변이입니다. 디스트로핀 단백질이 제 기능을 잃으면 근육의 구조가 무너지고 부피가 줄어들며, 결합조직과 염증으로 손상된 조직이 늘어납니다.

베커근디스트로피는 디스트로핀이 짧지만 기능을 유지하고 있는, 중증도가 덜한 뒤셴느근디스트로피입니다.

> **한 걸음 더 읽기**
>
> **근육 문제의 다른 원인들**
> 근육 질환은 사실 신경 질환인 경우가 있습니다. 파킨슨병이 한 예입니다. 근육이 떨리고, 움직임이 느려지며, 민첩성이 감소하지만, 병의 원인은 근육이 아닌 신경세포의 사멸이나 파괴와 관련이 있습니다. 그래서 파킨슨병은 신경계 질환으로 분류되지요. 다발경화증, 근위축삭경화증(루게릭병), 중증근무력증도 신경근육병에 속합니다.

6장

신경계:
몸과 뇌를 연결하는
초고속 통신망

신경계의 신호전달

세포들의 의사소통 완전 정복

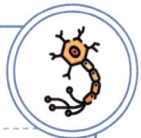

신경계는 우리 몸의 주요 통제 센터입니다. 몸 안팎에서 일어나는 정보를 감지하는 감각 수용체와, 그 정보를 뇌로 전달하는 신경 경로로 이루어져 있지요. 뇌는 이 정보를 받아서 처리하고, 어떻게 반응할지 결정합니다. 반응한 신호는 뇌에서 출발해 척수를 지나 신경을 타고 몸의 다양한 표적 기관으로 전달됩니다.

 신경계에서 오가는 모든 정보는 신경세포 안팎을 흐르는 이온과 화학신호의 형태로 전해집니다. 그러므로 신경계의 핵심 기능은 정보 전달이라고 할 수 있습니다.

신호전달

신경세포는 이온 농도를 조절해 세포막 안팎의 전압 차(막전위)를 만들어냅니다. 세포가 비활성 상태(안정기)일 때, 세포는 나트륨과 칼륨 이온의 농도를 적절하게 유지합니다. 이를 위해 나트륨-칼륨 펌프Na/K pump라는 막 단백질이 에너지를 사용해 나트륨을 세포 밖으로, 칼륨을 세포 안으로 이동시키지요. 세포 안에는 기본적으로 DNA나 세포골격 단백질처럼 음전하를 띠는 입자가 많고, 따라서 세포 안은 바깥보다 상대적으로 더 음전하를 띱니다. 그렇게 세포막에는 -70밀리볼트(mV) 정도의 안정막전위resting membrane potential가 유지되지요.

전압작동통로

신경세포막에는 전압작동통로라는 특수한 단백질 통로가 있습니다. 이 통로는 막전위가 일정 수준에 도달하면 모양이 변해서 이온이 드나들 수 있게 열립니다. 예를 들어, 막전위가 -55밀리볼트에 이르면 나트륨 이온 통로가 열려, 양전하를 띠는 나트륨이

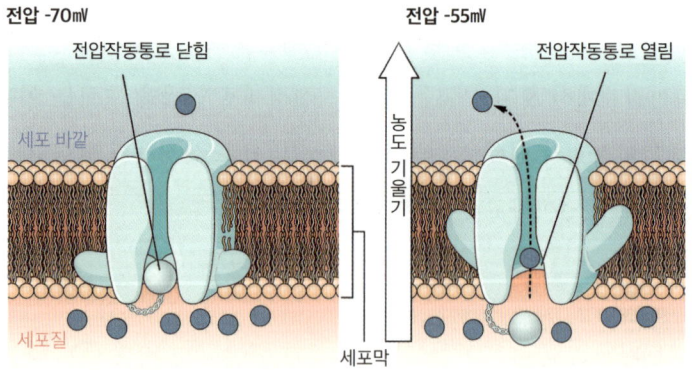

| 전압작동통로가 열리는 과정.

세포 안으로 들어옵니다. 그러면 세포 안쪽 전압이 올라가면서 다른 전압작동통로에도 영향을 미치지요. 칼륨 통로는 세포 안이 양전하 쪽으로 바뀌었을 때 열려서 칼륨 이온을 세포 밖으로 내보냅니다. 그로 인해 세포 안쪽 전압은 다시 음전하로 되돌아가지요.

활동전위

이온이 이동하면서 세포막 전압이 바뀌면, 이 변화는 세포막을 따라 축삭 방향으로 퍼져 나갑니다. 마치 축구장에서 관중이 파도타기를 하듯, 한 지점에서 일어난 전압 변화가 연속적으로 이어지는 것입니다. 세포막 전위가 -55밀리볼트에 도달하면 나트륨 통로가 열리고, 나트륨 이온이 세포 안으로 들어오면서 막전위가 양전하 쪽(0밀리볼트 방향)으로 이동합니다. 이를 탈분극depolarization이라고 하지요.

하지만 나트륨 유입 속도가 너무 빨라서 나트륨이 과하게 들어오는 것을 막기 위해 통로는 곧바로 비활성화됩니다. 비활성화는 통로가 완전히 닫힌 상태는 아니고, 이온 이동만 차단된 상태입니다. 나트륨 유입으로 세포 안 전압이 +30밀리볼트 정도까지 올라간 뒤에는 칼륨 통로가 열려 칼륨이 세포 밖으로 빠져나갑니다. 그러면 다시 막전위가 음전하 쪽으로 돌아가는데, 이를 재분극repolarization이라고 하지요. 칼륨 통로는 비활성화되는 속도가 약간 느려서 막전위가 -70밀리볼트보다 더 낮아지는 과분극

hyperpolarization 상태에 잠시 머물기도 합니다.

이 과정을 거쳐 신경세포는 신호를 한 방향으로 빠르게 전달합니다. 나트륨-칼륨 펌프는 다음 신호를 준비하기 위해 다시 이온 농도를 회복시킵니다.

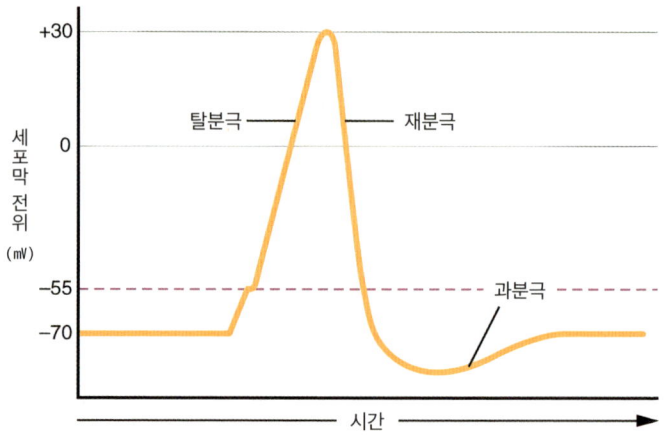

| 활동전위로 일어나는 세포막의 전압 변화 과정.

신경전달물질

활동전위는 신경세포 안에서는 잘 전달되지만, 세포와 세포 사이 공간을 직접 건너지는 못합니다. 그래서 신경세포는 전기신호를 화학물질로 바꿔서 다른 신경세포나 표적 세포에 전달합니다. 이때 분비되는 물질을 신경전달물질 neurotransmitter이라고 합니다. 신경전달물질은 세포 사이 공간으로 퍼져 나가 신호를 받는 세포로 전달되고, 그 세포에서는 다시 전기신호가 만들어집니다.

> **한 걸음 더 읽기**
>
> **신경전달물질의 종류**
>
> 신경전달물질은 신경계의 화학적 전달자입니다. 조직마다 다양한 신경세포가 서로 다른 물질을 분비해 표적 조직에서 정해진 반응을 일으킵니다
> - 아세틸콜린은 운동신경세포에서 가장 흔히 분비되는 신경전달물질입니다. 신호를 받는 세포의 막전위를 높여 세포를 흥분시킨다고 하지요.
> - 노르에피네프린은 평활근과 심근, 분비샘에 영향을 미칩니다. 트립신이라는 아미노산 유도체로 이루어진 신경전달물질군인 카테콜아민에 속하며, 주로 비자발적 신경계에서 분비되어 휴식 상태나 싸움도피 fight-or-flight 상태일 때 우리 몸의 기능을 조절합니다.
> - 그 밖에 도파민, 세로토닌, 감마아미노부티르산(GABA)과 같은 신경전달물질은 뇌에서 분비되어 배고픔과 행동, 기분 등 전반적인 두뇌 활동을 조절합니다.

화학 수용체

신경전달물질이 효과를 내려면, 신호를 받는 세포에 이를 감지하는 화학 수용체가 필요합니다. 골격근 세포에서는 아세틸콜린 수용체(니코틴성 수용체)가 아세틸콜린 분자 2개와 결합해 통로를 열고, 나트륨과 칼륨이 드나들게 합니다. 이때 막전위가 올라가면서 근육이 수축할 준비를 합니다. 이 과정을 흥분 전위 excitatory potential라고 합니다.

평활근과 심근에서는 머스카린성 수용체가 아세틸콜린 분자 1개와 결합합니다. 머스카린성 수용체는 직접 이온 통로를 열지는 않고, 일련의 신호 연쇄반응을 일으켜 다른 통로를 여닫게 합

니다. 그 결과, 세포를 흥분시키거나 억제할 수 있습니다.

다른 조직에서도 다양한 신경전달물질과 수용체가 작용해 적절한 반응을 유도합니다

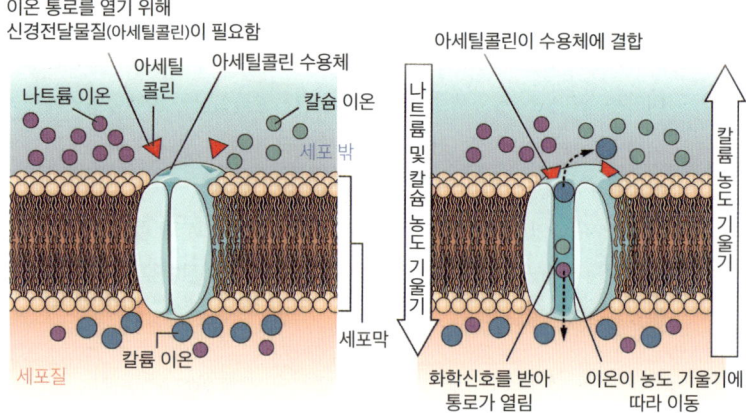

| 아세틸콜린 수용체에서 이온 통로가 열리는 과정.

시냅스

신경세포 끝부분(축삭종말)이 골격근 세포나 다른 신경세포와 만나면, 두 세포 사이에 작은 틈이 생깁니다. 이를 연접틈새synaptic cleft라고 합니다. 축삭종말에서는 신경전달물질이 이 틈으로 분비되어 퍼져 나갑니다. 반대편 세포에는 이를 받아들이는 수용체가 있으며, 신호를 받아들인 후에는 다시 전압작동통로를 열어 활동전위를 일으킵니다. 이렇게 신경 신호가 끊기지 않고 계속 이어집니다.

뇌와 척수
우리 봄의 CPU

중추신경계 central nervous system(CNS)의 주요 구성 요소인 뇌는 대뇌, 소뇌, 뇌줄기(뇌간)로 이루어져 있습니다. 뇌는 신체 안팎의 감각부터 자극에 대한 반사적이거나 의식적인 반응, 신체의 모든 움직임, 더 나은 세상을 꿈꾸는 일까지 모든 뇌 활동을 통제합니다.

척수는 우리 몸의 중심축에 걸쳐 중추신경계가 연장된 부분입니다. 척수는 정보를 받거나 내보내고, 그 정보를 뇌와 주고받습니다.

대뇌

대뇌 cerebrum 또는 앞뇌 forebrain(전뇌)는 의식적 사고를 관장하고, 감각 정보를 받아들이고 인식하며, 운동반응을 시작하는 장기입니다. 대뇌 표면에는 여러 주름(이랑)과 굴곡(고랑)이 있어서 신경

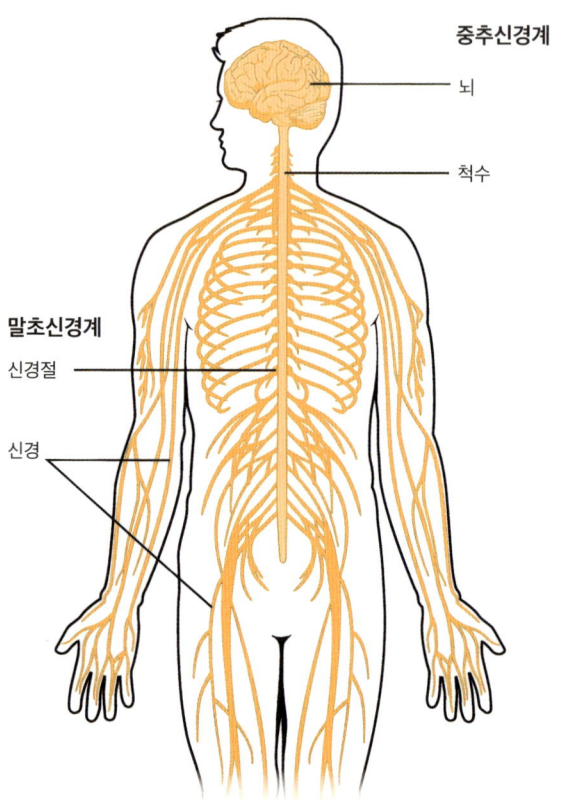

| 중추신경계의 구조.

조직이 있는 대뇌피질이 작은 공간 안에 빽빽이 들어찰 수 있습니다.

양쪽 뇌 반구에는 서로 다른 기능을 담당하는 영역들이 자리 잡고 있습니다. 엽lobe이라고 부르는 이 영역들은 저마다 고유한 기능을 담당하지요.

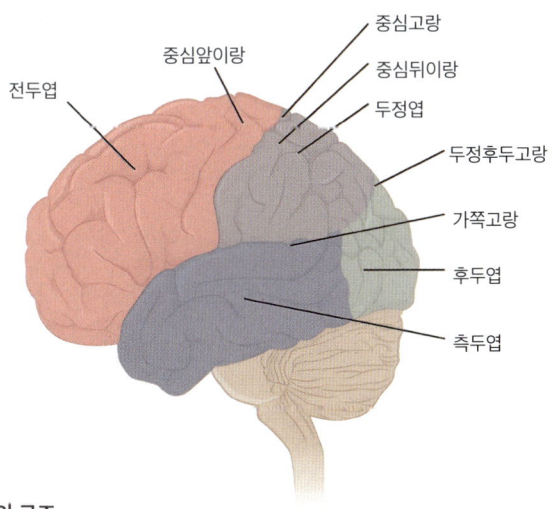

| 대뇌피질의 구조.

- 전두엽은 의사 결정, 사회적으로 부적절한 본능적 충동 억제, 미래에 대한 계획 수립을 담당합니다. 장기 기억도 이 영역에서 만들어지지요. 전두엽은 대뇌의 앞쪽 절반을 차지합니다.
- 두정엽은 전두엽 뒤, 대뇌의 정수리에 있습니다. 접촉과 같은 정보를 처리하는 몸감각(체감각)을 담당하며, 입력된 정보를 통합하는 주요 중추입니다.
- 대뇌 측면에는 측두엽이 있습니다. 이 영역은 청각, 시각과 관련된 방대한 정보를 처리합니다. 새로운 기억뿐 아니라 음성언어의 이해도 이 영역에서 이루어집니다.
- 후두엽은 뇌의 뒷부분에 있으며, 일차 시각중추로서 시각

정보의 해석과 통합, 지각을 담당합니다.

소뇌

후두엽 아래에 있는 소뇌cerebrum는 운동을 조율하는 일차 중추입니다. 소뇌반구라는 큰 엽 2개와 그 사이에 있는 충부라는 작은 엽으로 이루어져 있습니다. 최근에는 학습, 기분, 행동과 관련된 역할을 조명하는 새로운 연구들이 발표되고 있지요.

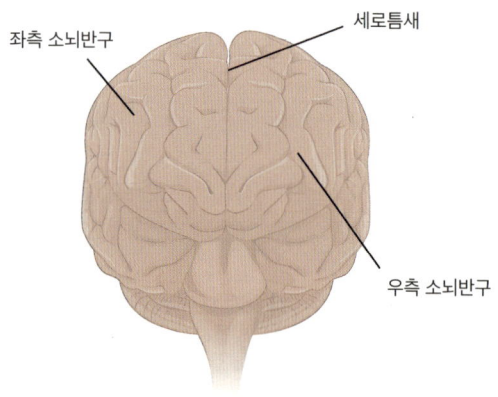

| 소뇌의 구조.

뇌줄기

뇌의 아랫부분에는 척수로 이어지는 뇌줄기brain stem가 있습니다. 뇌줄기는 다리뇌(교뇌)와 숨뇌(연수)로 이루어져 있지요. 다리뇌는 뇌간의 부풀어 오른 부분으로, 대뇌로 들고 나는 신경 경로가 자리한 곳입니다. 호흡과 심장박동을 조절하는 중추도 이곳에 있습니다. 그 아래에는 척수로 들고 나는 신경 경로들로 이루어진 숨뇌가 있습니다. 이 영역 역시 호흡과 심장박동 같은 기본적인 신체 기능을 조절하는 중요한 역할을 합니다. 임상적으로 '뇌사' 판정을 받은 사람도 뇌줄기의 기능은 유지되지요.

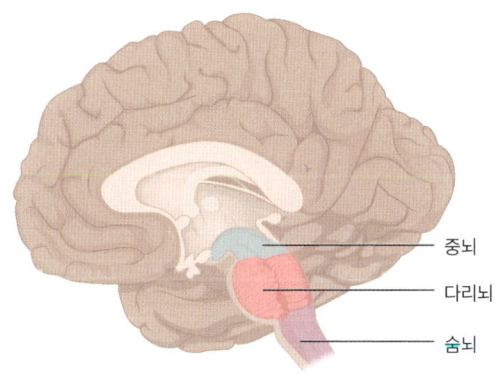

뇌줄기의 구조.

척수 회색질

백질white matter은 척수의 겉을, 회색질gray matter은 척수의 속을 구성합니다. 척수에는 맞교차라고 부르는 회색질을 연결하는 부위가 있습니다. 척수 양쪽에는 뒤뿔(후각)과 앞뿔(전각)이라는 회색질 부위가 있지요. 뒤뿔에는 (말초신경으로부터 정보를 가져오는) 감각신경세포 시냅스가 있어서 다른 곳으로 신호를 보내는 신경세포와 연결되어 있습니다. 사이신경세포(개재신경세포)의 세포체도 이곳에 있습니다. (말초신경으로 정보를 내보내는) 운동신경세포의 세포체는 회색질의 앞뿔에 있습니다.

> **용어 해부하기**
>
> **사이신경세포** interneuron
> 중추신경계에만 있고, 감각신경세포와 운동신경세포를 연결합니다.

척수 백질

척수의 회색질을 둘러싼 백질은 말이집으로 둘러싸인 신경 축삭으로 이루어져 있습니다. 이 신경들은 감각 정보를 뇌로 전달하는 오름(상행) 신경섬유와, 운동 정보를 뇌에서 척수를 따라 신체의 표적 지점으로 전달하는 내림(하행) 신경섬유로 나뉩니다. 이러한 신경들은 척수의 회색질에 있는 신경세포체와 연결되어 시냅스를 이룬 후, 척수를 통해 위로 올라가거나 표적 부위로 나아갑니다.

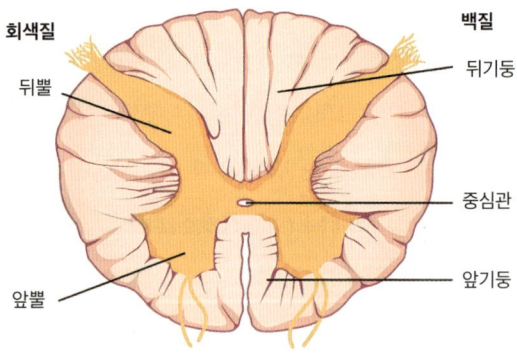

| 척수의 구조.

말초신경계
사방팔방 신호를 퍼뜨려라!

중추신경계 바깥에 있는 신경들을 말초신경계peripheral nervous system (PNS)라고 통칭합니다. 말초신경은 대부분 척수에서 시작되어 중추신경계 안팎으로 감각 및 운동 정보를 전달하는 척수신경입니다. 그러나 일부 말초신경은 뇌 또는 뇌줄기에서 시작되어 우리 몸에 필요한 역할을 수행하는 뇌신경입니다.

뇌신경

인체에는 12개의 뇌신경cranial nerve이 있습니다. 보통 로마 숫자 I~XII로 표기하지요. 처음 9개 신경은 얼굴과 눈의 운동과 특수감각을 담당합니다. 뇌신경 X(10)인 미주신경vagus nerve은 우리 몸 전체의 기능과 장기에 영향을 미치며, 가장 넓게 분포하는 뇌신경입니다. 뇌신경 XI(11)과 XII(12)는 각각 머리의 회전운동과 혀의 운동을 담당합니다. II(2)는 시각 정보를, 청신VIII(8)은 청각과 평형 감각을 전달하고, VII(7)은 얼굴 표정을 짓는 근육을 조절하는 동시에 미각에도 관여합니다. 이처럼 뇌신경은 주로 머리와 목 부위에서 감각·운동 기능을 섬세하게 조절하는 역할을 합니다.

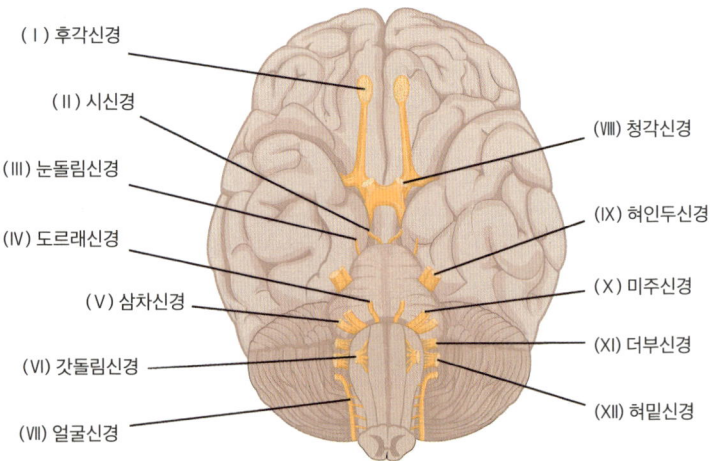

| 뇌신경의 위치와 종류.

척수신경

감각신경섬유와 운동신경섬유로 구성된 척수신경spinal nerve은 척수 양쪽에서 나와 몸 옆으로 뻗어 나갑니다. 척수신경에는 뒤뿌리posterior root(후근)와 앞뿌리anteior root(전근)라는 2개의 뿌리가 있습니다. 감각 정보를 전달하는 뒤뿌리는 세포체가 모여 있는 신경절ganglion이라는 곳에서 끝납니다. 앞뿌리는 운동 정보를 전달합니다. 뒤뿌리와 앞뿌리는 척추에서 나와 다시 만납니다.

뒤뿌리 신경절에서는 감각세포가 뒤뿔로 축삭을 뻗어 척수의 사이신경세포와 시냅스를 이룹니다. 운동신경세포는 척수에서 앞뿌리를 통해 축삭을 뻗어냅니다.

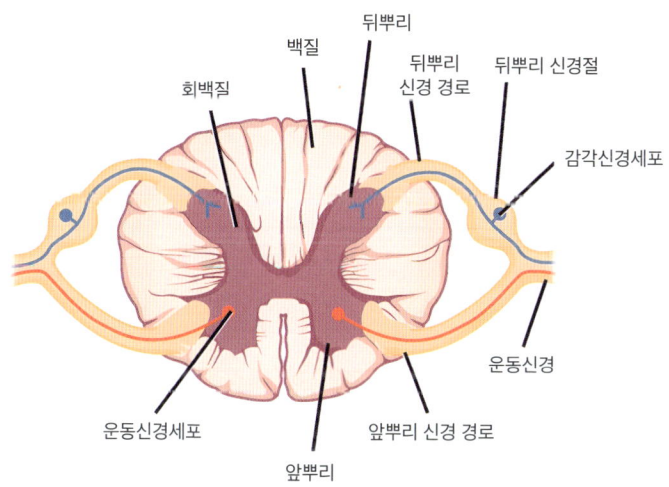

| 척수신경의 구조.

자율신경계

알아서 척척! 자동 반사!

자율신경계 autonomic nervous system(ANS)는 우리 몸의 평활근, 심장근, 분비샘과 같은 기관들을 무의식적으로 조절하는 독립된 통제 체계입니다. 자율신경계는 기능에 따라 교감신경계 sympathetic nervous system와 부교감신경계 parasympathetic nervous system로 나뉘며, 이 구분은 해부학적 구조와 사용하는 신경전달물질, 생리적 효과에 따라 더욱 세분화됩니다.

자율신경 반사

각각 하나의 감각신경과 운동신경이 관여해 무의식적이고 즉각적인 반응을 일으키는 무릎반사와 달리, 자율신경 반사에서는 연속된 운동신경세포 2개가 관여해 표적 조직에 운동을 지시합니다. 첫 번째 운동신경세포는 다른 신경들과 마찬가지로 척수 앞뿔에서 출발하지만, 표적 조직에 도달하기 전에 신경절에서 두 번째 말초 신경세포와 시냅스를 이룹니다. 이 두 신경세포를 신경절을 기준으로 신경절전신경세포preganglionic neuron과 신경절후신경세포postganglionic neuron라고 부르지요. 신경절후신경세포는 표적 조직을 지배하면서 반응을 이끌어냅니다.

교감신경계

싸움도피반응 신경계fight-or-flight nervous system라고도 부르는 교감신경계는 우리 몸이 즉시 고강도 신체 활동을 할 수 있도록 준비시키는 역할을 합니다. 교감신경계의 반응은 신경전달물질이자 호르몬이기도 한 에피네프린 또는 아드레날린에 의해 매개됩니다. 이 호르몬은 혈류를 타고 신속하게 온몸으로 퍼져 다음 행동을 준비시킵니다.

신경절전신경세포는 척수 중간쯤에 있는 첫 번째 흉추(T1)에서 두 번째 요추(L2)에 있으며, 여기서 축삭을 뻗어 척수를 빠져나옵니다. 이 신경섬유들이 교감신경의 등허리 부위thoracolumbar region를 이룹니다.

신경절전신경세포는 척수를 빠져나와 척수신경과 합류하자마자, 흰색 가지white ramus를 통해 도로 갈라져 나옵니다. 신경절전신경세포의 주행 경로는 자동차가 고속도로에서 빠져나와 국도에 진입하는 것과 비슷합니다. 이 신경은 척수신경에서 빠져나오자마자 척수 좌우에 대칭으로 줄기처럼 이어진 교감신경절 중 하

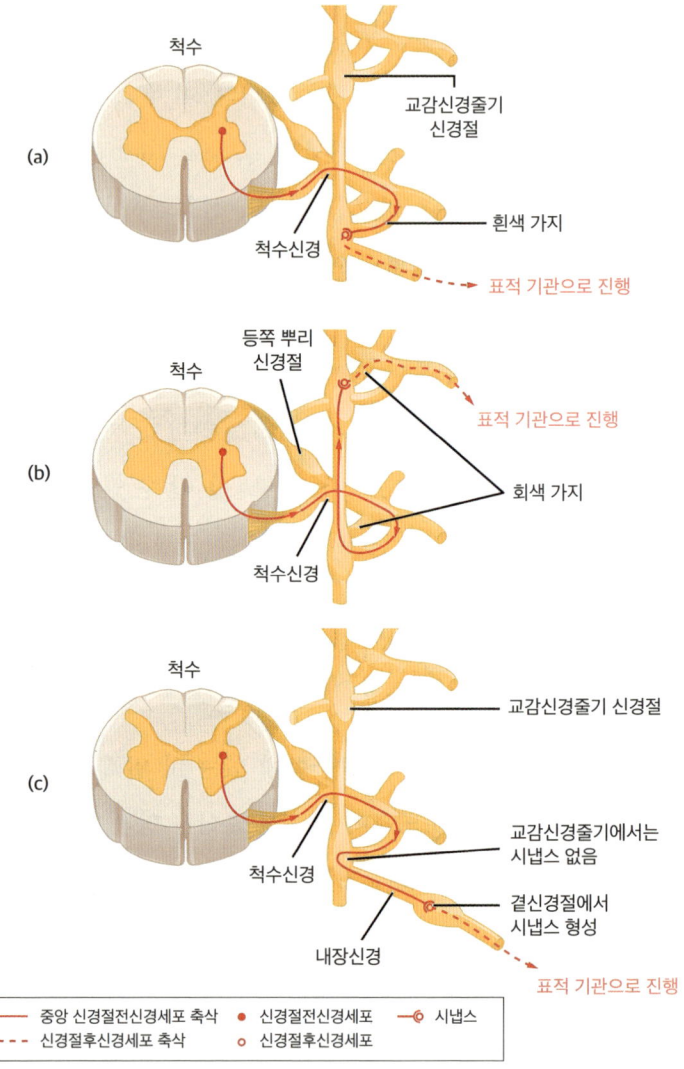

교감신경계의 세 가지 경로. (a)는 신경절전신경세포가 같은 높이의 교감신경절에서 시냅스를 이룰 때, (b)는 교감신경줄기를 따라 위 또는 아래 신경절에서 시냅스를 이룰 때, (c)는 교감신경줄기를 지나쳐 내장신경을 따라 이동한 뒤, 복강에 있는 곁신경절에서 시냅스를 이룰 때를 나타낸다.

나로 들어갑니다. 이 교감신경줄기sympathetic chain 덕분에 신경계 정보는 흉부와 복부로 광범위하게 퍼져 나가고, 소화 기능이 억제되는 등 교감신경 반응이 일어날 수 있지요.

교감신경절의 시냅스에서는 신경절후신경세포가 축삭을 뻗어 나갑니다. 회색 가지gray ramus를 통해 척수신경으로 들어가 표적 조직에 도달하지요. 그러나 일부 신경절전신경세포는 교감신경줄기를 건너뛰고 큰내장신경greater splanchnic nerve과 작은내장신경lesser splanchnic nerve이라는 커다란 신경 다발을 형성합니다. 내장신경 다발은 복강으로 뻗어가 복강신경절, 장간막신경절과 같은 곁신경절collateral ganglion에서 신경절후신경세포와 시냅스를 이룬 뒤 표적 조직에 도달합니다.

효과

교감신경 반응은 고강도 활동에 대비해 다음과 같이 우리 몸을 활성화합니다.

- 심박수와 호흡수 상승
- 동공 확장
- 혈압 상승
- 골격근 혈류량 증가

이런 변화는 부분적으로 근육 혈관이 확장되기 때문이지만, 대부분 소화계와 요로계 혈관이 수축하기 때문에 일어납니다. 생존에 당장 필요하지 않은 기관계의 혈류를 (최소로) 줄이고, 그 자원을 단기 생존에 필요한 장기와 조직에 돌리는 것이지요.

부교감신경계

교감신경계와 반대 작용을 하는 부교감신경계parasympathetic system는 소화와 같이 휴식기에 진행되는 비활동적인 기능을 관리합니다. 그래서 부교감신경계를 휴식-소화 반응 신경계rest-digest system라고도 부르지요. 소화액 분비, 연동운동(대롱 모양의 기관에서 내용물을 내보내기 위해 기관 벽을 이루는 근육이 수축과 이완을 반복하는 운동)이 일어나며, 하부 소화관에서는 흡수작용도 일어납니다. 이때 심장박동과 호흡이 느려지고, 골격근의 혈류량이 줄어들지요.

부교감신경계의 신경절 이전 섬유(신경절전신경섬유)는 교감신경계와 겹치지 않는 목뼈(경추)와 엉치뼈(천추) 부위에서 출발합니다. 교감신경은 척추의 중간에, 부교감신경은 위와 아래에 본거지를 두고 있는 셈이지요. 머리 부위에서는 뇌신경이 부교감신경계의 신경절전신경세포 역할을 담당합니다. 이 신경들은 표적 조직 직전까지 바로 뻗어가, 종말신경절terminal ganglion에서 신경절후신경세포와 시냅스를 형성합니다. 다른 신경들은 표적 장기 안까지 축삭 말단이 이어져 있습니다.

신경전달물질과 신경들

신경들은 저마다 다른 신경전달물질을 이용해 신호를 변환합니다.
- 신경절전신경세포는 언제나 신경절후신경세포를 흥분시키므로, 교감신경과 부교감신경 모두 아세틸콜린을 이용해 신경절후신경세포에 신호를 전달합니다.
- 교감신경의 신경절후신경세포가 표적 조직의 활동을 자극(또는 억제)할 때는 노르에피네프린이라는 신경전달물질을 이용합니다.
- 땀샘의 땀 배출을 자극하는 신경과 같이 일부 신경절후신경세포에서는 아세틸콜린을 이용합니다.
- 부교감신경에서 이용하는 신경전달물질은 아세틸콜린 하나뿐입니다. 부교감신경은 표적 조직에 있는 머스카린성 아세틸콜린 수용체를 통해 신호를 변환하고 신체에 영향을 미칩니다.

신경계의 질병과 장애
복잡한 곳에는 문제가 생기기 마련

(중추신경계든 말초신경계든) 신경계에 문제가 생기면 근육 기능뿐 아니라 인지, 행동, 사회적 기능에 심각한 영향을 미칠 수 있습니다. 수없이 많은 문제가 생길 수 있지만, 이 장에서는 잘 알려진 문제 몇 가지를 살펴봅시다.

> **한 걸음 더 읽기**
>
> **흔한 신경계 장애**
> 신경계는 복잡한 곳입니다. 정보 전달에 실패하고 장애가 생기는 것이 그리 놀라운 일이 아니지요.
> - 뇌전증epilepsy은 비정상적인 전기신호가 경련을 일으켜 몸의 작동에 영향을 미치는 장애입니다. 이때 일어나는 발작은 상대적으로 가벼울 때도 있고, 치명적일 때도 있습니다.
> - 뇌졸중stroke은 뇌에 출혈이 생기거나 뇌혈관이 막힐 때 발생합니다.

고혈압이나 당뇨병, 또는 그 밖의 순환계 문제가 원인인 경우가 많습니다.
- 말초신경병증peripheral neuropathy은 신경 손상, 특히 말초신경 손상 때문에 생기며, 손상된 부위에 감각이 둔해지거나 저린 증상이 나타날 수 있습니다.

파킨슨병

파킨슨병Parkinson disease 은 중추신경계에서 필수 신경전달물질인 도파민의 생산이 부족해지거나, 도파민에 신경계가 반응하는 능력이 떨어져 발생합니다. 보통 50세 이후에 발병하며, 초기에는 떨림, 경직, 보행장애와 같은 운동 장애가 먼저 나타납니다. 병이 진행되면 치매와 같은 인지 및 사회적 장애가 따라오지요.

파킨슨병은 아직 완치가 불가능하므로, 질병 예방과 증상 관리에 초점을 두고 연구되어왔습니다. (비타민 C와 같은) 항산화제가 파킨슨병 예방과 관련이 있다는 보고가 여럿 있지만, 아직은 확실한 결론을 내릴 수 없습니다.

도파민 생산이 부족한 환자에게는 신경전달물질의 작용 시간을 늘리는 약이 증상을 완화하는 데 도움이 됩니다. 도파민이 시냅스로 분비되면 모노아민산화효소(MAO)라는 효소가 도파민을 분해합니다. 모노아민산화효소 억제제는 이 효소의 활성을 억제하는 약입니다. 도파민이 작용 시간을 늘려 도파민이 더 많아진 것과 같은 효과를 내지요.

알츠하이머병

치매의 60-70퍼센트를 차지하는 알츠하이머병Alzheimer's disease은 주로 65세 이상의 성인에게 발생하는 신경변성(퇴행성) 장애입니다. 알츠하이머병의 원인은 확실하게 밝혀지지 않았지만, 유전이 중요한 역할을 한다고 여겨집니다.

이 병을 일으키는 원인에 대한 가설은 여러 가지가 있지만, 지배적인 가설은 아밀로이드판 단백질(APP)의 역할과 이 단백질의 부적절한 침착에 초점을 맞춥니다. 그러나 APP 침착물을 제거하는 백신을 환자에게 투여했을 때 치매가 호전되지 않았으므로, APP가 알츠하이머병의 원인인지는 여전히 확실하지 않습니다.

알츠하이머병의 초기 증상은 단기 기억상실이며, 시간이 지나면 심각한 인지장애가 나타납니다. 환자는 시간과 장소 따위를 인식하지 못하는 지남력장애와 언어장애 때문에 사회로부터 고립될 수 있습니다. 병이 더 진행되면 온몸의 기능이 저하되고 사망에 이릅니다.

한 걸음 더 읽기

갑작스런 뇌 손상

사고나 부상으로 신경계가 손상되는 것은 드문 일이 아닙니다. 가장 흔한 유형은 (자동차가 충돌해) 갑자기 머리를 부딪칠 때, 혹은 종종 (축구 경기 중 백태클에 걸려 넘어져) 몸에 강한 충격을 받을 때 생기는 진탕concussion입니다. 이런 일을 겪으면 갑자기 머리뼈 안에서 뇌가 흔들립니다('concussion'의 라틴어 어원은 말 그대로 '과격하게 흔들리다'라는 뜻). 뇌진탕이 생기면 의식을 잃고, 뇌가 부어오르거나 출혈이 발생할 수 있습니다. 진탕은 대부분 경미하여 후유증이 남지 않지만, 반복적이거나 심각한 진탕은 뇌 손상으로 이어질 수 있습니다.

ADHD

어린이의 신경발달 장애인 주의력결핍과다활동장애attention deficit hyperactivity disorder(ADHD) 또는 주의력결핍장애attention deficit disorder(ADD)는 주어진 과제에 몇 분 이상 집중하는 데 어려움을 겪으며, 경우에 따라 과도한 신체 활동을 동반합니다. 이런 어린이들은 해야 할 일을 지속하거나 오래 앉아 있지 못하기 때문에 (어린이집이나 초등학교에서) 사회화된 교육을 받기 시작할 때 발견되는 경우가 많지요. 일부 어린이는 적절히 사회화되지 못했거나 허용 가능한 행동을 집에서 배우지 못해 ADHD나 ADD로 진단되기도 합니다. 증상이 심각한 어린이의 경우에는 상담이나 약물치료가 도움이 될 수 있습니다. 언제나 최선의 해법이라고 할 수는 없지만, ADHD나 ADD 치료에 가장 널리 사용되는 효과적인 수단은 자극제stimulant입니다.

자폐증

자폐증autism은 아동기 초기에 나타나며 언어 발달이 늦어질 뿐 아니라 사회적 기능 장애도 나타날 수 있습니다. 그러나 가장 특징적인 증상은 반복 행동입니다. 반복 행동은 자폐를 ADHD나 ADD와 구분해주는 특징이지요.

여러 신경학적 장애의 병태생리와 화학적 요인이 밝혀졌지만, 자폐증의 원인은 아직 충분히 알아내지 못했습니다. 한 요인으로 중추신경계 내 시냅스의 변형이 주목받고 있습니다. 시냅스가 변형되면 신경계 전반에서 신호전달이 지연되거나 부정확해지기 때문이지요.

과거 여러 언론에서 아동기의 백신 접종이 자폐증과 관련이 있다는 의혹을 제기했습니다. 하지만 오늘날 의학계와 과학계 전반에서는 그 관련성을 인정하지 않습니다.

감각 수용과 지각

우리가 세상을 느끼는 법

인체는 환경에 대한 정보를 뇌에 제공해 의식적이거나 무의식적인 반응을 이끌어내는 복잡한 감지 시스템을 갖추고 있습니다. 건강과 생존에 유리한 조건을 마련하기 위함이지요. 감각계sensory system는 24시간, 주 7일 쉬지 않고 작동하며 우리 몸의 기능을 적절히 유지해줍니다.

수용과 지각

내부 또는 외부 환경에 대한 정보를 얻는 과정은 두 단계로 이루어집니다. 환경에 반응하려면 먼저 각 자극에 특화된 세포가 정보를 수집해야 하고(수용), 뇌가 해당 맥락 안에서 그 정보를 해석해야 합니다(지각).

우리 몸의 수용체는 내부와 외부의 온도, 혈압, 빛, 소리, 맛, 냄새부터 자세의 균형에 이르기까지 방대한 정보를 뇌에 제공합니다. 이런 역할에 실패하는 수용체가 하나라도 생긴다면, 해당 정보는 뇌까지 도달하지 못해 감지될 수 없습니다. 그러면 의식적이든 무의식적이든 아무런 반응도 할 수 없겠지요.

> **한 걸음 더 읽기**
>
> **'환상지' 현상의 원인**
>
> 보통은 자극이 있어야 수용과 지각이 일어나지만, 뇌에는 자극 입력이 없는 상황에서도 자극 정보를 계속 처리하려는 경향이 생기기도 합니다. 팔이나 다리가 절단된 사람들은 없어진 팔다리의 감각을 느끼는 경우가 종종 있습니다. 이것을 환상지phantom limb 현상이라고 부릅니다. 팔이나 다리가 없어진 뒤에도 뇌에서는 그 부위의 촉각, 통각, 온도 감각에 대한 신호가 생겨납니다. 자극을 지각하는 데 뇌가 얼마나 강력한 영향을 미치는지 보여주는 사례이지요.

수용체를 통해 감지된 정보를 지각하려면 뇌에서 그 정보를 적절히 이해해야 합니다. 우리는 생애 초기에 맛, 냄새, 형상에 대한 정보를 학습하고, 이런 정보를 다시 만났을 때 자세히 살펴볼 수 있는 감각 정보의 도서관을 구축합니다. 나이가 들어서까지 어떤 감각 정보를 접하지 못해 뇌에 패턴이 개발되지 않으면 어떻게 될까요? 뇌는 그 감각 정보를 정확하게 해석할 수 없게 되고, 그 사람은 특정 자극을 지각할 수 없을 것입니다. 예를 들어, 눈에 문제가 있어 태어날 때부터 앞을 보지 못하다가 나중에 시력을 되찾은 사람은 깊이를 지각하기 힘든 경우가 많습니다.

　우리가 사는 내부와 외부 세계를 감지하고 적절히 기능하려면 감각계의 두 측면이 함께 작동해야 합니다.

특수감각

감각 수용체는 몸의 특정한 곳에 있는 경우와 널리 퍼져 있는 경우가 있습니다. 특정한 곳에만 있는 수용체들을 특수감각 기관이라고 부릅니다. 후각·미각·시각·청각·균형 감각을 담당하는 세포와 조직이 이에 해당합니다. 과거에는 (평형감각 대신) 촉각이 '5대' 특수감각에 포함되어 있었습니다. 그러나 촉각은 체표(몸의 표면) 대부분에서 압력의 형태로 느낄 수 있는 감각이기 때문에 특수감각에서 일반감각으로 다시 분류되었습니다.

일반감각

일반감각 수용체는 특수감각과 달리 몸 전체에 퍼져 있습니다. 온도와 압력, 통증, 자세는 체표 대부분에서 감지되는 감각이며, 뇌에 풍부한 감각 정보를 제공해줍니다.

촉각

촉각 수용체는 피부 표면(표피)과 심부(진피) 사이에 있습니다. 일부 수용체는 압력 변화를, 다른 수용체들은 진동이나 지속적인 압력을 감지합니다. 가장 일반적인 수용체 두 가지는 마이스너소체와 파치니소체입니다. 각각 빠른 진동과 느린 진동에 반응하지요. 파치니소체는 심부 압력에도 반응합니다. 이 세포들은 피막에 싸여 특화된 모양을 이루고 있어 기계적 압력을 신호전달 연쇄반응과 신경세포 신호로 바꾸어낼 수 있습니다. 뇌는 이런 방식으로 촉각을 지각합니다.

통각은 어떻게 느낄까?

통각수용기는 자유신경종말로 이루어져 있어서 다양한 자극에 반응해 통각을 전달합니다. 극단적인 온도, 과도한 기계적 힘, 화학적 손상은 자유신경종말이 통각으로 받아들이는 흔한 감각들입니다.

시각

내 몸의 고성능 카메라

시각계는 빛 에너지를 감지해 전기신호로 바꾼 뒤 뇌의 시각피질로 보내는 아주 복잡한 감각계입니다.

신기하게도 오른쪽 눈으로 들어온 빛은 왼쪽 뇌에서, 왼쪽 눈으로 들어온 빛은 오른쪽 뇌에서 지각됩니다. 이처럼 양쪽 눈의 정보 교차와 위치 차이 덕분에 뇌는 깊이 감각을 느끼고, 차원을 입체적으로 인식할 수 있습니다.

눈의 구조

눈은 빛 에너지를 포착해 안구 뒤편의 특수한 시각세포로 모아주는 장기입니다. 눈의 구조는 다음과 같습니다.

- 망막: 빛수용기세포가 있는 곳입니다.

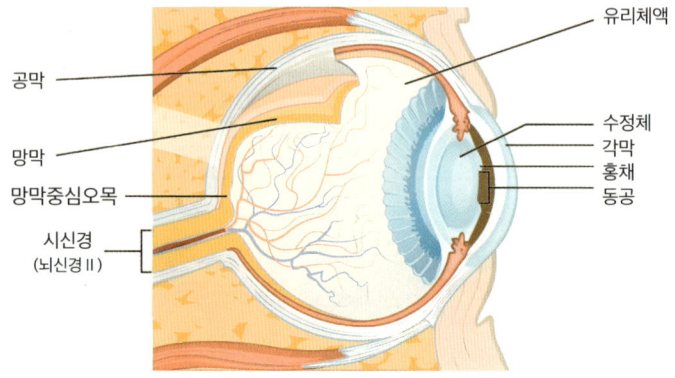

시각기관의 구조.

- 공막: 안구를 감싸는 외피입니다.
- 각막: 공막으로 바로 연결되는 투명한 부분으로, 광자(빛의 입자)를 눈 안으로 통과시킵니다.
- 홍채: 각막 안쪽에 있는 둥근 격막으로, 열리거나 닫히면서 동공을 통과하는 빛의 양을 조절합니다.
- 동공: 홍채의 열린 부분으로, 눈 안쪽이 어두워 검은색으로 보입니다.
- 수정체: 홍채 안쪽, 동공 바로 뒤에 매달려 있으면서 눈으로 들어오는 빛의 초점을 맞춥니다.
- 섬모체근: 수정체를 고정해주고, 렌즈가 이완하거나 수축하도록 장력을 가해 눈으로 들어가는 빛의 초점 거리를 조절함으로써 가깝거나 먼 물체를 볼 수 있게 해줍니다.
- 유리체액: 안구의 넓은 공간을 채우는 젤리 같은 물질로,

눈으로 들어온 빛은 렌즈를 통과한 다음 유리체액을 지나갑니다.

망막

안구 뒷벽에는 망막retina이라는 빛수용기세포로 이루어진 층이 있습니다. 빛은 여러 층의 신경세포를 지나서 망막 깊이 묻혀 있는 빛수용기세포photoreceptor cell를 때려 흥분시킵니다. 빛수용기세포가 있는 층보다 더 안쪽, 망막 가장 깊은 곳에는 색소상피층pigmented layer이 있습니다. 색소상피층은 외부에서 들어오는 빛을 흡수하고 반사를 방지해 상像의 선명도를 높여줍니다.

한 걸음 더 읽기

동물은 어떻게 밤에도 볼 수 있을까?

야행성동물의 망막에는 빛을 빛수용기로 다시 반사해주는 반사 색소가 있습니다. 따라서 1개의 광자가 빛수용기를 여러 번 자극하므로 빛이 적은 곳에서도 볼 수 있습니다.

빛수용기

망막 깊은 곳의 빛수용기세포에는 광색소photo pigment가 있습니다. 이 색소가 광자에 의해 활성화되면 모양이 바뀌면서 신호전달 반응을 연쇄적으로 일으키고, 궁극적으로 신경세포의 전기신호를 유발해 뇌의 시각피질로 신호를 전달합니다.

빛수용기세포의 유형 중 하나는 막대세포rod cell(간상세포)입니다. 이 세포는 머리빗처럼 생겼습니다. 빗의 이빨처럼 주름진 막이 막대 위에 한 줄로 늘어서 있고, 여기에 로돕신이라는 광색소가 들어 있지요. 로돕신이 활성화되면 이 분자가 붙어 있는 더 큰 분자인 옵신의 모양이 변합니다. 광색소 복합체의 필수 요소는 비타민 A의 일종인 레티날입니다. 막대세포는 빛수용체의 두 종류 가운데 민감도가 더 높은 세포입니다. 따라서 빛이 적은 곳에서 시각을 담당하며, 이를 흑백 시각이라고 부릅니다.

당근을 먹으면 시력이 좋아진다고?
당근에는 광색소 복합제의 성분인 비타민 A가 풍부합니다.

두 번째 광색소는 원뿔세포입니다. 이 세포의 광색소 주름은 막대세포보다 짧고, 끝이 가늘거나 고깔 모양을 하고 있습니다. 적색, 녹색, 청색 원뿔세포는 서로 다른 파장의 빛을 감지합니다.

어떤 원뿔세포가 얼마나 자극되는지에 따라 빛의 색을 달리 지각하게 됩니다. 똑같이 세 가지 색이 사용되는 텔레비전 화면이나 컴퓨터 모니터와 같지요. 망막 전체에는 원뿔세포가 막대세포보다 훨씬 적지만, 스펙트럼 내에 있는 색을 혼합하기 위해 선명한 중심시가 맺히는 망막의 중앙부, 즉 망막중심오목fovea에는 원뿔세포가 막대세포보다 훨씬 더 많습니다.

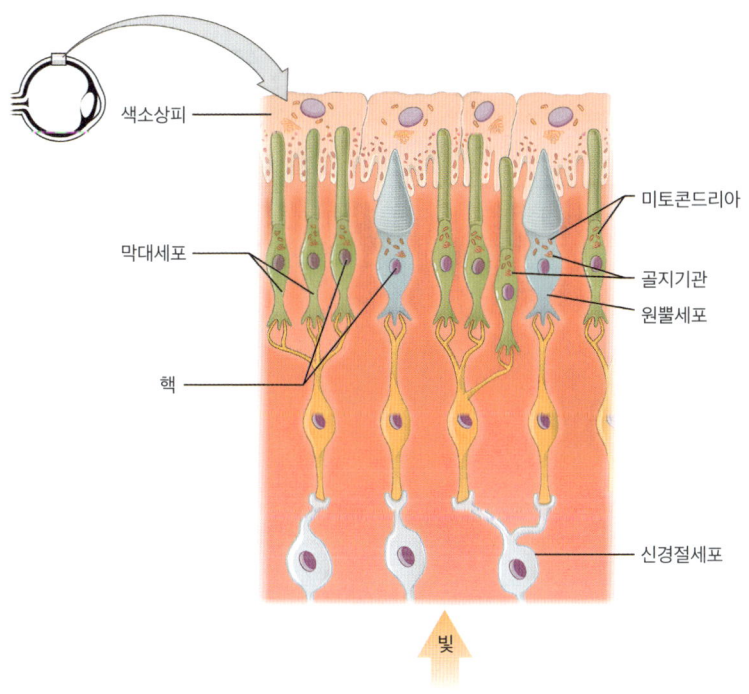

빛수용기세포가 있는 망막 세포층 구조.

청각과 평형감각, 후각, 미각

듣고, 맡고, 맛보다가 휘청거리기

청각과 평형감각, 이 두 가지 특수감각은 기계적 에너지를 지각하는 반면, 후각과 미각은 화학신호를 감지합니다.

청각

음파(기계적 에너지)는 공기를 타고 이동해, 바깥귀(외이)를 통해 귀관(이관)으로 들어갑니다. 바깥귀는 바깥귀길(외이도)과 그 안쪽 끝에 있는 고막까지를 가리키지요. 음파가 고막을 때리면 고막이 진동하고, 그 에너지는 고막 반대편에 있는 방, 즉 가운데귀(중이)의 작은 뼈들로 전달됩니다.

가운데귀에는 망치뼈(추골), 모루뼈(침골), 등자뼈(등골)라는 작은 뼈들이 있습니다. 이 뼈들은 고막에서 전달되는 음파를 청각수용체가 있는 속귀(내이)에 전달합니다. 그중 등자뼈는 달팽이

(와우) 몸통에 난 타원창(난원창)에 붙어 있어, 액체가 들어찬 달팽이관 터널 안으로 음파를 전달합니다.

우리 귓속 달팽이는 달팽이 껍질과 모양이 닮았습니다. 소리가 흘러드는 길 역할을 하는 액체가 들어찬 기다란 관이 안으로 돌돌 말려 있지요. 이 관은 코르티기관(나선기관)이라는 감각 기관을 중심으로 위쪽 방과 아래쪽 방으로 나뉘어 있습니다. 이 튜브는 끝부분이 열려 있어서 위쪽 방으로 들어온 음파가 관 전체를 타고 이동하게 되어 있지요. 이렇게 음파는 액체를 통해 진행하면서 코르티기관 덮개막을 압박하고, 청각 신경 수용체의 섬모를 눌러 전기신호를 일으킵니다.

청각 신경 수용체 섬모는 코르티기관과 마찬가지로 달팽이관 전체에 걸쳐 존재합니다. 소리의 파장에 따라 달팽이관 어느 부분의 수용체가 자극되는지가 달라지므로 우리는 고음과 저음을 구분할 수 있습니다. 피아노 건반을 누른다고 생각하면 쉽지요. 어느 위치에 있는 건반을 누르는지에 따라 다른 소리가 납니다.

인간이 들을 수 있는 소리의 범위는?

인간은 모든 파장의 소리를 듣지는 못합니다. 청력이 정상인 사람은 20헤르츠(Hz)에서 2만 헤르츠의 소리를 들을 수 있습니다(헤르츠는 1초 동안의 진동 횟수를 나타내는 단위로, 이는 교류 전류가 방향을 바꾸는 빈도, 즉 주파수와 같습니다). 많은 동물이 인간이 듣지 못하는 초음파(2만 헤르츠 이상)나

초저주파(20헤르츠 이하)를 들을 수 있습니다. 개들이 우편물 트럭이 오는 것을 우리보다 훨씬 먼저 알아채는 이유도 초음파를 들을 수 있기 때문이지요.

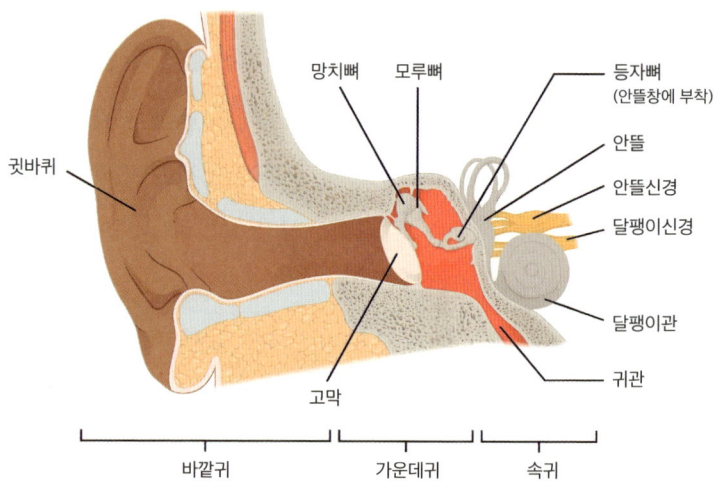

| 청각기관의 구조.

평형감각

최근에야 특수감각에 포함된 평형감각은 속귀에 수용체가 있으며, 달팽이와 관련이 있습니다. 소리를 감지하는 곳은 달팽이지만, 균형을 감지하는 곳은 달팽이 몸체에 붙은 반고리뼈관입니다. 이 관들은 세 방향의 평면을 기준으로 움직임을 감지하고, 관성의 법칙을 활용해 가속과 감속에 반응합니다.

관성의 법칙

뉴턴의 제1법칙이라고도 부르는 관성의 법칙은 반대로 힘이 작용하지 않는 한, 정지한 물체는 정지 상태를 유지하고 움직이는 물체는 움직이는 상태를 유지한다는 내용입니다.

반고리관 안에는 속림프라는 액체가 들어차 있습니다. 몸이 움직일 때 함께 움직이면서 관성의 법칙을 따르지요. 평형감각 정보를 뇌로 전달하는 안뜰신경(전정신경)의 수용체세포에는 림프액 안으로 난 섬모가 있습니다. 움직임이 없을 때는 섬모가 똑바로 서 있어서 아무런 신호도 발생하지 않습니다. 그러나 몸이 움직이기 시작하면 털세포의 섬모에 몸과 같은 방향의 가속도가 작용합니다. 그러나 속림프는 정지해 있었으므로 안뜰신경 수용체의 섬모가 구부러지고, 움직임이 시작되었음을 알리는 전기신호가 발생하지요. 비슷한 원리에 따라, 몸의 움직임이 멈추면 속림

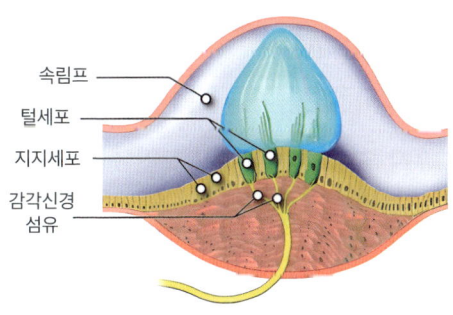

| 평형기관의 구조.

프에는 움직임이 잠시 남아 있으므로 수용체 섬모가 반대 방향으로 구부러집니다. 뇌는 이것을 몸이 멈추어 섰다는 신호로 지각합니다.

후각

냄새에 대한 감각, 즉 후각은 코안(비강) 내막에서 시작됩니다. 코안 상피 표면은 분비 세포에서 나오는 축축하고 단백질이 풍부한 액체로 덮여 있습니다. 이 액체가 들숨과 함께 코안으로 들어온 화학물질을 잡아 가둡니다.

 신경세포를 닮은 후각 수용체세포가 축축한 표면에 갇힌 화학물질을 감지합니다. 후각세포 표면에는 섬모라고도 부르는 가지돌기 dendrite가 화학물질이 갇혀 있는 축축한 점액 속으로 가지를 뻗고 있지요. 이 섬모들 덕분에 수용체 단백질이 있는 후각세포의 표면적이 넓어집니다. 이 단백질들은 화학신호를 전기신호로 바꾸고, 이 신호는 후각세포의 축삭을 통해 후각망울에 있는 승모세포로 보내집니다. 승모세포는 후각로(후삭)를 통해 뇌의 후각 중추와 연결되어 있습니다.

 후각로를 후각신경이라고 부르는 경우가 있는데, 둘은 다릅니다. 후각신경은 후각 수용체의 축삭이 모여 이루어진 것을 말합니다.

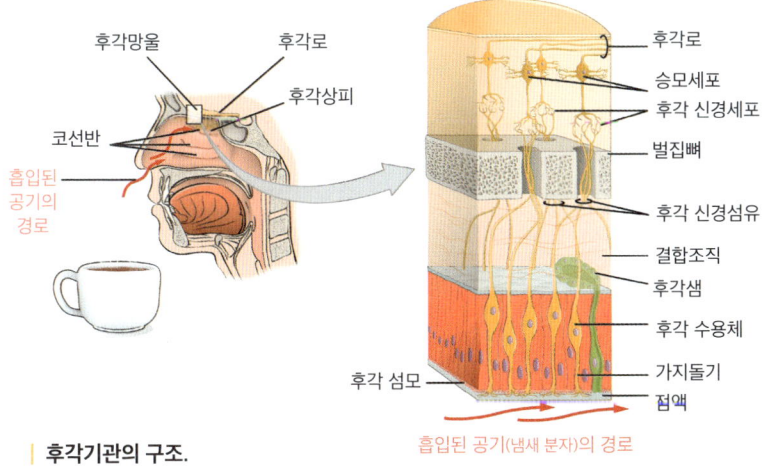

| 후각기관의 구조.

미각

맛을 보는 감각(미각)은 후각과 함께 화학신호를 감지하는 특수 감각입니다. 혀 표면에서 맛봉오리(미뢰)라는 술통 모양의 구조물에서 시작됩니다. 특화된 혀유두(돌기) 측면에 있는 맛봉오리에는 미각 수용체세포와 지지세포가 모여 있습니다. 미각세포 꼭대기에는 머리카락처럼 생긴 미세융모(미각털)가 맛구멍을 향해 나 있어서 침에 녹아 있는 화학물질들을 수집합니다. 미각세포는 맛봉오리 아래쪽에 있는 감각신경세포와 시냅스를 형성해 뇌의 미각중추로 정보를 전송합니다.

맛봉오리는 여러 화학 자극을 감지할 수 있지만, 일반적으로 특정한 맛 한두 가지를 감지하는 데 특화되어 있습니다. 맛봉오리는 혀 표면 전체에 분포하고 있지만, 혀유두의 위치에 따라 기능이 다릅니다. 미각세포는 다섯 가지 기본 맛을 감지하는데, 서로 다른 신호전달 과정을 통해 화학 자극을 전기신호로 변환합니다. 단맛, 짠맛, 신맛, 쓴맛은 많은 사람에게 익숙하지만, 가장 나중에 인정받은 기본 맛이 하나 더 있지요. 바로 '감칠맛'으로, 아시아 음식에서 주로 느낄 수 있는 깊은 맛입니다.

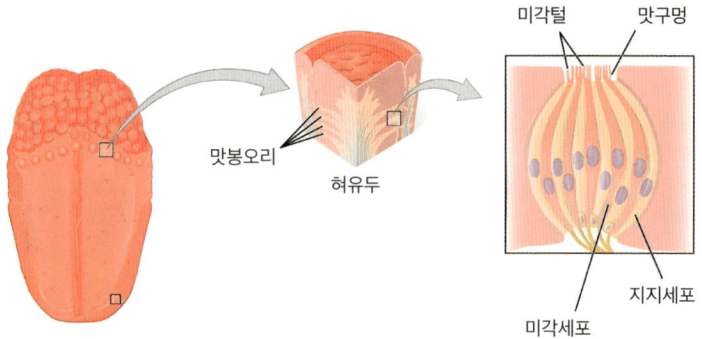

| 미각기관의 구조.

감각계의 질병과 장애
세상을 더 이상 느끼지 못한다면

자극을 감지하고 반응하는 우리 몸의 체계는 이토록 복잡하고 섬세해서 간혹 고장이 나거나 문제가 생기기도 합니다. 손상이나 감염, 암이 감각에 영향을 미칠 수 있지요. 그 밖에 다음과 같은 질병이나 장애가 생기기도 합니다.

- 감각 처리 장애: 뇌에 전달되는 자극을 일관성 있게 정리해내지 못합니다.
- 노년기황반변성: 망막의 혈류 공급에 지장이 생겨 시력을 잃게 합니다.
- 코용종: 코점막이 웃자라는 양성(암이 아닌) 질환으로, 알레르기나 감염 때문에 생기는 경우가 많습니다.

색맹

색맹은 망막에 있는 한 가지 이상의 원뿔세포에 이상이 있을 때 나타납니다. 색맹의 가장 흔한 유형은 적색과 녹색을 구분하기가 힘든 황청색맹입니다. 색맹은 남성 열두 명 가운데 한 명 꼴로 나타나는 유전적 특질이며, X 염색체에 있는 유전자와 관련된 유전 현상입니다. 색맹은 열성돌연변이 현상이기도 합니다. 색맹 유전자를 보유한 사람이라도 나머지 유전자 1개가 우성이면 색맹이 발현되지 않고 보인자carrier(유전병 인자를 지녔지만 질병이 나타나지 않는 사람)가 됩니다.

후각상실증

후각상실증은 냄새를 맡지 못하는 증상을 말합니다. 후각과 미각은 서로의 감각 목록을 확장하는 상승 작용을 일으킵니다. 냄새를 잘 맡지 못하는 사람은 정상적인 후각을 지닌 사람보다 미각이 훨씬 둔해집니다. 부비동염 같은 병을 앓는 동안 입맛이 둔해지는 이유는 일시적인 후각 상실 때문일 수 있습니다.

현기증

현기증은 속귀, 구체적으로는 반고리관의 기능에 이상이 생겨 발생합니다. 균형과 관련된 정보가 부족하거나 부정확해지면 심한 어지러움, 메스꺼움, 구토 증상이 생기고 잘 넘어지게 됩니다. 그래서 특히 노인에게 위험합니다.

멀미

현기증과 똑같은 증상이 나타나는 멀미는 시각중추와 신호가 엇갈려 나타나는 현상입니다. 뇌의 시각중추에서 이해하는 상황과 평형중추에서 이해하는 상황 사이에서 혼란이 생기기 때문이지요.

예를 들어, 배를 탄 사람들은 창문이 없는 선실에 있을 때 멀미를 더 자주 겪습니다. 시각피질이 인식하는 바닥과 벽, 천정은 몸에 비하면 흔들리지 않습니다. 그러나 배가 파도를 타고 위아래로 움직이면 몸이 흔들리고, 속귀의 반고리관에서는 이 움직임을 감지하지요.

7장

심혈관계: 붉은 피를 나르는 고속도로

심혈관계와 심장

내 심장이 아직도 뛰고 있어

심혈관계cardiovascular system는 세포와 조직이 살아가는 데 필요한 물질들을 온몸으로 운반해줍니다. 산소를 조직으로 보내고 이산화탄소를 폐로 수거해오는 일은 순환계의 핵심 기능이지요. 혈액은 그 밖에도 호르몬과 면역세포 같은 다른 필수 물질들을 운반합니다.

심장 구조

심혈관계의 동력은 심장에서 나옵니다. 근육으로 이루어진 이 장기는 배아기에 채 완성되기도 전부터 자발적으로 박동하기 시작해 평생 지속합니다. 좌우 각각 2개, 총 4개의 방으로 나뉜 심장은 두 가지 순환에 동력을 공급합니다. 몸을 돌아 오는 온몸순환 systemic circulation과 폐를 돌아 오는 폐순환 pulmonary circulation이지요.

이 두 순환은 동시에 가동되면서 조직에 신선한 산소를 공급하고, 몸에서 이산화탄소를 제거합니다.

방

심장 위쪽에는 심방이 2개 있습니다. 배아 발달기에 하나의 방이었던 곳에 심방사이벽interatrial septum이라는 칸막이가 자리 잡으면서 좌우의 방으로 나뉜 결과이지요. 얇은 벽으로 둘러싸인 심방은 몸(우심실)과 폐(좌심실)에서 돌아오는 혈액을 담아두는 곳입니다. 심방의 혈액은 그 아래 심실의 혈액이 빠져나가면서 압력이 낮아지면 심실로 빨려 내려갑니다. 심실도 심방처럼 하나의 방이었던 곳에 심실사이벽interventricular septum이라는 두꺼운 근육벽이 자리 잡으면서 좌우 심방으로 나뉘었습니다.

한 걸음 더 읽기

심장박동의 원리

산소가 고갈된 우심방의 혈액은 심장 확장기에 커지는 우심실로 빨려 들어갑니다. 마찬가지로, 산소가 풍부한 좌심방 혈액도 확장기에 좌심실로 빨려 들어가지요. 우심실은 혈액을 내보내 폐를 돌고 오게 하지만, 좌심실은 몸 전체를 돌고 올 수 있게 혈액을 뿜어내야 하므로 가장 두꺼운 근육 벽으로 되어 있습니다.

심장판막

심장판막heart valve은 한 방에서 다음 방을 향해 혈류가 일방통행하도록 조절해주는 장치입니다. 방실판막atrioventricular valve은 심방에서 심실로 이동하는 혈류를 조절합니다. 좌우 방실관에 있는 두 방실판막은 구조가 서로 비슷합니다. 심방에서 심실로 혈류가 빨려 들어갈 때, 혈류는 얇은 결합조직으로 된 각진 모양의 판막(첨판)인 우측 방실관의 삼첨판tricuspid valve과 좌측 방실관의 이첨판bicuspid valve을 심방 벽 쪽으로 밀어젖힙니다. 심실 수축기에는 심장근육이 수축하며 혈액을 밀어 올립니다.

심실에 난 가장 넓은 출구는 심방으로 역류하는 통로입니다.

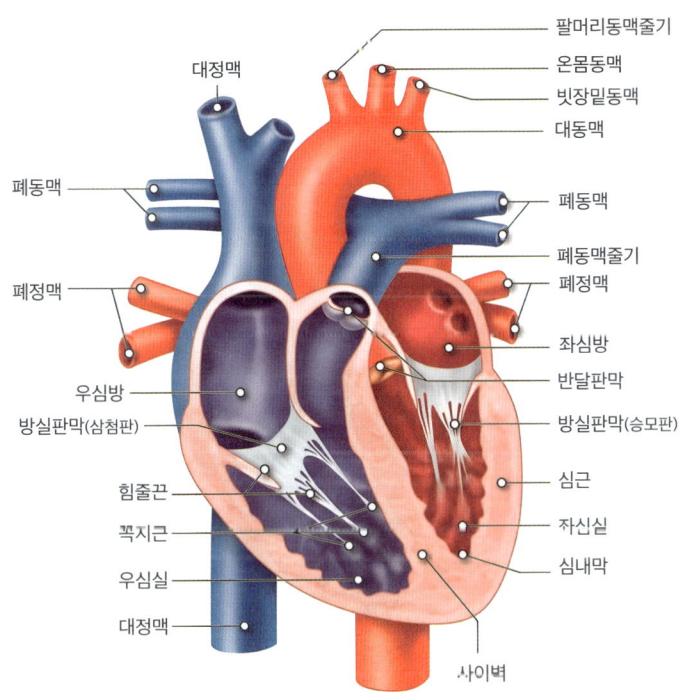

| 심혈관계의 구조.

밀려 올라간 혈액은 첨판을 위로 밀어 올리지요. 심장판막이 첨판으로만 되어 있었다면 혈액은 판막 틈으로 심방까지 밀려 올라갔을 것입니다. 그러나 각각의 첨판은 튼튼한 결합조직으로 된 힘줄끈chordae tendineae(건삭)에 부착되어 있으므로 그런 일은 일어나지 않습니다. 힘줄끈들은 심실 전체가 수축할 때 함께 수축하는 꼭지근papillary muscle(유두근)이라는 두꺼운 심장근육 다발에 닻을 내리고 있습니다.

따라서 심실이 수축하면서 혈액이 위로 쏠리면, 꼭지근은 위로 쏠리는 힘과 같은 힘으로 힘줄끈을 아래로 잡아당깁니다. 동등한 양쪽 힘은 첨판들을 방실관에 정렬될 때까지 밀어 올립니다. 이렇게 방실관이 막히면 혈액은 지나온 길을 되돌아가지(역류하지) 못합니다. 이렇게 판막이 닫힐 때 '두근' 하고 첫 번째 심음heart sound이 들립니다.

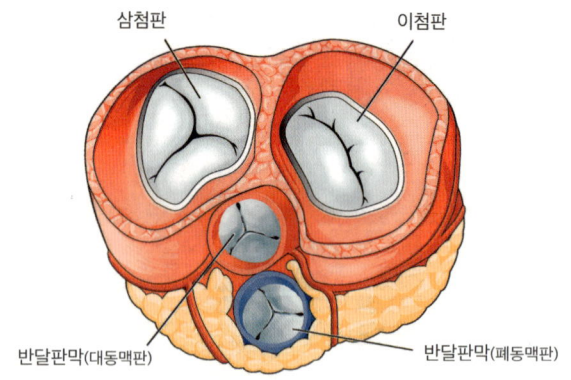

| 심장판막의 구조.

반달판막semilunar valve(반월판)이라는 또 다른 종류의 판막은 심장 혈액이 커다란 혈관으로 역류하지 못하도록 막아줍니다. 반달판막은 심장 바로 바깥, 대혈관이 시작되는 부분에 있습니다. 우심실에서 나온 혈액은 좌우 폐동맥으로 갈라지는 폐동맥줄기를 통해 폐로 넘어갑니다. 좌심실에서 나온 혈액은 심장에서 시작되는 대동맥 뿌리와 줄기를 통해 몸의 나머지 부분으로 뿜어져 나갑니다.

이 두 가지 대혈관에는 주머니처럼 생긴 첨판이 3개씩 있습니다. 이곳의 첨판들은 혈액이 심실 쪽으로 도로 떨어지려고 할 때 불룩해지면서 효과적으로 퇴로를 차단해 혈액을 혈관 안에 가둡니다. 이 반달판막들(대동맥판과 폐동맥판)은 혈액을 심실 밖으로 내보내기만 하고, 돌아오는 것은 막습니다.

심장박동
너 때문에 자꾸만 내 가슴이

심장은 규칙적이고 자발적으로 박동하는 독특한 장기입니다. 신경계 신호가 있든 없든, 심장은 우리가 태어나기 전부터 뛰기 시작해 죽을 때까지 계속 박동합니다.

박동과 전도

심장박동을 조절하는 곳은 우심실에 있는 박동조율기 pacemaker 입니다. 스위치를 켜면 계속 똑딱거리는 메트로놈처럼, 한번 생겨난 박동기는 평생 박동을 지속합니다. 박동기는 배아의 몸에서 혈액을 받아들이는 방인 정맥굴 조직으로 시작해 태아가 발달하면서 우심방에 합쳐집니다. 이 박동기를 배아 시기에 정맥굴, 최종적으로 우심방에 위치한다는 뜻을 담아 굴심방결절 SA node (동방결절)이라고 부릅니다.

굴심방결절 세포는 변형된 심근 세포로, 사이원반의 틈새이음을 통해 심실 근육세포와 연결되어 있습니다(틈새이음은 세포와 세포가 직접 맞닿게 해주고, 사이원반은 심근이 동시에 수축할 수 있게 해주는 구조입니다). 굴심방결절 세포에서 스스로 전기신호를 만들어 내면(활동전위) 틈새이음을 타고 심방 전체로 퍼져나갑니다.

심방과 심실 근육은 판막과 사이벽을 고정해주는 섬유테annulus fibrosus라는 고리 모양의 결합조직에 의해 경계가 나뉘며, 그로 인해 굴심방결절의 신호는 심실까지 전달되지 않습니다. 이 전기신호는 다른 전도 세포들이 이어받아 섬유테 아래 심실까지 전달합니다.

> **용어 해부하기**
>
> **사이벽** septum
> 말 그대로 '벽'이라는 뜻이며, '중격'이라고도 합니다. 복수형은 'septa'입니다. 좌우 심방은 심방사이벽으로, 좌우 심실은 심실사이벽으로 나뉘어 있습니다.

우심방과 우심실 사이, 삼첨판에서 그리 멀지 않은 곳에 방실결절AV node이라는 또 다른 변형된 심근 세포가 있습니다. 방실결절 세포는 (굴심방결절처럼) 틈새이음을 통해 심방 근육세포와 연결되어 있어서 굴심방결절에서 나오는 전기신호의 자극을 받습니다. 굴심방결절의 신호를 감지한 방실결절은 잠시 휴지기를 두

었다가 이 신호를 심실에 전달합니다. 덕분에 심방이 심실보다 조금 먼저 수축하고, 심실은 혈액을 가득 머금은 상태로 수축할 수 있게 됩니다.

휴지기가 지난 방실결절은 변형된 근육세포로 이루어진 섬유다발을 통해 섬유테를 지나 심실 꼭지$_{apex}$까지 전기신호를 전달합니다. 히스 다발$_{His\ bundle}$이라고도 부르는 이 방실다발은 전기신호를 심장 아래쪽으로 전달한 다음, 심실 전체로 퍼지는 섬유를 통해 전기신호를 재생산하고 심실을 수축시킵니다.

심전도

심장의 전기 변화를 감지하면 간접적이고 비침습적인(몸속을 직접 들여다보거나 도구를 삽입하지 않는) 방법으로 심장의 건강 상태를 판단할 수 있습니다. 가슴에 전극을 부착해 전기신호의 강도를 수집하면 각 심방과 심실의 전기 활동을 연속된 파형으로 나타낼 수 있습니다. 이 파형 기록을 심전도$_{electrocardiogram}$(EKG)라고 합니다.

> **한 걸음 더 읽기**
>
> **'EKG'라는 약어의 기원은?**
> 심전도를 EKG라고 표기하는 이유는 독일어 카디아$_{kardia}$가 심장을 의미하기 때문입니다. 또한, 이렇게 표기하면 뇌파검사(EEG) 등 다른 검사를 뜻하는 약어와 혼동할 일이 줄어들지요.

심장 주기가 시작될 때 처음 나타나는 작은 봉우리는 P파로, 심실 근육을 수축시키는 심실 탈분극을 의미합니다. 가장 크고 뾰족한 다음 봉우리는 QRS복합이라고 부릅니다. 심실이 수축하는 심실 탈분극 시기에 나타나는 봉우리 아래쪽 시작 지점(Q), 꼭대기 지점(R), 아래 끝 지점(S)의 파형을 가리킵니다. QRS복합이 지나가면 중간 크기의 T파가 나타나고, 이것은 심실과 심방의 재분극을 나타냅니다. 심장 전문의는 심전도 파형의 크기와 간격에 변화가 있는지를 살펴 진단에 활용합니다.

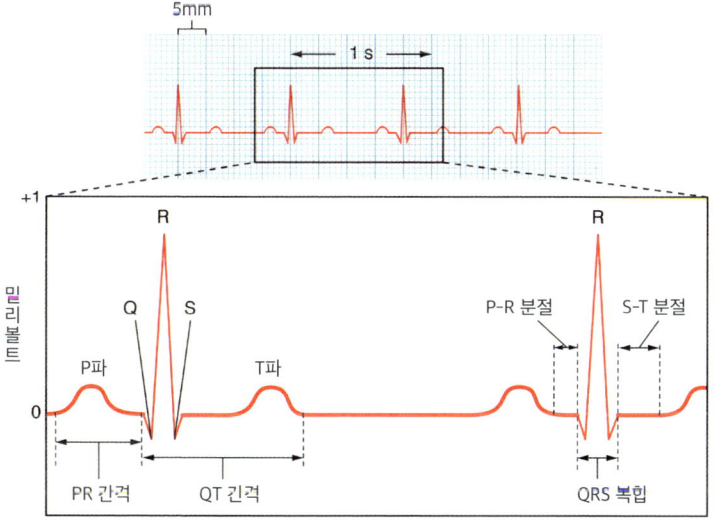

| 심전도의 주기를 나타낸 그래프.

심박수

심장은 스스로 박동할 수 있지만, 신체 활동 수준에 따라 스스로 심박수를 높이거나 낮출 수는 없습니다. 그 역할은 자율신경계가 담당합니다. 고강도 운동을 할 때는 근육에 산소를 포함해 필요한 물질을 공급할 수 있도록 심박수를 늘려야 합니다. 신경세포에서는 노르에피네프린을 분비하고, 부신에서는 에피네프린(아드레날린)을 생성합니다. 이 분자는 박동기 세포의 신호 발사 빈도를 높여 심박수를 늘리지요. 반대로, 수면과 같은 휴식 상태에서는 다른 신경세포가 아세틸콜린을 분비하고, 박동기의 신호 발사 빈도를 낮춰 심박수를 줄입니다.

수축 강도

심장은 혈액을 더 많이 내보내야 할 때 더 빨리 박동할 수도 있지만, 더 강하게 수축해 박동 한 번에 더 많은 양을 내보낼 수도 있습니다. 이때 수축 강도는 외부의 신호가 아니라 심장근육 자체에 의해 조절됩니다. 일상적인 활동을 할 때는 심장근육의 섬유들이 약간 느슨하게 겹쳐 있어서 근육이 수축할 때 힘을 모두 쏟지 않습니다. 하지만 심장에 피가 가득 들어차고 심장근육 섬유가 팽팽하게 늘어나면, 근육들이 서로 더 강하게 맞물려 훨씬 더 세게 수축을 일으킬 수 있지요. 이런 식으로, 심장에 피가 가득 찰 때(요구되는 대사량이 늘 때) 내보내는 혈액량을 늘릴 여력이 심장근육 섬유의 구조 자체에 잠재되어 있습니다.

혈관

이제야 피가 노는 느낌이군

혈관계는 몸 전체를 관통하는 혈관으로 구성되어 있고, 혈관을 통해 세포와 분자를 포함해 온갖 필수 물질을 운송합니다. 어떤 혈관들은 높은 혈압을 견뎌야 하고(동맥), 어떤 혈관들은 혈압이 아주 낮은 곳에서도 심장까지 혈액을 돌려보내야 합니다(정맥). 지름이 적혈구 세포 크기만한 혈관들도 있는데, 여기서는 혈액과 조직이 직접 물질을 교환할 수 있습니다.

> **한 걸음 더 읽기**
>
> **모든 인체 혈관을 일직선으로 펼쳐놓는다면?**
> 인체의 혈관을 끝에서 끝까지 연결하면 길이가 거의 10만 킬로미터에 달합니다. 참고로 지구의 적도 둘레는 4만 6,000킬로미터 정도입니다. 적도를 따라 지구를 두 바퀴나 감고도 남겠네요!

동맥

심장 밖으로 혈액을 뿜어내는 혈관을 동맥artery이라고 부릅니다. 동맥에 흐르는 혈액이라고 해서 언제나 산소를 풍부하게 포함하고 있지는 않습니다. 폐동맥은 산소가 고갈된 혈액을 우심실에서 폐로 뿜어냅니다. 다른 혈관들과 마찬가지로, 동맥에는 내피가 있습니다. 동맥의 내피세포는 표면의 분자 구성과 음전하 덕분에 혈구나 혈소판을 마찰 없이 지나가게 해주지요.

동맥은 다음과 같은 3개 층으로 이루어져 있습니다.

- 내피(혈관 내벽)와 그 아래 결합조직을 묶어 혈관 속막 tunica intima(내막)이라고 부릅니다. 거의 모든 동맥과 정맥 안쪽에는 내피가 있습니다.
- 가운데에 위치한 중간막tunica media은 동맥에서 가장 눈에 띄는 층이며, 여러 평활근 세포와 탄력판elastic lamina이라고 부르는 탄력섬유로 이루어진 판으로 되어 있습니다. 탄력판이 높은 압력을 튕겨내고, 평활근 세포가 혈관을 수축 또는 확장시키며 혈관 지름을 조절합니다. 여러 방향의 혈관으로 나아가는 혈압과 혈류를 일정한 수준으로 유지하기 위함이지요.
- 가장 바깥에 있는 층인 바깥막tunica adventitia(외막)은 혈관을 둘러싸는 결합조직으로 이루어져 있습니다.

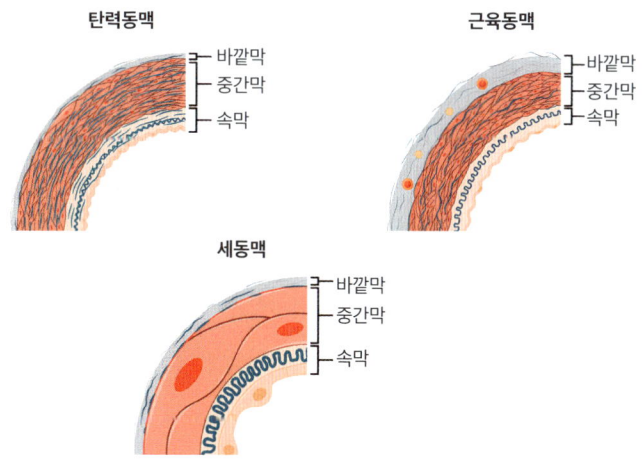

| 동맥 혈관의 종류와 구조.

    대동맥aorta과 같이 가장 큰 동맥들은 중간막에 탄력판이 여러 겹 있어서 탄력동맥elastic artery으로 분류됩니다. 심장에서 막 출발한 혈류는 가장 압력이 높은 상태이므로, 혈관이 높은 압력을 버티려면 탄력섬유가 많이 필요합니다. 중간 크기 혈관(근육동맥)은 대부분 중간막에 40~50겹의 두꺼운 평활근 층이 있습니다.

    혈류가 심장에서 멀어짐에 따라 동맥 벽의 두께와 지름이 줄어들고 혈관 중간막에는 한두 층의 평활근만 남게 됩니다. 동맥의 작은 가지인 세동맥arteriole은 곧바로 우리 몸의 미세순환microcirculation을 담당하는 모세혈관으로 이어집니다. 세동맥의 평활근은 모세혈관 망에 너무 높은 혈압이 전달되지 않도록 막아주는 압력 조절기 역할을 합니다.

모세혈관

모세혈관은 혈액과 조직 사이에 직접적인 물질교환이 이루어지는 곳입니다. 모세혈관은 결합조직이 거의 없는 단일 내피 층으로 이루어져 있습니다.

모세혈관 대부분은 연속모세혈관continuous capillary으로 분류됩니다. 연속모세혈관은 내피세포들이 치밀하게 이어져 있어 이를 통과한 물질만을 운반합니다. 가장 극명한 예는 연속모세혈관이 혈액뇌장벽 일부를 이루고 있는 뇌입니다.

반면, 어떤 부위에서는 물질을 빠르게 운반하는 것이 중요할 뿐, 물질의 특수성(예를 들어, 운반되는 분자의 유형)은 그리 중요하지 않은 경우도 있습니다. 예를 들어, 신장의 모세혈관 내피세포에는 작은 구멍들이 나 있어 커다란 물질을 더 빨리 운반할 수 있습니다. 창fenestra이라고 부르는 이 구멍은 열려 있는 경우도 있고, 얇은 막으로 덮여 특정 유형의 물질만 통과시키기는 경우도 있습니다. 두 가지 경우 모두를 창(문)모세혈관fenestrated capillary이라고 부릅니다.

마지막 유형의 모세혈관은 스위스 치즈 같습니다. 세포보다 구멍이 더 많아 보일 정도로 개방된 구조이지요. 간 조직의 세포는 혈액의 혈장 성분과 직접 접촉할 수 있지만, 혈액 내 세포 성분은 굴sinus 또는 굴모양혈관sinusoid이라 불리는 구멍을 통과할 수 없습니다. 다른 물질들은 모두 이 구멍을 통과할 수 있지요. 이런 모세혈관을 굴모세혈관sinusoidal capillary이라고 합니다.

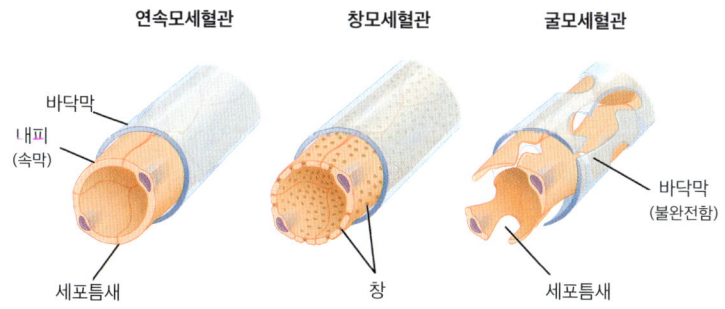

모세혈관의 종류와 구조.

정맥

모세혈관을 통과한 혈액은 압력이 급격히 낮아집니다. 대동맥의 혈압은 100mmHg 정도이지만, 이 혈액이 심장에 돌아올 때 압력은 거의 0mmHg까지 떨어집니다. 심장으로 돌아가는 혈액의 압력이 이렇게 낮아지는 이유는 좁은 모세혈관을 통과하며 물질 교환을 겪었기 때문이지요.

 한 걸음 더 읽기

mmHg란?

의학에서는 단위 면적에 가해지는 힘을 나타내는 단위로 mmHg(수은 주밀리미터)를 사용합니다. (중금속인) 수은의 압력을 기준으로 삼는 고전적인 방식이지요. 1mmHg는 수은 기둥 1밀리미터 높이의 압력입니다. 1mmHg는 1/760기압에 해당하며, 1기압은 1제곱미터당 1.033킬로그램의 힘과 같습니다.

세정맥venule이라고 부르는 혈관은 주로 하나의 내피 층으로 이루어져 있습니다. 그러나 세정맥은 모세혈관보다 지름이 크고, 보통 세동맥 주위에 있지요. 혈액은 세정맥에서 점점 더 굵은 정맥으로 이동합니다. 이렇게 정맥의 지름이 커지면 혈액이 고이고 압력이 낮아집니다.

동맥과 달리 정맥에서 가장 두꺼운 부분은 혈관 바깥막 또는 외부 결합조직 층입니다. 정맥의 혈관 중간막에는 평활근이 거의 없습니다. 동맥과 다른 정맥의 또 다른 특징은 혈관 벽 두께에 비해 지름이 훨씬 크다는 사실입니다. 정맥의 혈류는 심장까지 돌아가기에는 압력이 부족하므로, 정맥에는 한 방향으로만 통하는 판막이 있습니다. 심장이 수축할 때 혈액이 밀려 올라가면, 심장이 이완할 때 판막이 닫히면서 혈액이 중력 방향으로 흘러내리지 않게 막아줍니다.

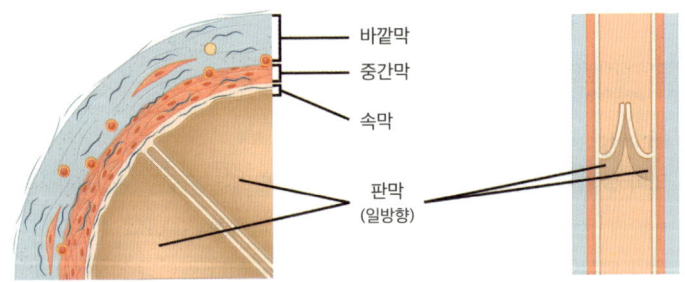

| 정맥 혈관의 구조.

혈액순환

피 끓는 열정으로 돌고 놀아

심장에서 폐로, 심장에서 온몸으로 혈액을 내보내고, 다시 심장으로 돌리는 일은 온몸을 가로지르는 수 킬로미터의 혈관이 필요한 대단한 일입니다. 이 장에서는 인체 혈관계를 더 잘 이해할 수 있도록 누구나 한 번쯤 들어봤을 주요 동맥과 정맥을 살펴보겠습니다.

주요 동맥

심실에서 나온 혈액은 이른바 '대혈관'으로 들어갑니다. 우심실에서 나온 혈액은 하나의 폐동맥으로 들어가 곧바로 좌우 폐동맥으로 나뉘어 폐로 들어갑니다. 좌심실에서 나온 혈액은 심장 위로 아치를 이루는 대동맥으로 들어가 커다란 혈관을 통해 상체와 팔로 들어갑니다.

> **용어 해부하기**
>
> **팔머리 brachiocephalic**
> brachio는 '팔'을, cephalic은 '머리'를 뜻합니다. 그러므로 대동맥의 첫 번째 가지인 팔머리동맥줄기에는 머리와 팔로 들어간다는 의미가 담겨 있습니다.

대동맥활(오름대동맥과 내림대동맥 사이를 연결하는 부분)에서 나오는 첫 가지는 팔머리동맥입니다. 머리와 목을 포함해 오른편 몸에 혈액을 보내는 동맥이지요. 팔머리동맥은 두 갈래로 갈라지는데, 오른쪽 온목동맥 common carotid artery(총경동맥)과, 몸통 벽을 따라 팔의 위팔동맥 brachial artery(상완동맥)으로 이어지는 오른쪽 빗장밑동맥 subclavian artery(쇄골하동맥)으로 나뉩니다.

팔머리동맥을 지나면 2개의 동맥, 즉 왼쪽 온목동맥과 왼쪽 빗장밑동맥이 대동맥활에서 갈라져 나옵니다. 아치를 그리며 180도 유턴한 대동맥은 내림대동맥이 되고, 이곳에서 나머지 동맥들이 갈라져 나옵니다. 가장 큰 가지는 소화관 위쪽 대부분에 혈액을 공급하는 복강동맥 celiac artery입니다. 복강동맥에서 다시 다음과 같은 여러 동맥이 갈라져 나옵니다.

- 간으로 향하는 간동맥
- 위로 향하는 위동맥
- 지라로 향하는 지라동맥

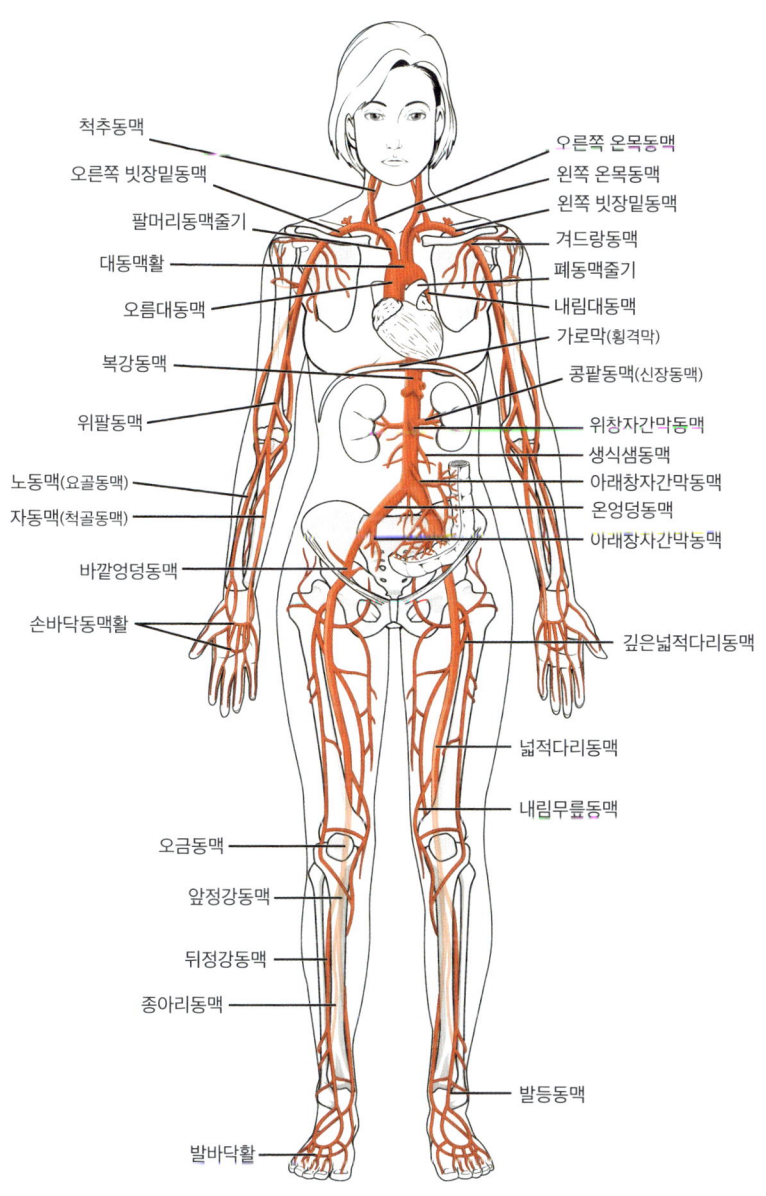

온몸의 주요 동맥 분포.

- 좌우 신장으로 향하는 신장동맥

　대동맥이 더 아래로 내려가면 위창자간막동맥superior mesenteric artery과 아래창자간막동맥inferior mesenteric artery이 갈라져 나와 각각 작은창자(소장)와 큰창자(대장)에 혈액을 공급합니다.

　끝까지 내려간 대동맥은 좌우 온엉덩동맥common iliac artery으로 갈라져 다리로 들어가고, 골반에서 바깥엉덩동맥external iliac artery이 됩니다. 이 혈관들은 넓적다리동맥femoral artery이 되어 양쪽 다리 아래로 계속 내려가다 다리와 발의 근육으로 갈라져 들어갑니다.

주요 정맥

우리 몸의 주요 정맥은 동맥과 나란히 주행하는 경우가 많습니다. 발과 다리의 조직에서 돌아오는 혈액은 넓적다리정맥femoral vein을 통해 온엉덩정맥common iliac vein으로 들어갑니다. 이어서 산소가 제거된 혈액은 커다란 아래대정맥inferior vena cava을 통해 우심방으로 돌아갑니다. 아래대정맥은 복부와 하반신을 돌아 나오는 정맥과 이어집니다.

　복부 정맥들은 함께 주행하는 동맥의 이름(위아래 창자간막, 위, 지라)을 따르는 경우가 많습니다. 하지만 장기와 소화관을 돌아 나오는 혈액을 실어나르는 정맥 대부분은 간문맥portal vein이라는 정맥을 통해 간으로 들어갑니다.

　간으로 들어간 혈액은 굴모세혈관을 지나며 간의 대사 과정을

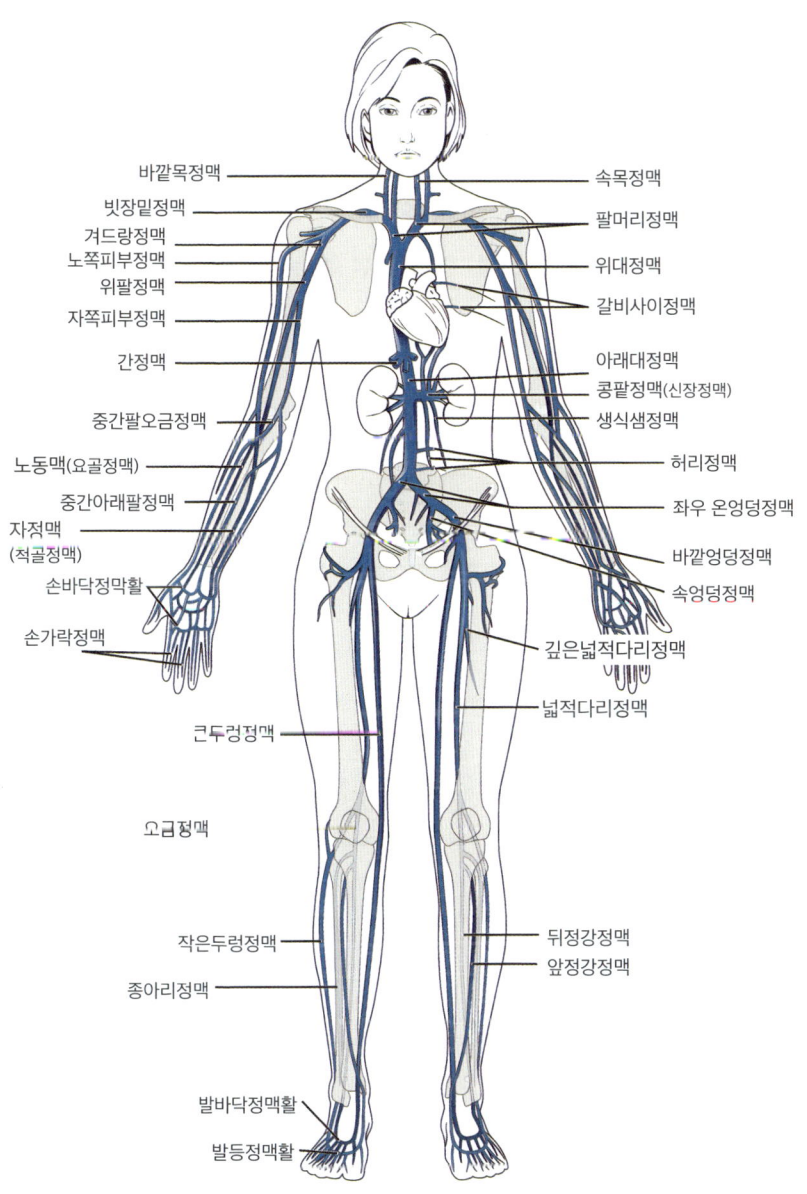

온몸의 주요 정맥 분포.

거칩니다. 이곳에서는 간세포가 물질을 처리하고 분비하며 저장하지요. 굴모세혈관을 지난 혈액은 간정맥hepatic vein을 통해 간에서 빠져나와 아래대정맥으로 들어갑니다.

머리와 목에서 돌아오는 혈액은 속·바깥 목정맥jugular vein이라는 커다란 정맥을 거쳐, 활처럼 휜 좌우 팔머리정맥으로 나갑니다. 이 정맥들은 몸의 정중선에서 합쳐져 위대정맥superior vena cava이 된 다음 우심방으로 들어갑니다. 팔의 정맥혈은 위팔정맥brachial vein을 통해 위로 올라가 빗장밑정맥subclavian vein을 지나 팔머리정맥brachiocephalic vein과 합류해 심장으로 돌아갑니다.

한 걸음 더 읽기

혈압이란?

혈압은 심실이 수축할 때 혈액이 혈관 벽에 가하는 압력입니다. 심실이 수축할 때(수축기)마다 우리 몸의 혈관에는 높은 압력이 가해집니다. 보통 사람의 평균 수축기 위팔동맥 압력은 120mmHg 정도이며, 이것을 수축기 혈압이라고 부릅니다. 심실이 이완할 때(확장기)는 심실의 압력이 낮아지면서 심방에 있던 혈액이 빨려 들어가기 때문에 심실 내 혈압은 거의 0mmHg까지 떨어져야 합니다. 그러나 대혈관의 판막과 탄성 덕분에 혈압은 평균 80mmHg 아래로 떨어지지 않습니다. 이것이 사람의 이완기 혈압입니다.

심혈관계 질병과 장애

심장의 박동을 억제하거나 신체 특정 부분의 혈류를 제한하는 문제가 생기면 기대수명이 줄어들거나 즉시 사망에 이를 수도 있습니다.

허혈

식습관이나 유전적 요인 때문에 콜레스테롤의 혈중농도가 높아지는 사람이 많습니다. 치료하지 않고 장기간 방치하면, 콜레스테롤이 혈관 벽에 쌓여 혈액의 흐름을 차단하는 허혈ischemia이 생깁니다. 심장이나 폐 혹은 뇌의 혈관이 좁아지면 문제가 심각해집니다. 혈액에 있는 어떤 지단백질lipoprotein은 다른 지단백질과 달리 혈관 벽의 콜레스테롤을 제거해줍니다. '좋은' 콜레스테롤 또는 '나쁜' 콜레스테롤이라고 부르기도 하는 이런 지단백질들을 검사하고, 생활 습관이나 식이를 조절해 허혈을 개선할 수 있습니다.

심근경색증

심장은 산소가 부족해지면 제 기능을 하기 어렵습니다. 심장 자체에 혈액을 공급하는 혈관에 허혈이 생기면 심장근육이 파괴되어 심장마비를 일으킬 수 있습니다. 심장마비는 실제로 심장근육이 죽어 퇴화하는 현상입니다. 심장근육은 재생되지 않으며 결합조직으로 대체됩니다.

짐작하시겠지만, 심장근육이 많이 죽으면 심장 기능이 저하되거나 아예 멈추게 됩니다. 심장의 기능을 유지하려면 관상동맥

(심장동맥)의 좌전하행동맥(LAD)이 항상 열려 있어야 하지요. 이 동맥은 좌심실 근육의 3분의 2에 혈액을 공급하므로, 이곳이 막히면 심각한 심장마비가 일어나고 생존 가능성이 희박해집니다.

적혈구
인체를 누비는 택시 기사

심혈관계가 온몸으로 난 고속도로라면, 혈액과 혈액의 여러 요소는 우리 몸에 필수적인 물질을 공급해주는 운송 수단이자 노동력입니다. 또, 일부 성분은 노폐물을 제거해 조직의 건강을 지켜주는 쓰레기 청소차 역할도 합니다.

세포 기능

산소를 운반하는 적혈구는 혈색소라는 산소 결합 분자가 가득 차 있어서 붉은색을 띱니다. 적혈구는 폐에서 산소를 받아 신체 조직으로 운반하는 역할을 합니다. 적혈구는 이산화탄소를 처리하고 혈장 속에서 탄산수소염 형태로 운송하는 데도 필수적인 역할을 하지요.

세포 형성

적혈구형성erythropoiesis이란 전구 세포로부터 적혈구가 만들어지는 과정입니다. 성인의 적혈구는 긴뼈의 골수에서 형성됩니다. 그러나 때로는 간과 지라에서 적혈구를 만들어내기도 하지요.

혈액 내 적혈구의 숫자는 일정하게 유지됩니다. 매일 새로 만들어지는 적혈구와 제거되는 적혈구의 수가 같기 때문이지요. 적혈구 수의 균형은 혈액의 기능이 유지되는 범위를 벗어나지 않도록 호르몬으로 면밀하게 조절됩니다.

우리 몸에 산소 공급량이 부족해지면(저산소증), 신장에서 에리트로포이에틴(EPO)을 분비해 골수의 적혈구형성을 자극합니다. 적혈구 수가 늘어나면 조직으로 산소를 충분히 운반할 수 있습니다. 산소 공급량과 사용량의 균형을 맞출 수 있게 되면, EPO 분비가 줄어들고 적혈구 형성량도 평소 수준으로 돌아갑니다.

세포 구조

적혈구는 골수에서 발달하면서 점점 크기가 작아지고, 세포질에 혈색소가 들어차 색이 붉어집니다. 발달을 거의 마친 적혈구의 전구 세포인 정염적혈모구는 핵이 사라지면서 그물적혈구라고 부르는 양면이 오목한 형태를 갖춥니다. 이런 전형적인 적혈구 모양은 혈색소 분자와 산소의 결합을 극대화합니다. 적혈구가 둥근 모양이었다면, 세포 한가운데에 있는 혈색소 분자는 세포막과 거리가 멀어 산소와 만날 수 없었겠지요.

혈색소

혈색소는 4개의 단백질 분자가 합쳐진 분자입니다. 성인의 혈색소는 알파 사슬alpha chain 2개와 베타 사슬beta chain 2개로 이루어져 있으며, 각 사슬은 무기 철 분자 1개와 결합할 수 있는 헴 그룹heme group이라는 아미노산 구조로 되어 있습니다. 이때 무기 철 분자는 산소 분자와 '가역적'으로 결합합니다. 붙었다 떨어졌다 할 수 있다는 뜻이지요. 그러므로 각각의 혈색소 분자는 산소 분자 4개와 결합할 수 있습니다. 혈색소가 산소와 결합하면(산소혈색소), 적혈구가 붉은색으로 변합니다. 반대로, 혈색소에서 산소가 떨어져 나오면(탈산소혈색소), 적혈구는 푸른색으로 변합니다.

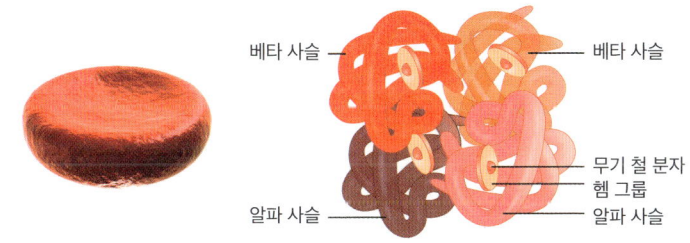

| 적혈구의 모양(왼쪽)과 혈색소 분자 구조(오른쪽).

파괴

적혈구가 나이 들면서 기대수명인 120일에 가까워지면, 세포막이 뻣뻣해지고 세포 전체의 유연성이 떨어집니다. 모세혈관의 지름이 적혈구 1개 크기(8마이크로미터)에 불과하다는 사실을 기억해주세요. 그러니 적혈구가 모세혈관을 일렬로 통과하려면 그만큼 유연해야 합니다. 그렇지 않으면 모세혈관이 막혀버릴 테니까요. 온몸을 순환하는 적혈구는 지라에서 통 모양의 동굴을 빠져나가야 합니다. 건강한 적혈구는 동굴 모양의 공간을 지나가면서 표면에 붙은 찌꺼기를 떨어냅니다. 그러나 나이 들고 뻣뻣한 적혈구는 좁은 공간을 억지로 통과하면서 잘게 부서져 순환계에서 제거되지요.

지라에는 우리 몸의 진공청소기라고 할 수 있는 상주대식세포 resident macrophage가 많습니다. 이 포식세포 phagocyte는 세포 찌꺼기와 노폐물을 제거해줍니다.

혈액형

적혈구 표면에는 혈액의 종류를 구별하는 표지 marker가 되는 단백질과 탄수화물이 있습니다. 이 조합에 따라 임상이나 응급 상황에서는 혈액형을 구분하고 기증자와 수혜자의 혈액을 일치시킵니다.

ABO 혈액형

우리에게 가장 익숙한 혈액형 분류는 ABO 혈액형입니다. 사람들이 흔히 '혈액형'을 물었을 때 가장 흔히 하는 대답이지요.

모든 적혈구 표면에는 동일한 기본 단백질이 있습니다. 이 기본 분자를 H 항원이라고 부릅니다(항원은 우리 면역계가 인식할 수 있는 분자를 말합니다). 이 H 항원의 탄수화물 분자가 변형되지 않았다면 혈액형은 O형이 됩니다. 혈액형이 A형인 사람은 H 항원에 N-아세틸갈락토사민이 붙어 있고, B형인 사람은 H 항원의 아래쪽에 갈락토스가 붙어 있습니다. ABO 유전형질은 공동우성(2개의 유전자가 서로 영향을 미치지 않고 동시에 발현되는 현상) 유전이므로, AB형인 사람은 일부 H 항원에는 A형 탄수화물이, 다른 일부 H 항원에는 B형 탄수화물이 붙어 있습니다. 하나의 H 항원에 두 가지 탄수화물 항원이 모두 붙어 있는 경우는 없습니다.

흥미로운 점은, 사람들은 자신의 적혈구 표면에 없는 ABO 항원에 대한 항체를 자연적으로 만들어낸다는 것입니다. 예를 들어, 혈액형이 A형인 사람은 B 항원에 대한 항체가 있고, B형인 사람은 A 항원에 대한 항체가 있습니다. O형 혈액형은 A 항원과 B 항원 모두에 대한 항체를 지니고 있지요. 그래서 혈액형이 다른 사람의 피를 수혈하면 문제가 생길 수 있는 것입니다.

어떻게 면역계가 접한 적 없는 항원에 항체가 생길까?
많은 과학자가 환경 요인이나 영유아기 또는 소아기에 겪은 바이러스 감염 때문에 혈액형 항원과 비슷한 항원들에 노출되어 항체 생산이 자극된다는 가설로 이 문제를 설명하고자 합니다.

Rh 인자

레서스rhesus(Rh) 혈액형은 레서스원숭이에게서 처음 발견되어 이런 이름이 붙었습니다. 단일 항원이 아니라 서로 다른 여러 유전자가 적혈구 표면에 발현되어 Rh 양성이 됩니다(가장 흔한 Rh 항원은 RhD입니다). 사실, 거의 모든 사람이 Rh 양성입니다. 적혈구 표면에 Rh 항원이 없을 때만 Rh 음성이 되지요. Rh 음성인 사람이 Rh 양성 혈액을 접할 때만 Rh 인자에 반응하는 항체가 생깁니다. 대부분의 평범한 상황에서는 일어나기 힘든 일이지요. 그러나 Rh 음성인 여성이 Rh 인자를 보유한 아기를 임신했을 때는 문제가 발생할 수 있습니다.

백혈구

감염과 싸우는 용맹한 전사

백혈구는 혈액 부피의 1퍼센트도 안 되지만 면역계를 구성하는 핵심 요소입니다. 백혈구는 몸속에 있는 세포나 병원체의 찌꺼기를 청소해줍니다.

백혈구형성

백혈구의 줄기세포는 골수에 있고, 여러 단계의 성숙 과정을 거쳐 특수한 기능을 갖춥니다. 그러나 많은 백혈구 중에서도 특히 이물질의 구체적 특성을 감별하는 림프구는 골수에서 머물지 않고 가슴샘, 지라, 림프절과 같은 림프조직에서 성숙을 마칩니다.

성숙 과정에서 백혈구는 특수한 과립의 유무에 따라 나뉩니다. 미생물을 파괴하는 효소가 든 과립이 있는 세포를 과립구, 과립이 없는 세포를 무과립구라고 통칭하지요.

과립구

과립구granulocyte에 속하는 세포는 모두 세포막을 이용해 병원체와 이물질을 집어삼키는 포식세포입니다. 세포막이 병원체와 이물질을 포획하면 여기에 소포가 융합합니다. 용해소체라고 하는 이 소포에는 가수분해효소hydrolase가 있어서 막 안에 포획된 병원체와 이물질을 분해합니다. 과립구 세포는 화학쏠림성chemotaxis(특정 화학 자극에 반응해 움직이는 현상)을 이용해 병원체가 공격한 부위를 추적하는 능력이 있습니다. 또한, 순환계 밖의 체내 조직에서도 면역 반응을 일으킬 수 있습니다.

중성구

과립구의 일종인 중성구neutrophil는 가장 흔한 백혈구로, 건강한 성인 기준으로 전체 백혈구의 60~70퍼센트를 차지합니다. 중성구의 수명은 평균 열두 시간이며, 언제나 가장 먼저 감염에 맞섭니다. 중성구는 병원체를 먹어치운 후 가장 먼저 죽습니다. 병원체를 자신과 함께 파괴하는 것이지요. 중성구의 또 다른 특징은 핵이 여러 개의 엽으로 갈라져 있다는 것입니다. 핵은 중성구가 나이 들면서 점점 더 갈라져 최대 다섯 갈래가 됩니다. 이런 특이한 모양 때문에 중성구를 다형핵백혈구(PMN)라고 부르기도 합니다.

호산구

호산구eosinophil는 백혈구의 2.5퍼센트를 차지합니다. 포식세포인 호산구는 기생충을 파괴하고 알레르기반응에 관여합니다. 호산구는 중성구와 크기가 같지만, 과립이 더 큽니다. 과립이 너무 커서 2개의 엽으로 나뉜 세포핵이 잘 보이지 않을 때도 있지요.

호염기구

마지막 과립구는 호염기구basophil로, 혈액 내에 순환하는 백혈구의 1퍼센트 미만을 차지합니다. 호염기구는 과립이 가장 굵어서 핵을 관찰하기가 어렵습니다. 호염기구는 순환계를 벗어나면 이름이 달라지는 유일한 과립구입니다. 신체 조직으로 이동한 호염기구는 비만세포mast cell라고 부릅니다. 비만세포의 과립에는 혈액 응고를 막는 헤파린, 혈관 투과성을 높이는 히스타민 등 여러 염증 매개 물질이 들어 있습니다.

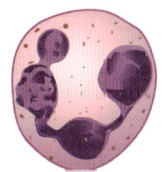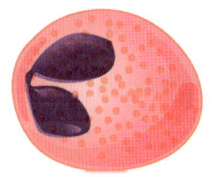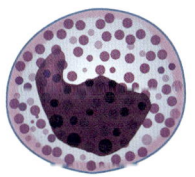

과립구의 종류. 왼쪽부터 중성구, 호산구, 호염기구다.

무과립구

가장 큰 백혈구와 가장 작은 백혈구는 과립이 없는 무과립구 agranulocyte입니다. 단핵구monocyte는 가장 큰 백혈구입니다. 적혈구보다 세 배 크고, 백혈구의 8~10퍼센트를 차지하지요. 단핵구는 진공청소기처럼 왕성하게 활동하는 포식세포입니다. 순환계를 드나들면서 병원체를 붙잡아 파괴한 다음, 림프절이나 가슴샘같이 다른 백혈구들이 모여 있는 곳으로 돌아와 다른 면역세포들에게 면역반응을 일으켜야 할 항원을 보여줍니다. 호염기구처럼, 단핵구도 순환계를 벗어나면 이름이 달라집니다.

가장 작고 두 번째로 흔한 백혈구는 림프구lymphocyte입니다. 림프구는 두 가지로 나뉩니다. B림프구는 골수에서 성숙하기 시작해 항체매개면역antibody-mediated 반응을 담당합니다. T 림프구는 가슴샘에서 성숙하기 시작해, 세포매개면역cell-mediated immunity을 담당합니다. 두 림프구 모두 크기가 적혈구만 하고, 세포질이 거의 없어서 커다랗고 둥근 핵 주위를 초승달처럼 감싼 모양으로 알아볼 수 있습니다.

> **용어 해부하기**
>
> **혈구누출** diapedesis
> 백혈구가 모세혈관 내피세포 틈으로 빠져나와 체내 조직에 접근하는 과정을 말합니다.

① 혈액 내 백혈구가 병원체와 손상된 세포에서 보낸 화학신호에 반응한다.

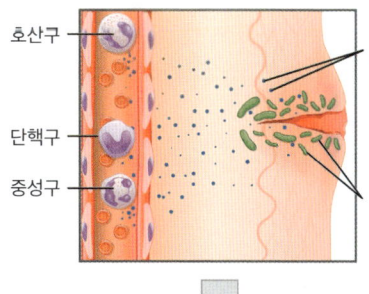

② 백혈구가 모세혈관 내피세포 틈을 비집고 나와 (혈구누출), 화학신호가 가장 강한 곳으로 이동한다 (화학쏠림성).

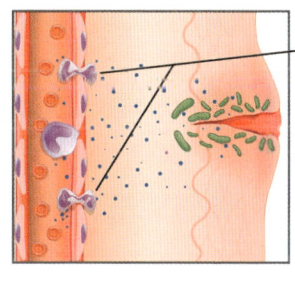

③ 손상된 조직 내에서 단핵구는 포식세포로 분화해 병원체를 먹어치운다. 호산구와 중성구는 병원체를 분해하는 화학물질을 내보내고, 마찬가지로 포식작용을 수행한다.

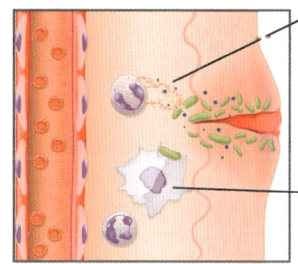

| 백혈구의 면역반응 과정.

혈장과 혈소판
피는 물보다 진하다

혈액이라고 하면, 사람들은 대부분 적혈구를 떠올립니다. 사실, 전체 혈액 부피에서 적혈구를 포함한 다른 성분들이 차지하는 비중은 액체 성분인 혈장$_{plasma}$보다 적습니다. 혈액에는 혈소판$_{platelet}$이라는, 평소에는 별다른 일을 하지 않는 성분도 있습니다.

혈장

보통 성인의 혈장량은 총 혈액 부피의 55퍼센트에 달합니다. 주성분은 물이지만, 혈장에는 용해된 기체, 나트륨이나 칼륨 같은 전하를 띠는 이온, 지방, 탄수화물, 비타민, 무기물, 단백질도 있습니다.

알부민

혈장에 녹아 있는 가장 풍부한 물질은 단백질입니다. 알부민 albumin은 간에서 생성되는 단백질로, 혈장 단백질의 주성분입니다. 알부민이 만들어내는 삼투압의 차이 덕분에 혈액 내 수분이 조직으로 빠져나가지 않고 혈관 안에 머무를 수 있습니다.

> **용어 해부하기**
>
> **교질 삼투압** colloid osmotic
> 이온이나 염과 같은 기타 물질이 아니라 단백질이 용질(액체에 녹아든 물질)인 때, 단백질 분자가 물을 잡아끄는 힘을 말합니다.

알부민이 부족하면, 모세혈관 안에 있는 막대한 양의 액체는 조직에 남아 심각한 부종을 일으킬 수 있습니다. 임상적으로, 부종은 간 손상이나 간 질환으로 단백질 생산량이 줄어들 때 생깁니다.

알부민은 수송 물질 역할도 합니다. 우리 몸은 물에 녹지 않는 여러 물질을 혈류를 통해 운반해야 합니다. 하지만 혈액의 주성분이 물이라는 커다란 난관이 있지요. 물에 녹는(수용성) 물질인 알부민은 물에 녹지 않는(불용성) 다른 물질과 결합하거나, 그 물질을 완전히 감싸서 운반해줍니다.

글로불린

글로불린globulin은 혈장에서 두 번째로 많은 단백질로, 알파글로불린, 베타글로불린, 감마글로불린으로 나뉩니다. 알파글로불린과 베타글로불린은 운반체 역할을 하는 수용성 단백질로, 지질과 일부 비타민 같은 불용성 물질을 운반해줍니다. 감마글로불린은 '항체'라고 부르는 경우가 더 많습니다. 감마글로불린은 몸 안의 감염체와 싸우는 면역계의 구성 요소로, 장기적으로 지속되는 면역을 담당합니다.

섬유소원

섬유소원fibrinogen은 혈관이 손상되었을 때 나타나는 응급 복구 단백질입니다. 주된 역할은 핏덩이를 생성하고, 출혈을 방지하는 것입니다. 섬유소원은 혈장에 가장 풍부한 응고인자clotting factor입니다.

혈소판

우리는 앞서 혈장, 백혈구, 적혈구 같은 혈액의 구성 요소를 살폈습니다. 그러나 혈소판을 빼놓을 수 없지요. 혈소판은 온전한 세포가 아니라 세포 조각입니다. 출혈을 멈추는 지혈 기능을 담당하지요.

혈소판형성

골수에는 거대핵세포megakaryocyte라는, 핵이 여러 개인 커다란 세포가 있습니다. 여기서 수제비 반죽을 떼어내듯 혈소판이라는 세포질과 세포막 조각이 떨어집니다. 혈소판 수가 부족하면, 우리 몸에서 혈소판형성호르몬thrombopoietin이 분비되어 거대핵세포 발달과 혈소판 생성을 촉진합니다.

혈소판의 구조와 활성화

혈소판은 세포막으로 포장된 효소와 기타 물질 뭉치라고 할 수 있습니다. 크기는 적혈구의 절반 정도이지요. 혈액 100만 분의 1리터에는 혈소판이 50만 개 정도 들어 있습니다. 평소에는 비활성화 상태이지만, 혈관이 손상되면 내용물이 방출되면서 극도로 끈끈해집니다.

 혈관 내피세포는 산화질소나 프로스타사이클린 같은 물질을 분비해 혈소판을 비활성 상태로 유지합니다. 하지만 내피세포는 기저 결합조직에 본빌레브란드인자(vWF)라는 강력한 혈소판 활성화 인자 또한 풍부하게 저장하고 있습니다. 내피세포가 온전하고 매끈하면, 혈소판은 결코 이 인자를 만날 일이 없습니다. 그러나 내피세포가 손상되면, 혈소판 표면의 수용체가 본빌레브란드인자와 결합하면서 혈소판 내용물이 신속하게 방출됩니다. 이로 인해 혈관이 수축되며, 다른 혈소판들도 활성화되지요. 활성화된 혈소판들은 손상 부위에서 다른 혈소판들이나 적혈구, 백혈구와 달라붙으면서 혈소판마개platelet plug를 만들어 출혈을 막습니다. 혈소판마개가 만들어지는 것은 혈액이 굳으며 끝나는 혈액응고 연쇄반응의 첫 단계입니다.

출혈과 지혈

상처에는 피딱지가 생기는 법

우리 몸의 혈관이 손상되면 여러 기전이 작동해 신속하게 출혈을 멈춥니다. 출혈을 멈추는 과정을 지혈hemostasis이라고 부릅니다. 먼저, 손상된 혈관의 평활근이 저절로 수축해 혈류를 차단하고 출혈을 억제합니다. 다음으로, 혈소판마개가 형성되어 출혈을 줄입니다. 그러나 출혈이 완전히 멎으려면 핏덩이가 만들어져야 합니다. 혈액이 응고되어 핏덩이가 만들어지는 과정은 크게 내인응고경로와 외인응고경로, 공통 응고경로라는 세 단계로 나뉩니다.

내인응고경로(접촉 활성화)

작은 부위가 국소적으로 손상되면, 혈관 벽의 결합조직이 혈액 속을 떠돌던 혈장 단백질(응고인자)에 노출되면서 반응이 시작됩니다. 먼저 전구칼리크레인과 해그먼 인자(FXII)라는 응고인자가 활성화되고, 이어서 FXI과 FIX가 순차적으로 활성화되는 효소 연쇄반응이 일어나지요. 활성화된 FIX는 FVIII, 인지질, 칼슘과 함께 복합체를 이루고, 공통 응고경로의 시작점인 FX를 활성화합니다.

외인응고경로(조직인자)

내인응고경로가 진행되면 외인응고경로 또한 동시에 작동합니다. 혈관 내피세포가 손상되면 응고인자 FVII가 혈관 바깥에 있던 조직인자(TF)와 결합해 복합체를 이룹니다. 이 복합체는 인지질, 칼슘과 함께 작용해 FX를 활성화하고, 이 역시 공통 응고경로로 이어지지요. 내인응고경로와 외인응고경로는 서로 다르지만 결국 같은 결과를 향해 동시에 작동하는 셈입니다.

공통 응고경로

내인응고경로나 외인응고경로를 통해 FX가 활성화되면, 이것이 FV, 인지질, 칼슘과 결합해 프로트롬빈분해효소 복합체를 형성합니다. 이 복합체는 비활성 상태의 프로트롬빈을 활성화된 효소인 트롬빈으로 바꾸고, 트롬빈은 섬유소원을 끈끈한 실 모양의 섬유소로 변화시키지요. 이 섬유소가 손상된 부위에 그물망처럼 쌓이면서 혈소판, 적혈구, 단백질과 함께 핏덩이를 형성해 출혈을 멎게 합니다. 그러나 이 핏덩이는 아직 불안정해서 FXIII가 작용해 섬유소 가닥들 사이를 단단히 묶어 구조를 안정화해야 합니다. 이 과정은 최대 45분까지 걸릴 수 있습니다.

핏덩이는 계속 유지되지는 않습니다. 상처가 치유되면 섬유소 그물이 오므라들면서 주변의 건강한 조직을 잡아당깁니다. 마침내 핏덩이가 모두 사라지고 치유 과정이 끝납니다.

혈전 예방

혈액응고는 지혈을 위해 일어나지만, 혈관 내에서 비정상적으로 응고가 이루어지면 혈류를 막아 문제가 될 수 있습니다. 이처럼 혈관 내에서 응고되어 만들어진 덩어리를 혈전thrombus이라고 합니다. 혈전을 방지하는 방법 가운데 하나는 칼슘을 제거하는 것입니다. 에틸렌다이아민테트라아세트산(EDTA) 분자와 시트르산을 혈액에 첨가하면 칼슘과 결합해 혈액응고를 방지할 수 있습니다. 와파린warfarin(상품명은 쿠마딘)은 혈액응고를 막는 물질로, 숙주의 피를 빠는 거머리에서 처음 발견되었습니다. 와파린은 세포 차원에서 비타민 K 결핍을 일으켜, 혈액응고 경로에서 칼슘 결합 아미노산이 만들어지는 것을 차단함으로써 응고를 막는 효과를 냅니다.

혈액의 질병과 장애
피를 흘리지 않아도 문제가 생긴다

혈액 내의 수많은 성분은 여러 생물학적 활동을 위한 필수 요소입니다. 그러므로 조혈계 hematopoietic system(혈액을 만들어내는 기관계)와 혈액 자체에 영향을 미치는 질병과 장애가 있는 것은 놀라운 일이 아닙니다. 흔히 생기는 문제들을 살펴봅시다.

낫적혈구빈혈

사하라 이남 아프리카계 사람들에게 흔히 발생하는 낫적혈구빈혈 sickle cell anemia은 혈색소 유전자의 돌연변이 때문에 혈색소 분자가 뻣뻣해져 적혈구 안에서 결정 구조를 만드는 질병입니다. 적혈구는 이 비정상적인 분자들 때문에 낫 모양으로 변형되어 비좁은 모세혈관 통로를 원활하게 지나다니기 어려워집니다.

혈색소는 4개의 단백질 사슬로 이루어져 있는데, 낫적혈구빈혈은 베타 사슬에 돌연변이가 있는 사람에게 나타납니다. 베타 사슬 유전자의 핵산 하나가 변형된 것이지요.

이 돌연변이 유전자는 말라리아 유행 지역에서 생존하는 데 유리해 지금까지 이어져 왔습니다. 말라리아 원충은 인간 숙주의 적혈구 안에서 번식합니다. 그런데 돌연변이 유전자를 1개만 지닌 보인자의 경우(낫적혈구빈혈이 발현되지 않은 경우), 적혈구가 말라리아 원충에 감염되면 쉽게 터져 원충이 번식할 수 없습니다. 그러니 이 유전자가 말라리아 감염 위험이 적은 세대에까지 전해 내려오면서 낫적혈구빈혈의 발병률이 높아졌습니다.

빈혈

빈혈anemia은 적혈구가 부족한 사람에게 많이 나타납니다. 적혈구용적율 또는 혈구 백분율이 40퍼센트 미만인 경우가 대부분이지요. 그러나 적혈구에 혈색소 함량이 부족한 사람에게도 빈혈이 생길 수 있습니다. 빈혈의 원인은 칼슘 섭취 부족, 적혈구형성 인자 생산을 억제하는 신장 질환, 골수의 줄기세포 이상 등이 있습니다.

악성빈혈pernicious anemia이라고 부르는 또 다른 빈혈은 비타민 B12 결핍 때문에 발생합니다. 비타민 B12는 섭취가 부족해 결핍될 수도 있지만, 악성빈혈은 위장 벽에서 생산되어 소장 상피에서 비타민 B12의 흡수를 돕는 내인인자라는 필수 보조인자가 없어서 생깁니다. 이 보조인자는 소장 세포가 비타민 B12를 효과적으로 흡수하게 해줍니다. 내인인자가 없으면 비타민 B12를 활용할 수 없어 적혈구 생산이 줄어듭니다.

낫적혈구빈혈과 지중해빈혈의 차이
낫적혈구빈혈이 혈색소의 질적 문제라면, 지중해빈혈thalassemia은 한 가지 이상의 혈색소 사슬이 충분히 생산되지 않아 생기는 양적 문제입니다. 문제의 혈색소 사슬이 베타 사슬이면 베타-지중해빈혈, 알파 사슬이면 알파-지중해빈혈이 발생합니다.

신생아의 용혈병

용혈병은 Rh 음성 여성이 Rh 양성 아기를 임신할 때만 발생합니다. 아기의 아버지가 Rh 음성이면 이런 일이 생길 수 없습니다. 그러나 아버지가 Rh 양성이면 아기는 50~100퍼센트 확률로 Rh 양성입니다.

첫 임신은 Rh 양성 아기에게 위험하지 않습니다. 아직 어머니의 혈장에 항Rh 항체가 떠돌아다니지 않기 때문이지요. 그러나 출산 과정에서 태반이 자궁에서 분리되면서 태아와 모체의 혈액이 만나면, 모체의 면역반응이 자극됩니다. 그러면 모체의 혈장에는 Rh 인자에 대항하는 항체가 떠돌게 되고, 이후에 임신되는 Rh 양성 아기는 매우 위험해집니다. 이 항체는 태반을 건너서 태아의 Rh 양성 적혈구를 파괴해 아기에게 용혈병hemolytic disease을 일으킵니다.

　태아의 혈액에 대한 모체의 면역반응을 억제하기란 어려운 일입니다. 산모는 출산 전에 항Rh 인자 항체 주사를 맞습니다. 이 항체들은 모체의 혈류에 섞여 들어가는 모든 Rh 인자와 결합합니다. 항Rh 인자 항체는 혈액을 휘젓고 다니는 Rh 인자를 효과적으로 제거해 면역반응을 예방하고, 이후에 태어날 아기를 보호합니다. 태아가 Rh 양성일 가능성이 있을 때마다 이 시술이 필요합니다.

8장

림프계와 면역계: 내 몸의 24시간 경비 시스템

림프와 림프순환
물 새는 배에서 빠져나오기

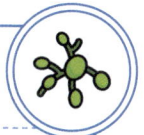

림프계lymphatic system는 혈관계와 함께 몸 전체에 물질을 운반하는 또 하나의 운송망입니다. 모세혈관에서 조직으로 새어나간 혈장은 대부분 같은 모세혈관으로 다시 돌아오지만, 일부는 돌아오지 않습니다. 이렇게 남은 체액을 사이질액interstitial fluid이라고 하는데, 사이질액이 조직에 방치되면 몸이 붓습니다(부종). 혈관 밖으로 새어 나간 체액을 순환계로 돌려보내는 역할을 하는 것이 바로 림프계입니다.

또한, 사이질액은 조직을 씻어내면서 늘 세포 파편과 병원체를 품게 됩니다. 림프계는 그중에서 병원체를 식별해내 적절한 면역 반응을 유도하는 역할도 합니다.

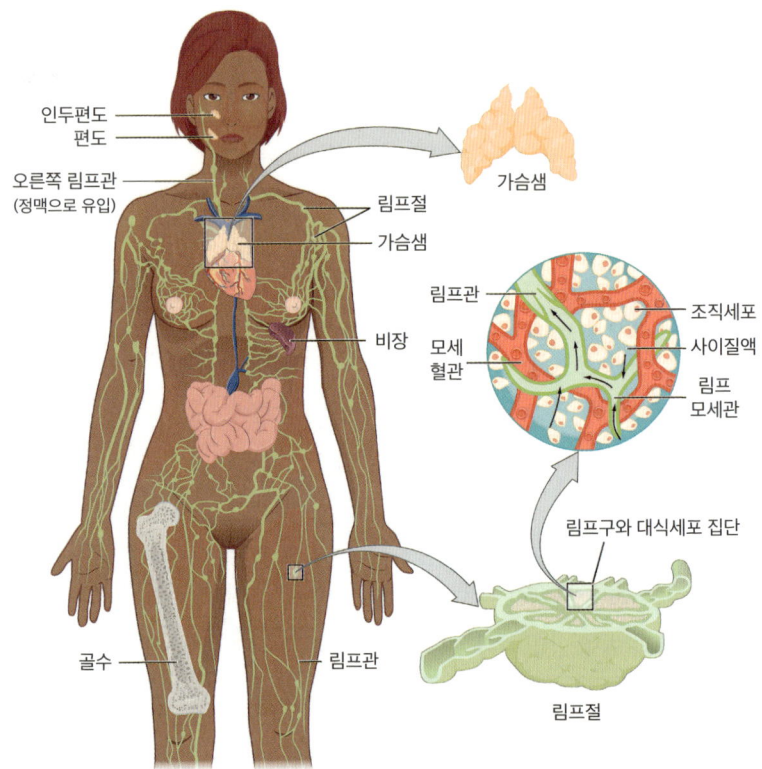

| 림프계의 구조.

림프의 구성

모세혈관 안에 있는 혈장은 혈압에 의해 혈관 밖 사이질조직 interstitial tissue으로 밀려납니다. 그러면 모세혈관에 남아 있는 혈장의 압력은 점점 낮아지고, 모세혈관 끝부분(정맥이 되기 전)의 압력은 더욱더 낮아지지요.

그런데 혈장에는 알부민과 같이 너무 커서 조직으로 새어 나갈 수 없는 단백질이 많습니다. 따라서 정맥이 시작되는 모세혈관 끝부분은 혈압이 낮아도 단백질 덕분에 삼투압을 유지하면서 조직의 체액을 끌어들입니다. 이렇게 단백질이 물을 끌어들이는 힘은 혈압이 체액을 밀어내는 힘보다 강합니다. 이러한 차이 덕분에 체액은 모세혈관으로 복귀하고 (단백질이 없는) 혈장의 일부만이 조직에 남게 되지요. 이처럼 단백질이 빠진 혈장을 림프lymph라고 부릅니다.

> **용어 해부하기**
>
> **여과/흡수** filtration/absorption
> 체액이 모세혈관을 빠져나가는 현상을 여과, 조직액이 모세혈관으로 돌아오는 현상을 흡수라고 합니다.

림프는 단백질 함량이 적고 (심장과 같이) 압력을 가해주는 펌프도 없으므로 림프순환lymphokinesis 내로 밀려 들어갈 힘이 거의 없습니다. 그래서 림프의 이동은 주변 장기들, 특히 근육이 사이질조직에 가하는 압력에 달려 있습니다. 걷기, 숨쉬기, 그 밖에 장기를 움직이는 모든 일반적인 운동이 림프의 압력을 일시적으로 높입니다. 이런 외부 압력이 사이질조직에서 길을 잃은 림프를 림프계로 밀어 넣습니다.

림프순환

림프계는 좁고 벽이 얇은 막다른 관에서 시작되고, 조직에서 모아들인 림프를 심장으로 되돌려 보냅니다. 림프관으로 들어가는 림프는 림프절lymph node이라는 작은 기관을 거치는데, 림프절은 여과 장치 역할을 합니다. 림프절에는 포식세포(또는 대식세포)와 림프구lymphocyte(면역세포)가 가득 차 있습니다. 대식세포는 조직파편을 제거하면서 병원체를 찾아내 림프구에 병원체 분자(항원)를 보여줌으로써 면역반응을 자극합니다. 림프절을 통과한 림프관은 점점 더 큰 림프관으로 이어지고, 조직파편과 병원체가 제거된 림프는 빗장밑정맥을 통해 혈액 순환계로 돌아갑니다.

림프 모세관 및 림프관

혈관계에서 직접적인 물질 교환이 일어나는 곳은 모세관뿐입니다. 이와 마찬가지로, 림프계에서도 모세관에서만 물질 교환이 직접 이루어지지요. 따라서 림프가 조직에서 림프순환으로 진입하려면 모세관을 통과해야 합니다. 림프가 지나가는 모세관을 림프 모세관lymphatic capillary이라고 부릅니다. 압력을 받은 림프는 느슨하게 서로 포개진 림프 모세관 접합부 사이로 밀려 들어갑니다. 이 접합부는 기본적으로 일방향 밸브여서 림프가 들어갈 수만 있을 뿐 빠져나오지는 못합니다. 또, 림프 모세관의 내피세포는 섬유를 통해 주변의 결합조직 세포에 달라붙어 있습니다. 이 섬유 덕분에 주변 압력에 의해 림프가 모세관으로 밀려 들어갈 때 림프 모세관의 내강(내부 공간)이 유지됩니다.

림프 모세관은 혈액으로 돌아가지 못한 림프를 모아들이기에 가장 완벽한 장소인 모세혈관바닥capillary bed에 자리 잡고 있습니다. 위장관에도 장 표면의 돌출부(융모)마다 림프 모세관이 넓게 깔려 있습니다. 장에서 흡수한 물질은 이곳을 통해 신속하게 림프계에 진입한 다음, 림프절에서 청소와 선별을 거쳐 혈관계로 넘어갑니다.

림프 모세관으로 들어온 내용물은 순환계 혈관과 마찬가지로 세 층의 막으로 싸인 더 큰 림프관으로 모입니다. 림프관과 가장 닮은 구조물은 막이 얇고 내강 지름이 큰 정맥입니다. 림프판에도 정맥처럼 압력이 낮은 림프가 심장으로 되돌아갈 수 있도록 돕는 일방향 밸브가 있습니다.

> **한 걸음 더 읽기**
>
> **림프관늘 정맥과 어떻게 구별할까?**
> 림프관과 정맥을 쉽게 구분하려면 적혈구의 유무를 살피면 됩니다. 림프구와 백혈구는 림프관에도 있지만, 적혈구는 정맥에만 있지요.

큰 림프관들이 모여 림프 줄기가 됩니다. 림프 줄기로 모여든 림프는 2개의 림프관을 통해 양쪽 빗장밑정맥으로 유입되면서 혈관계로 돌아가는 여정을 마칩니다.

림프 기관
우리 몸의 환경미화원

림프계에서는 여러 장기가 각자의 기능을 수행합니다. 일차 림프 기관은 림프구의 형성과 성숙을, 이차 림프 기관은 림프계의 필터 역할을 담당합니다.

일차 림프 기관

모든 백혈구가 골수에서 최종 성숙(분화)을 끝마치는 것은 아닙니다. 무과립 림프구는 두 곳으로 나뉘어 성숙 단계에 도달합니다.

골수

모든 림프구는 골수에서 태어나지만, 이곳에서 성숙하는 것은 B림프구뿐입니다. 항원에 노출된 적이 없는 미성숙한 B세포에는 수용체로 항원을 인식하는 능력도, 면역반응을 일으키는 능력도 없습니다. 골수는 이러한 림프구들이 성숙해서 검수를 통과한 다음에야 혈류로 진입할 수 있도록 구획화되어 있습니다.

항원에 지나치게 강하거나 약하게 결합하는 수용체가 달린 B세포는 폐기됩니다. 가장 일반적인 폐기 방식은 세포자멸사 apoptosis(프로그램된 세포 사멸 또는 세포 자살)입니다. 그뿐 아니라 B세포는 혈관계로 방출되기 전에 우리 몸의 세포 및 조직을 외부 병원체와 구별하는 능력도 갖추어야 합니다.

한 걸음 더 읽기

세포 이름의 숨은 뜻?

'B세포'의 B에는 골수bone marrow에서 성숙을 완료한다는 의미가 있습니다. 'T세포'의 T에는 가슴샘으로 이동해 성숙을 마친다는 의미가 있습니다.

가슴샘

가슴샘thymus(흉선)은 가슴 한가운데에 있는 세로칸mediastinum(종격동)이라는 곳에 있습니다. 대동맥활 앞에 얹혀 목을 향해 뻗어 올라가는데, 엽 2개로 이루어져 있지만 형태가 일정하지 않은 기관입니다. 전체가 결합조직으로 싸인 림프 기관이지요. 가슴샘은 그물세포reticular cell에 의해 내부 구조가 나뉘어 있을 뿐 아니라 나머지 신체와도 면역학적으로 분리되어 있습니다. 그물세포는 림프구를 구조적으로 지탱하고, 림프구 생산을 자극하는 호르몬을 분비합니다.

결합조직으로 된 캡슐 아래에는 피질cortex(겉질)이 있고 더 깊은 곳에는 수질medulla(속질)이라는 가운데 영역이 있습니다. 각 영역에는 서로 다른 유형의 그물세포가 자리 잡고 있어 두 영역을 분리해줍니다. 예를 들어, 일부 그물세포는 피막을 감싸고 가슴샘과 신체를 분리하는 반면, 다른 세포들은 피질과 수질 사이의 경계를 이룹니다. 어떤 세포들은 모세혈관과 혈관을 덮어 혈액가슴샘장벽blood thymus barrier을 만들고, 불량 T림프구가 검수를 피해 체내로 숨어 들어가지 못하도록 막습니다.

항원에 노출된 적이 없는 T세포는 B세포와 유사한 선별 과정을 거칩니다. 먼저 가슴샘에서 항원 결합 능력을 시험받습니다. 수질에서는 숙주의 세포와 조직을 외부 병원체와 구별하는 능력

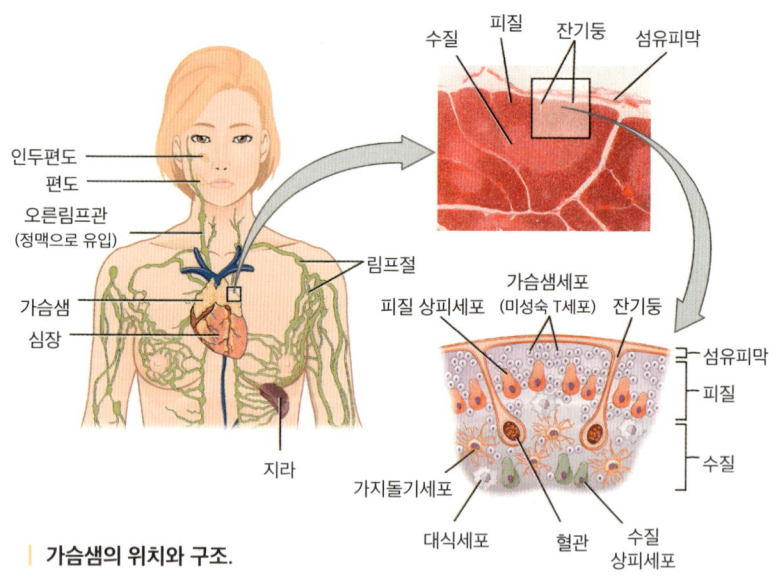

| 가슴샘의 위치와 구조.

을 시험받지요. 두 검사를 통과한 T세포는 가슴샘을 떠납니다.

성숙한 림프구는 체내로 이동한 다음 소화기나 호흡기, 독립형 림프 기관 등 다양한 곳에 추적됩니다. 그곳에서 병원체와 만나면 효과적이고 신속하게 면역반응을 일으킵니다.

이차 림프 기관

이차 림프 기관은 림프계의 필터 역할을 담당합니다.

림프소절

종종 림프절과 혼동되는 림프소절lymphatic nodule은 단순히 림프구가 모인 것일 뿐입니다. 주로 B림프구로 구성된 림프소절은 항원제시세포antigen-presenting cell 그리고 구조를 만들고 세포를 고정해주는 그물세포로 이루어져 있습니다. 짙은 단색을 띠는 림프소절을 일차 소절(여포)이라고 합니다. 이 소절의 세포들이 아직 항원의 자극을 받지 않았다는 뜻이지요. 항원 자극이 일어나고 림프구가 증식해 항체를 만들어내는 형질세포plasma cell가 되면, 소절의 중심(배중심)은 더 밝은색을 띱니다. 이렇게 중심 색이 밝아진 소절을 이차 소절이라고 합니다. 림프소절에는 T림프구도 있지만 그 수가 적습니다.

림프절

림프절은 캡슐에 싸인 강낭콩 모양의 림프 기관으로, 더 큰 림프관으로 이어지는 경로를 가로막고 있습니다. 림프관은 림프절의 볼록한 표면과 만나고, 림프절의 피질에 림프를 쏟아놓습니다. 피질은 캡슐이 연장된 잔기둥trabecula이라는 결합조직에 의해 구획이 나뉘어 있습니다. 이 부위에서 둥근 림프소절을 찾아볼 수 있지요.

T림프구는 림프절 깊은 곳의 피질 아래 영역에 있습니다. 림프는 림프절의 피질을 거쳐 굴sinus이라는 공간이 자리 잡은 수질(가운데 깊은 부분)로 흘러들었다가 림프관으로 배출됩니다.

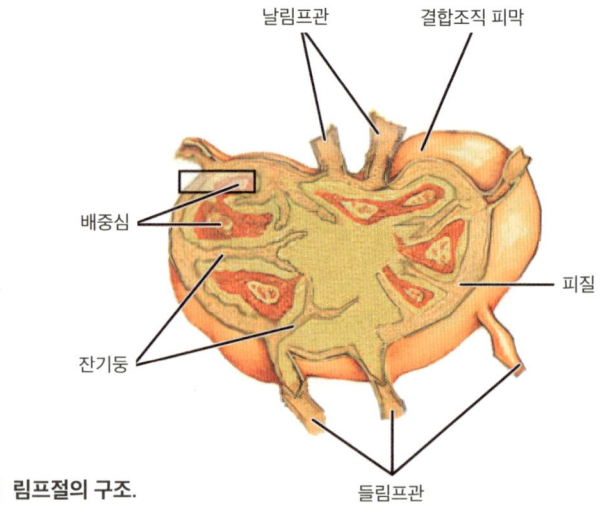

| 림프절의 구조.

지라

지라(비장)는 림프계의 특성뿐 아니라 죽은 적혈구를 파괴해 제거하는 기능도 있습니다. 지라로 들어간 지라동맥은 점차 가느다란 혈관으로 갈라지면서 지라 전체로 뻗어 들어갑니다. 지라동맥의 작은 지류인 중심동맥은 동맥주위림프집periarterial lymphatic sheath을 이루는 림프구들에 둘러싸입니다. 동맥주위림프집은 림프절에 있는 것과 비슷한 림프소절로 다시 둘러싸이지요. 동맥주위림프집과 림프소절이 합쳐져 지라의 백색속질white pulp이 됩니다.

혈관은 림프소절을 지나 계속 갈라지며 뻗어 나가 백색속질 사이의 영역에 지라굴splenic sinus(비장동)을 형성합니다. 바로 이곳에 적색속질red pulp이 있습니다. 혈장은 이 지라굴에서 자유롭게 빠져나와 지라 전체로 퍼지며 백색수질까지 흘러갑니다. 백색수질에서 항원제시세포가 항원을 포획해 근지의 림프구에 제시해주지요.

편도

입안 깊은 곳에는 다음과 같이 세 벌의 편도가 있으며, 이들은 모두 림프계의 청소 기능을 담당합니다.

- 인두편도
- 혀편도
- 목구멍편도

사람들이 흔히 말하는 '편도'란 목구멍편도palatine tonsil입니다. 편도염이 생겨 수술로 제거하기도 하지요. 림프소절이 가득 차 있는 목구멍편도는 입안과 인두의 경계에 위치합니다. 입안을 통해 체내로 침입하려는 병원체를 감지하기에 가장 좋은 자리이지요.

혀편도lingual tonsil 또한 입안을 보호하는 데 어느 정도 도움을 줍니다. 혀의 옆쪽 가장자리에 있는 혀편도는 목구멍편도보다 훨씬 작습니다. 혀편도 역시 림프소절로 가득 차 있습니다.

마지막으로 인두편도pharyngeal tonsil는 아데노이드adenoid라는 이름으로 더 잘 알려져 있습니다. 인두편도는 입안과 인두의 경계 부위보다 더 높은 곳에 있고, 침입하려는 모든 병원체로부터 인체를 보호해줍니다.

파이어반

림프구는 몸 전체에 흩어져 있다가 감염 부위에 일시적으로 모여들지만, 소장의 끝부분에는 예외적으로 항상 그 자리에 모여 있는 파이어반Peyer patch이라는 영구 림프소절이 있습니다. 이 소절은 장내세균의 성장을 감시하고 장내 감염을 예방합니다.

광범위 림프조직

영구 소절처럼 한 곳에 고정된 것은 아니지만, 위장관과 호흡기의 바닥층에는 넓게 퍼져 존재하는 상주 림프구resident lymphocyte가 있습니다. 광범위 림프조직 또는 점막관련림프조직(MALT)으로 분류되는 광범위 림프조직은 위장관에서는 장관련림프조직(GALT), 호흡기에서는 기관지관련림프조직(BALT)이라고도 부릅니다.

선천면역과 자연면역
인체의 첨단 방어 시스템

세상에는 유익한 생물도 있지만, 다른 생물을 숙주로 삼아 생존과 번식을 추구하는 해로운 생물도 넘쳐납니다. 오늘날 눈에 보이는 생물과 포식자의 위협으로부터 우리 인간을 보호하는 일은 꽤 쉬워졌습니다. 그러나 미생물의 위협으로부터 벗어나기란 사실상 불가능합니다. 다행히 인체는 진화 과정에서 병인체의 침입을 막고, 침입을 받더라도 손상을 입기 전에 파괴하는 방어 체계를 만들어왔습니다.

물리적 장벽과 화학적 장벽

우리 몸에서 감염을 예방하는 데 주로 사용되는 물리적 장벽은 피부입니다. 연속된 세포층으로 이루어진 피부는 병원체가 침투할 틈을 허용하지 않습니다. 병원체가 인체 깊숙이, 순환계까지 진입하려면 여러 겹의 피부 세포층을 모두 통과해야 하지요. 그뿐만 아니라 피부 바닥층에서는 새로운 세포가 계속 합류하고, 오래된 세포가 점차 위로 밀려 올라갑니다. 따라서 병원체가 건강한 피부에 침투하려면 강을 거슬러 올라가는 연어처럼 고군분투해야 하지요.

세포의 맨 위층은 몸 밖으로 매일 떨어져 나가므로, 병원체에게는 죽은 피부 세포와 함께 제거되기 전까지 제한된 시간만이 주어집니다. 바이러스 대부분은 살아 있는 세포 숙주가 있어야 생존과 번식을 이어갈 수 있습니다. 피부의 바깥층은 죽은 세포가 밀집된 방수 장벽으로 덮여 있어, 바이러스는 이곳에서 번식하지 못하고 결국 피부 표면에서 떨어져 나갑니다.

피부는 아주 효율적인 방어벽이지만, 병원체가 신체 내부로 침입하는 경로는 또 있습니다. 우리가 먹고 마시는 거의 모든 음식에는 병원체가 포함되어 있습니다. 식품 가공 과정에서 해로운 미생물을 파괴한다 해도, (특히 씻지 않은) 손으로 음식을 만지면 먹기 전에 음식이 오염됩니다. 이렇게 오염된 병원체가 운 좋게 편도선의 림프구를 통과하면 곧바로 위장의 혹독한 환경에 떨어집니다. 음식물을 화학적으로 소화해주는 염산은 위장으로 들어온 병원체를 대부분 변성시키고 파괴합니다.

또 다른 방어 수단은 점액이라는 끈끈한 단백질성(단백질로 채워진) 물질에 병원체를 가두는 방법입니다. 코와 호흡기에 있는 술잔세포에서 점액을 분비해 병원체를 가두면, 섬모세포가 이 점액을 후두로 밀어냅니다. 후두에 있는 물질은 식도를 통해 염산이 들어찬 위장으로 넘어가지요. 이와 마찬가지로, 눈물은 눈의 공막을 촉촉하고 매끄럽게 유지하기 위해 생성되는 물질입니다. 이 눈물에도 점액이 포함되어 있어 표면에 있는 병원체를 가두어 코눈물관을 통해 눈에서 코안으로 이물질을 제거합니다.

포식작용과 옵소닌화

많은 백혈구가 포식작용phagocytosis을 통해 병원체와 이물질을 제거합니다. 특히 대식세포가 이런 일에 능숙하지요. 대식세포는 종류를 가리지 않고 모든 이물질을 제거합니다. 특히, 병원체가 항체나 (곧 설명할) 보체 인자complement factor라는 표지자로 덮여 있으면 포식세포 활동이 증가합니다. 이렇게 포식세포 활동이 증가해 병원체가 더 빨리 제거되는 현상을 옵소닌화opsonization라고 부릅니다.

보체 인자

면역 연쇄반응immune cascade에서는 혈액응고 연쇄반응에서처럼 비활성 상태에 있던 혈장 내 단백질이 병원체의 공격을 받으면서 활성화됩니다.

고전적인 활성화 경로는 병원체의 항체 옵소닌화를 통해 C1(보체 인자 1)이 C4를, 이어서 C2를 활성화하면서 시작됩니다. 이들은 활성을 띠는 효소 C3와 결합합니다. 이 인자들은 a와 b,

두 부분으로 구성되어 있습니다. 그러므로 C3가 활성화되면 C3a와 C3b로 나뉩니다.

다른 경로에서는 탄수화물이 인식되면서 C3가 곧바로 활성화됩니다. 탄수화물은 인체 입장에서는 이물질이지만 박테리아 세포벽에는 꽤 흔한 물질입니다.

분리된 C3의 각 부분은 양쪽 다 생체 활성을 띠며, 인체 조직에 영향을 미칩니다. C3a는 C5a와 함께 국소 조직의 염증을 증폭시킵니다. C3b는 항체와 함께 병원체를 추가로 제거합니다. 또한 C5~C9을 활성화해 단백질 기공을 만들어내고, 병원체의 세포막에 삽입해 병원체를 사멸시킵니다. 이렇게 형성된 구조를 막공격 복합체membrane attack complex라고 부릅니다.

사이토카인

면역세포가 생성하고 분비하는 많은 화학물질은 신체에 광범위하게 강력한 영향을 미칩니다. 이런 물질들을 통틀어 사이토카인cytokine이라고 합니다. 이 화학 매개체의 종류는 방대해서 여기서 모두 다룰 수는 없지만, 면역 기능을 이해하려면 반드시 이 물질들의 일반적인 작용을 이해해야 합니다. 사이토카인 가운데 다수는 면역반응 과정에서 면역계를 활성화하는 역할을 하고, 다른 일부는 면역반응을 늦추거나 중단시키는 데 중요한 역할을 합니다.

발열

체온을 정상 온도보다 높이는 사이토카인도 있습니다. 이런 유형의 사이토카인을 내인발열원endogenous pyrogen이라고 부릅니다. 체온 상승은 감염과 싸우는 데 도움이 됩니다. 체온이 상승하면 그 자체로 일부 병원체가 파괴되고, 세균이 체내에서 만들어내는 독소의 효과를 떨어뜨립니다. 또, 면역세포의 분열과 이동, 신진대사를 더 활성화해 병원체를 공격하는 데 유리한 환경을 만들어주지요.

열이 얼마나 높으면 위험할까요?

우리 몸의 세포는 체온이 40°C 이상일 때만 파괴됩니다. 그러나 열이 며칠씩 지속되고 체온이 38°C를 넘으면 의사에게 진료를 받아야 합니다.

염증

여러 사이토카인이 혈관에 작용해 조직의 혈류 유입을 늘리고(혈관 확장), 모세혈관 내피세포 틈으로 백혈구가 쉽게 이동할 수 있게 해줍니다(혈관 투과성 증가). 그 결과 림프관의 조직액 처리 용량을 초과하는 양의 혈장이 사이질조직으로 빠르게 새어 나옵니다. 이때 몸이 붓지요(부종). 비만세포(혈관에서 빠져나온 호염기구)는 히스타민과 같은 강력한 염증성 사이토카인을 분비해 혈관의 투과성을 높입니다. 또, 헤파린이라는 분자를 분비해 트롬빈의 활성화를 막고 혈액응고를 억제하지요. 만약 혈관이 새고 있는데 헤파린이 생성되지 않으면 혈전이 빠르게 만들어져 체액과 백혈구를 조직으로 전달할 수 없게 됩니다.

적응면역
배우는 자가 이긴다

적응$_{\text{specific}}$(특이) 면역계는 두 가지 면역계로 구성되어 있습니다. 체액 면역계와 세포 면역계입니다. 병원체 종류와 관계없이 일정하게 반응하는 선천$_{\text{innate}}$(고유) 면역계와 달리, 특이 면역계는 특정 병원체를 식별하고 그에 맞춰 우리 몸을 지키는 법을 학습합니다.

체액 면역계

체액 면역계는 형질세포가 되어 항체를 생성하는 B세포(B림프구)를 중심으로 작동합니다. 항체는 병원체를 큰 덩어리로 뭉쳐 몸 전체로 퍼져 나가는 것을 막고, 포식세포의 표적이 될 수 있게 합니다. 또한 백혈구가 병원체를 더 빨리 제거할 수 있도록 병원체를 옵소닌화합니다.

항체

B림프구가 상응하는 병원체를 만나 활성화되면 빠르게 분열하면서 형질세포(항체를 생산하는 활성 세포) 또는 기억B세포 memory B cell를 복제하기 시작합니다. 기억B세포는 비활성 상태로 있다가 나중에 동일한 항원에 노출될 때를 대비해 보관됩니다.

항체(면역글로불린)는 인접한 시스테인 아미노산들이 이황화 결합을 통해 연결된 4개 아미노산으로 이루어진 단백질입니다. 항체의 모양을 이해하려면 Y 자 모양으로 양팔을 위로 뻗고 다리를 모은 채 서 있는 사람을 상상해보세요. 몸을 오른쪽과 왼쪽으로 반씩 나누면 항체를 이루는 2개의 무거운사슬 heavy chain(중쇄)이 됩니다. 여기에 추가로 붙는 2개의 가벼운사슬 light chain(경쇄)은 팔에만 붙어 있는 작은 단백질입니다.

우리가 손으로 물건을 잡듯이, 항체에는 특정 항원과 결합하는 다양한 부위가 있습니다. 이 부위는 쉽게 조정되거나 변형되므로, 항체는 거의 무한대에 가까운 항원들로부터 우리 몸을 지킬 수 있습니다.

몸통과 다리에 해당하는 항체의 나머지 부분은 불변 부위 constant fragment입니다. 동형 isotype(유전자 계열) 항체들은 이 부위의 구조가 모두 같다는 의미입니다. 항체의 종류나 인식하는 병원체가 달라도 불변 부위는 항상 포식세포가 인식하는 옵소닌으로 작용합니다.

동형

항체 구조 중 일부는 항원에 따라 달라지지만, 일부는 같은 유형(동형)끼리 일정한 불변 부위입니다. 이 불변 부위를 결정하는 유전정보는 B세포가 어느 발달 단계에 있는지, 그리고 어떤 면역반응이 필요한지에 따라 달라집니다. 항체를 만드는 데 필요한 동형의 유전정보는 특정한 순서로 염색체에 배열되어 있습니다.

B세포가 처음 항체를 만들 때는 M면역글로불린(IgM)이라는 항체 유형을 사용합니다. 이 항체는 5개의 작은 단위(단량체)가 묶여 큰 구조(중합체)를 이루고 있어, 한 번에 10개의 항원과 결합할 수 있습니다. 이후 B세포가 필요에 따라 다른 유형의 항체를 만들어야 할 때는 새로운 유형으로 넘어가면서 기존 유전자 부분을 잘라내고 연결하는 과정이 일어나며, 이때 한 번 잘라낸 유전자는 다시 복구할 수 없습니다.

IgM 다음에 발현되는 항체는 D면역글로불린(IgD)입니다. IgD는 주로 혈액 속에서 발견되고, 몸이 체액을 통해 이루어지는 면역반응을 담당합니다. IgD와 마찬가지로 G면역글로불린(IgG) 또한 단량체입니다. IgG는 태반을 통과해 태아에게 엄마로부터 얻는 수동면역passive immunity을 제공합니다. 하지만 IgG가 태반을 통과할 때 때로는 신생아 용혈병 같은 문제를 일으키기도 합니다.

그다음으로 등장하는 항체는 A면역글로불린(IgA)으로, 2개의 단위가 연결된 이중 구조(이량체)로 되어 있습니다. IgA는 잘 분해되지 않아 눈물, 침, 모유 같은 점액 분비물에서도 찾아볼 수 있습니다.

마지막으로 만들어지는 항체는 E면역글로불린(IgE)입니다. IgE는 특히 강력한 면역반응을 일으키는 항체로, 비만세포 표면에 결합합니다. 항원이 나타나 IgE 2개가 동시에 달라붙으면, 비만세포가 활성화되어 안쪽의 화학물질을 빠르게 분출합니다. 이 과정은 강한 염증반응이나 알레르기반응을 일으킬 수 있고, 심한 경우 급성중증과민반응쇼크 anaphylactic shock(아나필락시스 쇼크) 같은 위험한 상태로 이어질 수 있습니다.

일차면역반응

신체가 특정 항원에 최초로 노출되면 B림프구, 과립구, 대식세포가 일차면역반응 primary immune response을 자극합니다. 백혈구가 물질을 포식하고(항원을 감싸 안으로 끌어들이고), 사이토카인을 이용해 신호를 보내면 B림프구가 분열하기 시작합니다. 항원이 B세포의 수용체(B세포가 생성하는 항체)에 결합하면 B세포는 자가 복제를 통해 증식하기 시작합니다.

대략 2주가 넘도록 면역계 전체가 병원체를 제거하고 추가 손상을 막기 위해 싸움을 벌이는 동안, 우리는 몸살을 앓습니다. 이것은 자연스러운 일차면역반응입니다. 한편, 이 반응의 주요 산물은 소량의 IgG보다도 막대한 양의 기억B세포입니다. 기억B세포는 평생 몸에 남아 있습니다. 이 세포가 있으면 똑같은 항원이 다시 등장할 때 훨씬 더 빠르고 강력하게 반응할 수 있습니다.

한 걸음 더 읽기

백신을 이용해 면역계 적응시키기

백신은 면역반응을 일으켜 면역기억세포를 만들어내 질병을 예방하는 의학적 수단입니다. 대부분의 경우, 인위적으로 주입된 병원체는 이미 죽었거나 번식할 수 없는 상태입니다. 살아 있는 병원체처럼 해를 끼치지는 않지만, 면역세포를 활성화시킵니다.

이차면역반응

일차면역반응의 목적은 병원체가 우리 몸에 해를 입히기 전에 재빨리 제거될 수 있도록 특정 항원에 반응하는 B세포와 면역기억세포를 더 많이 생성하는 것입니다. 일차면역반응이 완전히 끝나는 데는 며칠에서 몇 주가 걸리지만, 같은 병원체에 다시 노출되면 IgG 항체가 빠르게 대량 생산되어 몇 시간 만에 혈액을 통해 온몸으로 퍼져 나갑니다. 그렇게 병원체가 제거되고, 감염된 사람은 아무런 증상도 겪지 않습니다.

세포 면역계

특이면역의 두 번째 구성 요소인 세포면역에는 T림프구가 관여하고, 세포들 사이에 물리적인 접촉이 필요합니다. 그래서 세포면역이라고 부르는 것이지요. T림프구에는 네 가지 유형이 있습니다. 저마다 우리 몸의 다른 세포에 있는 특정 구조와 결합할 수 있는 수용체가 있습니다. B세포가 활성화되면 기억B세포가 만들어지듯이, T세포를 자극하면 기억T세포memory T cell가 만들어집니다.

T림프구

가장 먼저 알아야 할 T림프구는 도움T세포helper T cell입니다. 도움T세포는 사이토카인을 가득 담고 있다가 면역계를 화학적으로 자극하고 활성화합니다. 이것이야말로 B세포와 백혈구보다는 T림프구가 맡는 주요 역할입니다. 조직학적으로 다른 T세포와 구분되지는 않지만, 도움T세포 표면에는 CD4라는 수용체가 드러나 있습니다. CD4는 병원체가 나타났을 때 항원제시세포의 수용체와 결합해 활성화되는 당단백질이지요. 그래서 도움T세포를 CD4 양성 T세포라고 부르기도 합니다.

세포독성T세포cytotoxic T cell 표면에는 CD8이라는 또 다른 CD 수용체가 있습니다. 적혈구를 제외한 온몸의 세포에 CD8 수용체와 결합할 수 있는 수용체가 있지요. 이런 세포들에 바이러스가 침입하거나 종양이 나타나면 CD8 수용체가 이물질을 인식해 활성화합니다. 활성화된 세포독성T세포는 문제가 생긴 세포를 사이토카인으로 공격해 세포자멸사(세포 사멸)를 유도합니다.

조절T세포regulatory T cell도 면역반응 과정에서 생겨납니다. 이 세포는 병든 세포와 직접 결합하거나 면역 증강 신호를 내보내지는 않지만, 항상성homeostasis을 유지하는 데 중요한 역할을 합니다.

면역반응은 일종의 양성 되먹임 회로positive feedback loop여서, 활성화된 면역세포는 더 많은 면역세포를 활성화합니다. 이 연쇄반응을 멈추기 위해 조절T세포는 임계 수준까지 분열한 다음 도움T세포 및 세포독성T세포와 결합해 세포 자멸사와 활동 중단을 유도하는 신호를 보냅니다. 그러나 조절T세포는 예비로 보관된 기억T세포에는 영향을 미치지 않습니다.

주조직적합복합체

T세포이 CD 단백질에 맞게 결합하는 대상은 주조직적합복합체(MHC) 항원입니다. MHC I 은 적혈구를 제외한 신체의 모든 세포에 존재하며 세포독성T세포의 CD8과 결합합니다. 정상적이고 건강한 세포는 세포독성T세포를 활성화하지 않습니다. 그러나 MHC I 에 바이러스나 종양 표지자가 발현된 세포는 T세포를 활성화해 파괴됩니다.

도움T세포에 있는 CD4 수용체는 대식세포나 가지돌기세포 같은 항원제시세포에 있는 MHC II 와 정확히 결합합니다. 이 포식세포들은 병원체를 파괴한 후, MHC II 분자를 이용해 T세포에 항원을 제시함으로써 정확히 일치하는 면역반응을 활성화합니다.

면역계의 질병과 장애
방어벽이 무너지면 생기는 일

우리 주위에는 병원체가 수없이 넘쳐나고, 면역계는 끊임없이 유전자를 재배열하면서 쉴 새 없이 병원체를 탐색합니다. 이런 상황에서 면역계에 문제가 더 자주 일어나지 않는 것이 오히려 놀라울 따름이지요. 진화는 우리 몸의 복잡한 방어 체계를 효율적으로 운영하기 위해 오랫동안 시험해왔습니다. 그럼에도 면역계에는 종종 문제가 생깁니다. 가장 널리 알려진 문제 몇 가지 살펴봅시다.

에이즈

후천성면역결핍증후군(AIDS)은 우리 면역계를 이용해 살아남고 번식하는 사람면역결핍바이러스(HIV) 때문에 발병합니다. HIV는 도움T세포를 숙주로 삼아 증식하다가 다른 도움T세포들을 감염시킵니다. HIV에 감염되면 처음에는 감기와 비슷한 증상이 나타나다가 몇 주 안에 사라집니다. 감염된 사람은 보통 병이 다 나았다고 생각해 병원을 찾지 않으며, 길게는 7~10년까지 아무 증상 없이 생활합니다. 이 시기에 도움T세포가 서서히 파괴되면서 바이러스 수가 천천히 늘어납니다. 나중에는 면역계가 무력화되고, 감염된 사람은 수많은 기회감염(면역 기능이 떨어져 건강한 상태에서는 거의 일어나지 않을 감염)에 시달립니다. 우리가 생각하는 에이즈의 증상이 바로 이러한 말기 증상입니다.

에이즈와 HIV는 주로 성적인 접촉을 통해 전염되지만, 수혈이나 오염된 주삿바늘, 모자 관계를 통해 전염되기도 합니다. 증상이 나타나지 않는 기간이 몇 년씩이나 이어질 수 있으므로, 감염된 한 사람이 자신도 모르게 다른 많은 사람을 감염시킬 수 있습니다.

알레르기

알레르기는 면역계가 돌연변이를 일으키거나 붕괴해서 일어나는 현상이 아닙니다. 흔한 알레르기항원allergen(알레르기 유발 물질)에 반응해 염증성 사이토카인을 대량 방출할 때 나타나는 현상이지요(제1형 과민성). 이런 즉각적인 알레르기는 알레르기항원이 흡입 등의 방식으로 체내에 들어오는 경우에 특히 위험합니다. IgE 분자가 부착된 수많은 비만세포가 온몸에 히스타민과 헤파린 홍수를 일으킵니다. 그로 인해 혈압이 급격히 떨어지고 폐와 기도

(숨길)를 포함해 온몸이 부어오르지요. 이것을 급성중증과민반응쇼크라고 하며, 즉시 치료받지 못하면 몇 분 안에 사망으로 이어질 수 있습니다.

> **한 걸음 더 읽기**
>
> **급성중증과민반응쇼크의 치료**
> 급성중증과민반응을 되돌리려면 에피네프린(아드레날린)을 투여해야 합니다. 특히 음식이나 벌레에 쏘이는 데 심각한 제1형 과민성이 있는 사람은 에피펜EpiPen(에피네프린 자동 주사기)을 항상 가지고 다녀야 합니다.

T세포는 알레르기반응에도 관여합니다. 이를 지연 과민성 delayed hypersensitivity 또는 제4형 과민성이라고 합니다. 가장 흔한 예는 접촉에 의한 피부 발진, 두드러기, 피부염입니다. 이식된 장기 조직이 환자에게 적합하지 않을 때 나타나는 조직 이식거부반응 transplant rejection도 지연 과민성 때문입니다.

> **한 걸음 더 읽기**
>
> **이식거부반응 예방하기**
> 이식거부반응을 예방하려면 장기를 주는 사람과 받는 사람의 주조직적합복합체(MHC) 분자가 일치해야 합니다. MHC 분자가 가장 닮아 있는 형제자매(특히 일란성쌍둥이)가 가장 좋은 기증자일 수 있습니다.

자가면역질환

인간의 자가면역질환autoimmune disorder 목록은 날마다 길어지고 있습니다. 자가면역질환은 세포 수가 늘어날 때마다 언제나, 우연히 발생할 수 있습니다. 다음과 같은 몇 가지 질환이 잘 알려져 있습니다.

- 위장관 질환인 크론병Crohn disease
- 온몸의 염증성 질환인 루푸스lupus(낭창)
- 여성 갑상샘종의 가장 흔한 원인인 하시모토병Hashimoto's disease thyroiditis

9장

소화계:
씹고, 넘기고, 녹이는
에너지 생산 공장

소화계

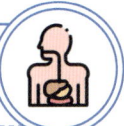

어디 한번 먹어볼까?

인체에는 동력이 필요합니다. 소화계에서 음식물을 처리해 얻는 에너지가 동력으로 사용되지요. 소화계는 몸 안을 지나는 기다란 튜브입니다. 입으로 들어간 음식물은 소화관digestive tract을 지나가면서 기계적 소화와 화학적 소화를 거칩니다. 소화관의 마지막 구역에서 소장은 소화를 멈추고 림프계와 순환계로 영양분을 흡수하기 시작합니다. 그다음 비로소 세포와 조직의 생존에 필요한 물질들이 몸 전체로 분배됩니다.

입

입안oral cavity(구강)은 앞으로는 입술, 옆으로는 뺨, 위로는 입천장에 둘러싸인 공간입니다. 음식물은 이곳에서 기계적 처리(치아)와 화학적 변형(타액)을 거친 다음 혀를 통해 식도로 이동합니다.

이 여정은 음식물이 입술이라는 입구를 통과하면서 시작되지요.

이

이teeth(치아)는 우리 몸에서 가장 단단한 부위로, 뼈와 비슷한 물질로 이루어져 있습니다. 음식물을 자르거나 갈아서 가장 먼저 기계적 분해를 시작합니다. 모든 이는 잇몸gingiva(치은) 선 밖으로 솟아 나온 이머리crown(치관)와 잇몸 선 아래의 이뿌리root(치근)로 이루어져 있습니다. 이머리는 사기질enamel이라는 칼슘이 풍부한 물질로 덮여 있습니다. 뼈와 달리, 사기질에는 세포가 없어서 복구나 재생이 불가능합니다. 사기질은 시간이 지나면서 천천히 마모되고, 세균의 효소에 의해 분해되면 충치dental caries가 됩니다. 사기질 아래에는 상아질dentin로 된 치아의 중심부가 있습니다. 살아 있는 조직인 상아질은 뼈와 비슷하지만 더 단단하고, 혈

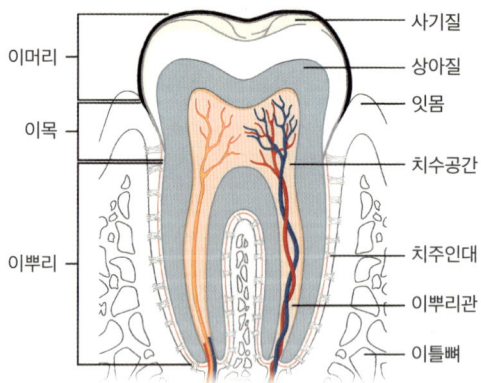

| 이의 구조.

관과 신경이 있는 치수공간pulp cavity을 둘러싸고 있습니다. 혈액
은 이뿌리에 난 구멍으로 들고 나는 혈관을 통해 치수공간 안팎
을 드나듭니다.

젖니

아기의 이는 생후 6개월경이 되면 잇몸 밖으로 나오기 시작합니
다. 생후 첫 몇 년 동안 처음으로 젖니primary tooth(유치)들이 자라
나 한 벌(젖니치열)이 완성됩니다. 젖니는 위턱과 아래턱에 각각
다섯 쌍씩, 모두 20개입니다.

간니

평생 간직해야 할, 두 번째이자 마지막 이는 6세 무렵부터 잇몸
에서 자라 나오기 시작합니다. 20대 초까지 자라 나오는 사람도
있습니다. 간니permanent tooth(영구치)는 젖니와 구조가 같지만, 성
인의 큰 입에서 씹기(저작)를 담당하므로 젖니보다 크기가 더 큽
니다. 성인의 입에는 어린이 입에 있는 20개의 치아 외에도 양쪽
한 쌍씩 아래위로 1, 2, 3번 어금니가 더 있습니다. 따라서 성인의
이는 최종적으로 32개입니다.

혀

혀는 소화에 필수적인 역할을 담당합니다. 턱 근육과 치아가 입
안의 음식물을 자르고, 찢고, 가는 동안 혀는 음식물을 앞뒤로 움

직여 자르는 작업을 돕습니다. 혀는 인두 근육의 수축에 맞춰 음식물을 식도로 내려보냅니다.

혀는 두껍고 거친 상피로 덮인 골격근으로 이루어진 다재다능한 기관입니다. 혀 안의 개별 근육들은 적어도 다섯 가지 서로 다른 방향으로 배열되어 있어서 혀를 다양한 방향으로 움직일 수 있습니다.

혀 상피는 표면이 돌출된 넓은 표면으로 음식물과 접촉합니다(혀의 등쪽). 돌출된 구조 중 실모양유두filiform papilla라는 일부 유두에는 매우 질기고 거친 죽은 세포층이 두껍게 덮여 있습니다. 다른 유두들은 이보다 평평하고, 가장자리에 홈이 파인 경우가 많습니다. 이곳에 음식물이 고이면 유두 벽에 있는 미뢰로 맛을 감지합니다.

침샘

이와 혀가 음식물을 기계적으로 소화하면, 주요 침샘salivary gland 세 곳에서 나오는 침이라는 효소 혼합물이 가세합니다. 침은 화학적 소화 과정을 시작할 뿐 아니라 음식물을 매끄럽게 만들어 식도로 잘 내려갈 수 있게 합니다.

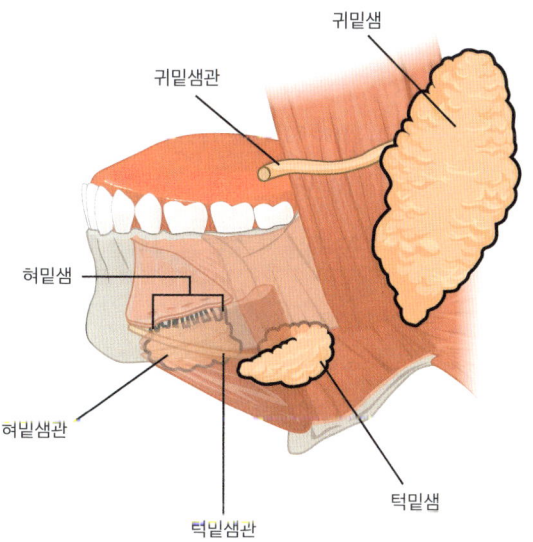

| 침샘의 위치.

> **용어 해부하기**
>
> **실질** parenchyma
> 침샘의 분비 **부분**을 말합니다(장기에서 실질은 기능 조직을 지지 조직과 구별해 부르는 말입니다). 이곳에서는 일반적으로 (물기가 많고 효소가 포함된) 장액성serous 분비물 또는 (끈끈하고 미끌미끌한) 점액성mucinous 분비물 중 하나(또는 둘 다)를 분비합니다. 침샘 조직의 조직학적 특성은 각 실질의 구성비에 따라 크게 달라집니다.

귀밑샘

귀밑샘parotid gland은 얼굴 옆, 아래턱 모서리와 귀밑 사이쪽에 위

소화계 · 297

치합니다. 귀밑샘 실질에서는 주로 장액성 침이 분비되며, 여기에는 탄수화물을 분해하는 녹말분해효소amylase 같은 효소가 포함되어 있습니다. 귀밑샘의 분비물은 귀밑샘관을 통해 위턱의 양쪽 두 번째 어금니 근처에서 입안으로 분비됩니다. 귀밑샘은 가장 큰 침샘이지만 침 분비량이 많지는 않습니다.

턱밑샘

이름에서 알 수 있듯이, 턱밑샘submandibular gland은 아래턱 바로 안쪽에 있으며 전체 침의 60퍼센트를 분비합니다. 턱밑샘은 귀밑샘과 달리 장액과 점액 분비 세포가 50:50으로 구성되어 있습니다. 턱밑샘에서 생산된 침은 주름띠frenulum(혀 밑에서 입 바닥으로 이어지는 막) 양쪽의 부풀어 오른 곳에서 열리는 턱밑샘관을 통해 입안으로 분비됩니다.

혀밑샘

혀밑샘sublingual glands 가장 작은 침샘이며, 대부분 점액을 생성하는 세포로 이루어져 있습니다. 혀밑샘의 분비물은 다른 침샘에서 나온 장액성 분비물과 함께 음식을 윤활해 삼키기 쉽게 해줍니다.

상부 위장관

음식을 삼키고 배부르기까지

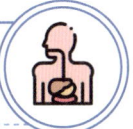

입에서 위까지 이어지는 소화관, 즉 상부 위장관upper gastrointestinal tract은 주로 음식물의 분해를 담당합니다. 세부 구조와 기능은 부위마다 다르지만, 기본 구조는 일관되게 4개 층으로 이루어져 있습니다.

점막

소화관 내막은 음식과 접촉하는 부분으로, 내강 상피로 덮인 점막층입니다. 이 층에서는 해당 부위의 기능에 따라 다양한 세포를 찾아볼 수 있습니다. 상피 아래에는 림프구가 풍부하고 느슨한 결합조직으로 구성된 고유판lamina propria이 있습니다. 그리고 음식물의 기계적 처리를 담당하는 점막근muscularis mucosae이라는 얇은 평활근 층이 점막층의 경계를 완성합니다.

점막밑층

점막층 아래에 있는 점막밑층submucosa에는 소화관의 근육 수축 또는 연동운동을 조절하는 혈관과 림프관, 신경얼기(신경총)가 분포합니다. 이곳에 있는 마이스너신경얼기Meissner plexus라고도 부르는 점막밑신경얼기submucosal plexus는 부교감신경계의 일부로 각 부위의 다양한 분비물을 제어합니다. 이곳은 자율신경계, 구체적으로는 장 신경계enteric nervous system(위장관계의 기능을 관장하는 내인성 신경계)에 속합니다.

> **용어 해부하기**
>
> **얼기 plexus**
> 서로 얽혀 있는 신경 또는 혈관 망을 얼기(총)이라고 부릅니다. 복수형은 'plexuse'이며, 때로는 'plexi'라고 표기합니다.

점막근

소화관의 세 번째 층은 점막근muscularis으로, 두꺼운 평활근 층으로 이루어져 있어 각 부위에서 연동운동이 일어나도록 돕습니다. 일반적으로 소화관을 고리처럼 둘러싸며 평활근으로 이루어진 안쪽 층(돌림층)과 세로 방향으로 근육이 배열된 바깥쪽 층(세로층)으로 이루어져 있습니다. 이 근육들이 율동적으로 수축하면서 음식물을 소화관 아래쪽으로 점점 내려보냅니다.

  소화관의 수축은 아우어바흐신경얼기Auerbach plexus라고도 부르는 근육층신경얼기myenteric plexus가 조절합니다. 장 신경계의 또 다른 구성 요소인 이 신경얼기는 돌림층과 세로층 사이에 있습니다.

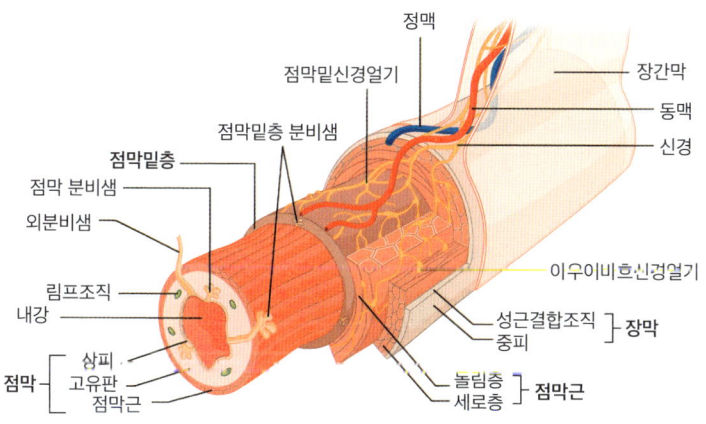

소화관의 구조.

바깥막

소화관 가장 바깥의 결합조직은 바깥막tunica adventitia(외막)입니다. 일부 구역에서는 이 바깥막이 소화관을 몸통 벽에 고정해줍니다. 다른 구역에서는 소화관이 벽에 고정되는 대신 내장복막visceral peritoneum이라는 얇은 중피(편평세포의 막)로 싸여 있습니다. 이러한 경우, 소화관의 바깥층을 장막serosa이라고 부릅니다.

인두와 식도

음식물은 침과 섞이면서 이와 혀에 의해 처리되어 둥근 덩어리가 됩니다. 삼켜질 준비가 된 음식 덩어리는 입안 안쪽으로 이동해 흔히 목구멍이라고 부르는 인두pharynx로 이동합니다.

인두를 파이프 배관에 비유하자면, T 자 교차 파이프라고 할 수 있습니다. 입인두oropharynx는 T자의 줄기가 되어 위로는 코안에서 내려오는 코인두nasopharynx와 이어지고, 아래로는 후두 및 식도로 이어지는 후두인두laryngopharynx와 연결됩니다.

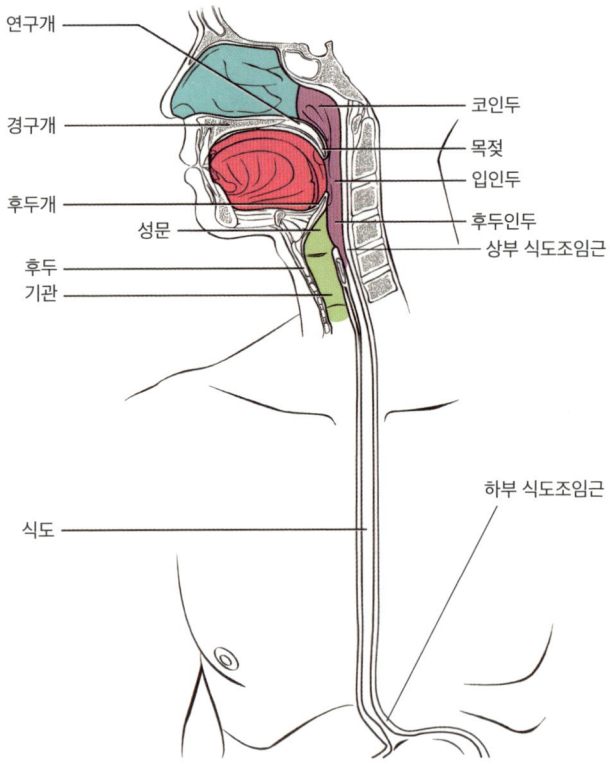

| 인두와 식도의 분포.

우리가 음식물을 삼킬 때는 연골로 된 덮개인 후두개epiglottis가 반사적으로 기관 입구에 해당하는 성문glottis을 덮어 음식물이 기도로 빨려드는 사고를 방지합니다. 또한, 후두개는 경사를 만들어 음식 덩어리를 식도로 이끌지요.

식도는 입안과 같은 상피로 덮여 있으며, 근육층을 이용해 음식물을 아래쪽 위장으로 밀어 내립니다. 식도 윗부분의 근육층에는 골격근의 비율이 높아서 자발적 조절과 비자발적 조절이 모두 가능합니다. 식도 아래로 내려갈수록 평활근의 비율이 높아지는데, 위와 만나는 부분에서는 평활근이 100퍼센트가 됩니다. 그중 일부는 하부 식도조임근lower esophageal sphincter이 되어 위산을 포함한 위 내용물의 역류를 방지하지요. 식도는 열공hiatus이라는 횡격막 구멍을 통과해 복강 상부에 있는 위로 이어집니다.

위

위stomach에서는 기계적 소화와 화학적 소화기 더욱 본격적으로 이루어집니다. 비어 있는 위의 내벽은 주름져 있는데, 이를 위 주름gastric ruga이라고 부릅니다. 이 주름 덕분에 위는 크게 팽창할 수 있습니다.

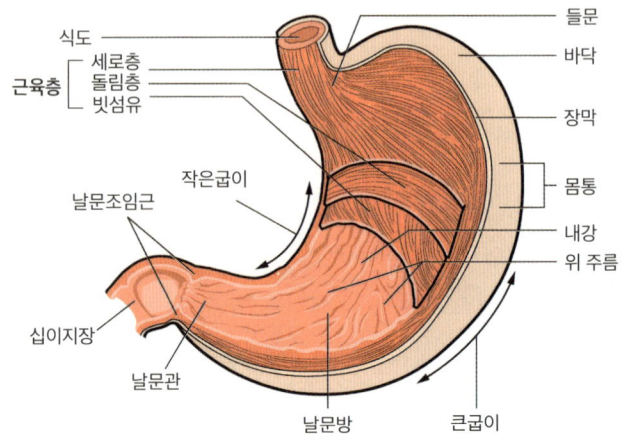

위의 구조.

위 세포의 종류

마찰에 강한 식도 상피는 위가 식도와 만나는 들문cardia에서부터 가혹한 화학적 환경에 버틸 수 있는 위 상피로 바뀝니다. 위 내강은 내벽 세포(SLC)로 덮여 있습니다. 이 세포들은 인접한 세포들과 단단하게 접합되어 있어 위 내용물이 아래 조직으로 새지 않도록 촘촘한 장벽을 만듭니다. 위 상피 점막에는 오목한 자국이 있습니다. 이 위오목gastric pit은 위 상피가 고유판까지 빠져 들어가는 곳입니다. 위오목은 점막 전체에 퍼져 있어서 상피 면적을 크게 늘리고 분비 세포들을 보호합니다.

위오목 상부 또는 목 부위에 있는 세포들은 중탄산염이 풍부한 점액으로 내벽 세포를 덮어 염산으로부터 보호합니다. 위오목 안쪽에는 벽세포parietal cell가 많습니다. 벽세포는 염산을 만들어내는

위벽의 세부 구조

산분비 세포입니다. 위오목 바닥에서는 효소원분비세포zymogenic cell로 분류되는 으뜸세포chief cell들이 효소가 풍부한 혼합물을 생성하고 분비합니다. 마지막으로 장내분비세포enteroendocrine cell는 위 활동에 따라 (간에서 글리코겐을 동원하는) 글루카곤, (염산 생성을 자극하는) 가스트린, (위 연동운동을 자극하는) 세로토닌 등 여러 호르몬을 만들어냅니다.

위 영역

위의 들문에서는 점액을 생성하는 세포가 풍부한 위샘이 있습니다. 점액이 위산으로부터 위를 보호해줍니다. 위 상부의 돔 모양 바닥 부분과 몸통에서는 벽세포가 들어찬 위바닥샘fundic gland들이 있습니다. 위의 아래쪽, 소장과 합류하기 직전의 날문pylorus에는 위 내용물이 소장으로 배출되기 전에 위산을 중화해주는 점액 생성 세포가 풍부합니다. 마지막으로 위와 소장이 만나는 접합부에서는 위벽의 안쪽 원형 층이 날문조임근pyloric sphincter으로 확장되어 위에서 십이지장(소장의 맨 앞부분)으로 넘어가는 음식물의 통과를 조절합니다.

하부 위장관

배가 꺼지고 화장실에 갈 때까지

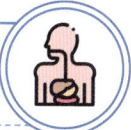

소장에서 항문까지 이어지는 하부 위장관은 음식물의 최종 분해와 체내 흡수, 노폐물 제거를 담당합니다.

소장

소장(작은창자)은 소화관 가운데 가장 긴 구간으로 길이가 6미터에 달합니다. 이곳에서는 소화된 음식물이 혈액과 림프계로 흡수됩니다. 소장은 세 구간으로 나뉩니다. 첫 번째 구간이자 가장 짧은 구간은 위와 연결된 십이지장duodenum(샘창자)입니다. 이 구간에는 산성 중화 점액을 만들어내는 세포가 풍부합니다. 가운데 구간인 공장jejunum(빈창자)과 마지막 구간인 회장ileum(돌창자)은 길이가 거의 같습니다.

소장 내강의 점막은 원형으로 주름이 잡혀 있어 표면적을 넓히고 흡수율을 높입니다. 돌림주름circular fold이라고 부르는 이 주름은 의류 건조기에 들어 있는 날개와 비슷한(내용물을 움직여주는) 역할을 합니다. 점막 표면 전체에는 장융모intestinal villus라는 더 작은 주름이 있고, 여기에 흡수 세포가 있습니다. 미세융모라는 내벽 세포의 꼭대기 변형 또한 흡수 면적을 극대화합니다.

장융모는 표면적을 늘리는 역할 외에도 혈관과 림프 모세관이 자리할 공간을 마련해줍니다. 덕분에 장에서 신체의 다른 부분으로 물질을 전달할 수 있지요.

장융모 아래에서 바닥판까지는 점막 상피로 채워져 있습니다. 이곳은 위오목과 비슷한 곳으로, 리버퀸샘Lieberkuhn gland이라고 부릅니다. 리버퀸샘에서는 흡수가 아니라 호르몬, 효소, 산 중화 점액 등을 분비하는 세포들이 있습니다.

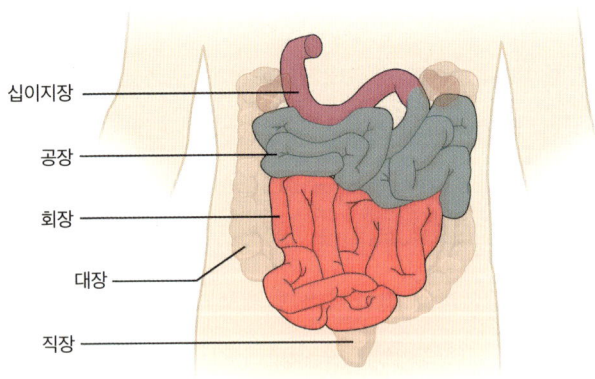

| 소장의 구조.

소장 세포의 종류

소장 내벽에서 가장 많이 보이는 유형의 세포는 표면 흡수 세포 surface absorptive cell입니다. 수많은 미세융모가 달린 이 세포는 장 내강에서 물질을 흡수하는 데 최적화되어 있습니다. 세포 사이에는 치밀이음 복합체tight junction complex가 형성되어 소장 내강의 물질이 장 조직으로 침투하지 못하도록 차단합니다. 음식물이 소화관을 따라 이동하면 수분이 점차 줄어들어서 조직을 손상시키지 않고 이동하기가 점점 어려워집니다. 그래서 협막 내벽에는 점액 분비 세포(술잔세포)가 점점 더 많아집니다.

움crypt(상피조직에서 안쪽으로 들어간 부문)에는 호르몬을 생성하는 장내분비세포가 많습니다. 이 세포는 염산 생산을 억제하는 위산억제펩타이드와 쓸개(담낭)의 연동운동을 자극해 쓸개즙을 소화관으로 배출시키는 콜레시스토키닌 또한 생산합니다.

회장(소장의 끝부분)에는 림프소절(파이어판)과 미세주름세포(M세포)가 있습니다. 내식세포와 많이 닮은 항원제시세포도 있지요. 장움intestinal crypt의 바닥에 있는 커다란 파네트세포Paneth cell는 병원균의 자극을 받으면 분비물을 내보냅니다. 파네트세포는 용균 효소lysozyme 같은 다양한 항균 효소와 물질을 만들어내고, 면역계의 필수 물질인 사이토카인도 분비합니다.

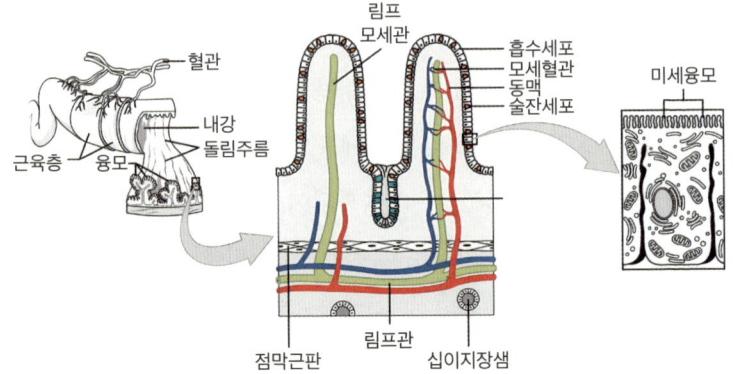

| 소장 표면의 세부 구조.

대장

대장(큰창자)의 역할은 흡수에 중점을 둡니다. 주로 수분을 흡수하고(하루 1,400밀리미터), 음식물을 단단한 덩어리(대변)로 압축한 다음(하루 100밀리미터), 몸 밖으로 배출하기 전까지 대장 하부에 저장하는 역할도 담당하지요. 소화된 음식물은 소장의 회장과 조임근인 회맹판막ileocecal valve을 지나 대장으로 들어옵니다.

대장에는 장융모가 없습니다. 대장에도 움이 있지만, 대장의 끝부분인 직장(곧창자)에 가까워질수록 짧아집니다. 대장은 소화관에서 가장 긴 부분은 아니지만 1.5미터에 달하고, 소장보다 지름이 큽니다(대장 7.5센티미터, 소장 2.5센티미터).

해부학적으로나 조직학적으로 중요한 또 다른 차이는 바깥쪽 세로층이 결장끈tenia coli(잘록창자띠)이라는 세 줄의 평활근 띠로만 되어 있다는 점입니다. 이 근육은 고무줄처럼 대장 벽을 살짝 잡아당겨 울룩불룩한 주름을 만들어냅니다(주머니형성). 또한, 경련성 수축을 일으켜 대변 물질을 대장 아래쪽으로 밀어냅니다.

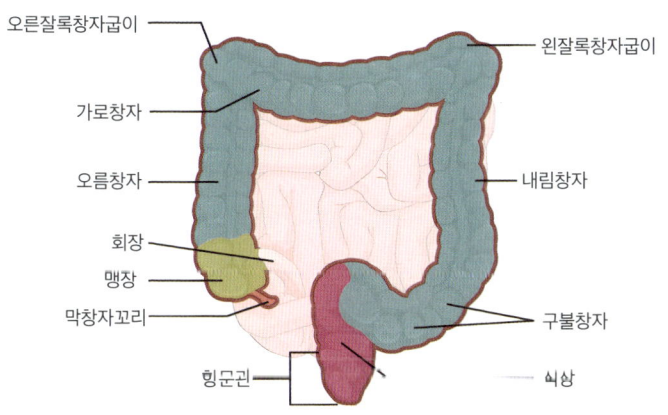

| 대장의 구조.

맹장과 충수

대장의 시작 부분은 맹장caecum(막창자)이라 불리는 회맹판막 아래의 막다른 주머니입니다. 음식물은 대장의 오름창자를 따라 올라가지만, 일부는 계속 맹장에 갇혀 있게 됩니다. 맹장에는 충수 vermiform appendix(막창자꼬리)라는 벌레 모양의 돌기가 있으며, 이곳의 고유판에서도 림프소절을 찾아볼 수 있습니다.

결장

맹장에서 출발한 결장colon(대장의 중간 부분)은 복부 우측을 따라 올라간 다음(오름창자), 90도로 꺾여 복부를 가로지릅니다(가로창자). 가로창자는 몸 왼쪽에서 다시 90도로 회전해 복강의 왼쪽 아래 사분면까지 내려갑니다(내림창자). 이곳에서 대장은 S 자 모양으로 구부러져(구불창자) 몸의 정중선에 도달한 다음 직장이 되어 아래로 곧게 이어집니다.

직장

대장의 마지막 부분은 대변을 저장했다가 배출(배변)하는 직장 rectum(곧창자)입니다. 이곳에서는 항문(직장 바깥쪽 열리는 부분)의 조임근(괄약근) 2개가 자발적으로 이완될 때까지 대변을 가두어 둡니다. 항문 안쪽의 조임근은 불수의근으로, 항상 수축 상태를 유지하다가 대변의 압력에 의해 이완됩니다. 바깥항문조임근은 골격근이어서 자발적 또는 비자발적으로 조절할 수 있습니다.

이자

부속 소화샘 가운데 하나인 이자pancreas(췌장)는 위 날문 근처에서 C 자 모양으로 굽어지며 십이지장으로 이어지는 부분(만곡부)에 있습니다. 이자의 외분비액이 췌관과 온쓸개관을 거쳐 오디조임근을 통해 십이지장으로 나오는, 완벽한 위치라고 할 수 있지요.

이자 세포들은 (소장의 내분비 세포에서 생성되는) 콜레시스토키닌과 (자율신경계의 휴식 및 소화 단계에서 활성화되는) 아세틸콜린 같은 호르몬에 반응해 탄수화물, 단백질, 지방을 더 잘게 분해하는 소화효소가 든 췌장액을 분비합니다.

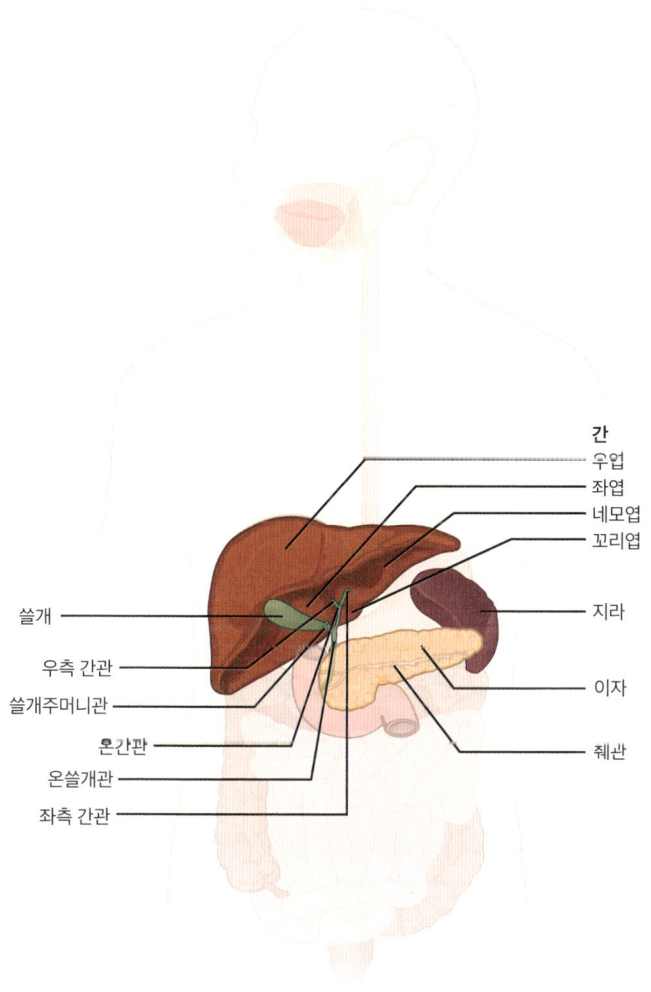

보조 소화기관의 구조.

내분비 세포endocrine cell는 췌장의 특징적인 구성 요소입니다. 내분비 세포는 작은 덩어리로 모여 랑게르한스섬islet of Langerhans(췌장섬)을 이루고, 췌장의 외분비 세포가 이를 둘러싸고 있습니다.

간

우리 몸에서 가장 큰 분비기관인 간은 복강 상부, 위 바로 앞에 위치합니다. 간은 대엽 2개(우엽과 좌엽)와 소엽 2개(담낭 근처의 네모엽, 간문맥 입구 근처의 꼬리엽)으로 이루어져 있습니다. 소화관을 돌아 나온 혈액은 간문맥hepatic portal vein을 통해 간으로 모인 다음, 간엽 4개가 만나는 간문porta hepatis 부위에서 간으로 들어갑니다. 영양분이 풍부한 이 혈액은 간의 열린 공간(굴모양혈관)으로 퍼져 들어가 간세포와 접촉하면서 대사가 일어납니다.

재생 기관
간은 인체에서 가장 잘 재생되는 조직입니다. 3분의 2가 없어져도 나머지 간에서 없어진 부분을 복구합니다.

구조

간을 성능 좋은 필터라고 생각해보세요. 간으로 들어온 혈액은 줄지어 이어진 간세포들(간세포줄hepatic cord) 사이로 난 수로를 지나 중심정맥entral vein으로 들어갑니다. 이렇게 간세포줄과 굴모양혈관이 이어지면 바큇살(간세포줄)이 바퀴 축(중심정맥)을 향해 방사형으로 뻗어 있는 육면체 바퀴 모양(소엽)이 만들어집니다. 육각형의 꼭짓점 가운데 세 곳 이상에 간정맥, 간동맥, 쓸개관이 함께 지나갑니다. 이 관들은 항상 함께 지나가므로 간세동이portal triad라고 묶어 부르지요.

간의 굴모양혈관을 통과하는 혈액은 간세포와 혈액을 구분해 주는 모세관과 접촉합니다. 이 모세혈관의 내피세포에는 스위스 치즈처럼 큰 구멍이 많이 나 있습니다. 이 큰 구멍들은 세포와 혈소판을 제외한 혈액의 모든 물질을 굴모양혈관과 굴주위공간perisinusoidal space으로 들여보냅니다. 이 공간에서 여러 물질이 길러

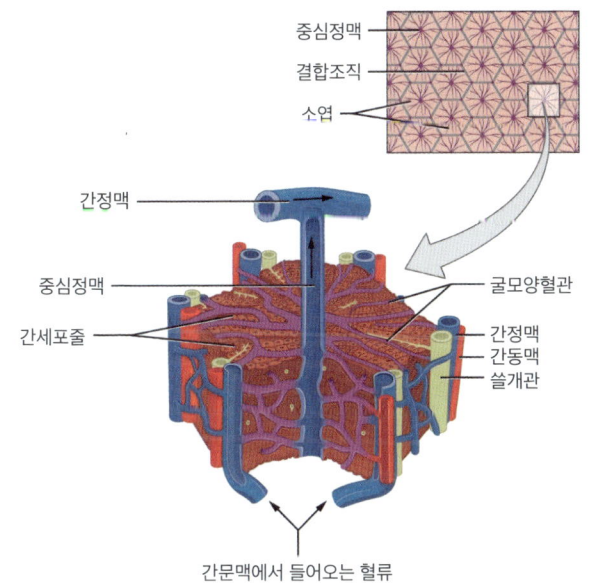

| 간의 세부 구조

집니다. 간의 굴모양혈관에는 쿠퍼세포Kupffer cell라는 대식세포가 많이 머무는데, 이들은 인체에 해로운 물질을 모두 제거해줍니다.

기능

간은 혈액을 걸러내고 쓸개즙을 생산할 뿐 아니라 탄수화물(글리코겐)과 비타민(A, D, B)을 저장하기도 합니다. 그러기 위해서는 탄수화물을 처리해야 하지요. 간은 포도당을 글리코겐으로 중합할 수도 있고, 반대로 저장해둔 글리코겐을 포도당으로 분해해 혈류로 돌려보낼 수도 있습니다.

간은 단백질 대사와 혈장 조성에도 중요한 역할을 합니다. 혈장에 가장 풍부하고 혈류의 삼투압 유지에 필수적인 알부민이라는 혈장 단백질을 생산하기 때문이지요. 파괴된 적혈구의 헤모글로빈 대사 부산물인 빌리루빈도 간에서 수용성 형태로 대사되어 소변과 대변으로 배설됩니다.

간은 지방 대사와 조절, 그리고 콜레스테롤과 지단백질 생산도 담당합니다.

마지막으로 간은 혈액의 독성 물질을 해독합니다. 효소를 이용해 독소를 덜 해로운 형태로 바꿉니다. 에틸알코올(술)이 가장 좋은 예이지요. 우리가 간의 대사 속도보다 빨리 알코올을 섭취하면 알코올의 혈중농도가 올라가 신체 조정 능력과 뇌의 판단력이 저하됩니다.

영양
우리 몸을 돌리는 연료

우리 몸은 어떤 물질을 이용 가능한 성분으로 바꾸거나, 나중을 위해 여분의 에너지를 비축해두는 데 아주 능숙합니다. 하지만 항상성을 유지하기 위해서는 여전히 주변의 자원에 의존해야 하지요.

단백질

근육은 기본적으로 일하기에 적합하도록 구조화된 단백질입니다. 근육은 평생 유지되지 않고 끊임없이 보수와 복구가 이루어지는 기관입니다. 그러므로 우리는 음식을 섭취함으로써 단백질과 같이 인체 기능을 유지하는 데 필요한 구성 요소를 공급해야합니다.

우리 몸은 기존에 있는 물질을 이용해 일부 아미노산(단백질의 구성단위)을 만들어낼 수 있지만, 필수아미노산은 음식을 통해서만 얻을 수 있습니다. 고기나 채소를 통해 단백질을 충분히 섭취하지 못하면 우리 몸은 위축되고, 성장을 멈추며, 빨리 사망할 수도 있습니다. 그렇다고 해서 단백질만 먹어서는 건강한 몸을 유지할 수 없습니다.

탄수화물

탄수화물은 대중 매체와 체중 감량을 원하는 사람들에게 부정적인 평가를 받아왔습니다. 그러나 탄수화물은 모든 세포 활동의 기본 연료입니다. 탄수화물이 부족해지면 우리 몸은 지질(지방)과 단백질을 연료로 사용합니다. 그러면 부산물이 쌓여 혈액의 pH가 낮아지는 대사산증metabolic acidosis이 발생합니다.

   그래도 모든 탄수화물이 건강에 이롭지는 않습니다. 분해와 흡수가 빠른(혈당지수가 높은) 탄수화물을 섭취하면 혈당이 치솟고, 남아도는 혈당을 글리코겐과 지방으로 저장하기 위해 호르몬 분비가 급증합니다. 그러면 짧은 시간 안에 혈당이 뚝 떨어지면서 기운이 없거나 무기력해지고, 대사의 방향이 다시 저장된 탄수화물을 혈류로 되돌리는 쪽으로 전환됩니다.

지방

새로운 세포막과 스테로이드호르몬을 만들어내려면 음식을 통해 지방과 콜레스테롤을 적절히 섭취해야 합니다. 과도한 지방 섭취는 관상동맥(심장동맥) 질환을 비롯해 여러 건강 문제를 일으키므로, 우리는 지방 섭취량을 주의 깊게 살피며 조절해야 합니다.

건강한 체중 유지

우리는 음식의 영양 구성을 중요하게 생각하면서도, 음식의 섭취량이 활동량에 상응하는지는 쉽게 생각하지 못합니다. 건강한 식단은 일일 신체 활동에 필요한 열량을 초과해서는 안 됩니다. 그러지 않으면 우리 몸이 지방 저장량이 늘어납니다.

매일 (사용하는 에너지보다) 500킬로칼로리를 초과 섭취하면 일주일 동안 지방이 0.5킬로그램가량 늘어납니다. 마찬가지로 매일 신체 활동량보다 500킬로칼로리를 덜 섭취하면 일주일 동안 0.5킬로그램가량의 지방이 연소됩니다. 그러므로 혈당 지수가 낮은 탄수화물과 단백질이 풍부하고 지방이 적은 음식을 먹으면서 에너지 사용량보다 덜 먹도록 세심하게 조절하면 평생 유지해도 좋을 건강한 생활 습관을 만들 수 있습니다.

소화계의 질병과 장애
속이 더부룩하고 배가 아프다면

소화계는 광범위하고 다양한 체계입니다. 그만큼 무수히 많은 장애와 질병이 발생할 수 있지요. 우리가 흔히 겪는 일부 문제만 살펴봅시다.

위식도역류병

위식도역류병gastroesophageal reflux disease(GERD)은 서구화된 문화권에서 늘어나고 있는 문제입니다. 이 병에 걸리면 만성적으로 가슴이 쓰립니다. 위산을 중화하는 점액으로 점막 표면이 보호되는 위 안에만 있어야 할 위산이 하부 식도조임근을 지나 식도로 역류하기 때문입니다. 식도 점막은 위산으로부터 보호받지 못하므로 우리는 타는 듯한 통증을 느낍니다.

위식도역류병의 위험성

위식도역류병은 불편감을 느끼는 데 그치지 않습니다. 식도 조직이 오랜 기간 위산에 노출되면 식도암이 발생할 수 있습니다.

종종 횡격막 열공이 넓어지거나, 심지어 위 일부가 이곳을 통해 가슴안(흉강)으로 밀려 올라가면서 위식도역류병이 생기는 경우도 있습니다. 정상적인 하부 식도조임근은 식도 열공과 같은 높이에 있어서 횡격막의 도움을 받아 위산의 역류를 방지합니다. 이런 결함을 교정하는 것만으로도 위식도역류병이 해결되는 경우가 많습니다.

한편, 식단이나 생활 습관 때문에 위산이 과잉 생산되어 역류가 일어날 수 있습니다. 이런 경우, 양성자펌프 억제제 등의 약물을 처방해 위산 분비를 줄일 수 있습니다. 조금씩 자주 먹고, 식후에 바로 눕지 않는 등 생활 습관을 개선해 증상을 완화할 수도 있습니다.

소화궤양

위에는 위산으로부터 위벽 세포를 보호하는 기능이 있지만, 가끔은 점막 벽이 손상되어 위산이 결합조직까지 침투해 손상을 일으키기도 합니다. 그러면 점막밑층에 있는 민감한 통증 수용체들이 경보를 발령하지요. 특히 식후에 위산이 늘어날 때 이런 일이 잘 생깁니다. 이렇게 생긴 상처는 그 부위에 박테리아(헬리코박터파일로리) 밀도가 높으면 제대로 치유되기 어렵습니다. 이런 경미한 궤양에는 항생제 치료가 도움이 됩니다.

설사

장움에 있는 세포들은 매일 항균 효소가 포함된 장액을 분비합니다. 장이나 점막층에서 병원균이나 기생충이 발견되면 이 분비샘들이 총동원되어 다량의 액체를 만들어내 소화관을 씻어냅니다. 이에 더해, 문제를 일으키는 물질들을 더 많이 제거하기 위해 흡수가 줄어들지요. 설사를 계속해 수분이 빠져나가면, 곧이어 탈수가 일어나고 심하면 사망에 이를 수 있습니다.

설사는 심각한 문제?

설사는 사소한 문제처럼 보이지만, 전 세계 많은 사람의 생명을 위협하는 질환입니다. 2024년 세계보건기구(WHO)에 따르면, 매년 설사로 사망하는 5세 미만 어린이는 44만 명이 넘습니다.

간염

간염은 말 그대로 간의 염증을 의미하며, 간염 바이러스(가장 흔한 원인), 지속적인 알코올 섭취, 자가면역질환 등 다양한 원인에 의해 발생합니다. 염증이 진행되는 동안 면역계 세포들이 간 조직에 몰려들어 정상적인 간 기능을 방해하지요. 이로 인해 간이 손상되면서 황달, 메스꺼움, 구토, 설사, 식욕부진 등의 증상이 나타납니다.

예후는 질병의 원인에 따라 다양합니다. 간 손상이 만성적으로 진행되면 흉터 조직이 쌓여 간의 재생 능력을 떨어뜨리므로, 영구적인 손상과 기능 상실이 일어날 수 있습니다. 따라서 백신 접종을 통해 적극적으로 예방하는 편이 좋습니다. A형과 B형 간염 백신을 조기에 접종하면 감염을 충분히(90~100퍼센트) 예방할 수 있습니다.

10장

호흡계:
들이마시고 내쉬는
숨결의 통로

호흡계
숨쉬기 운동을 해볼까

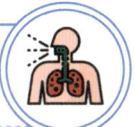

호흡계의 역할은 단순합니다. 조직에 산소(O_2)를 공급하고 몸에서 이산화탄소(CO_2)를 제거하지요. 호흡계는 공기가 통과할 뿐 혈액과 기체 교환이 이루어지지는 않는 전도 영역 conduction zone, 그리고 기도와 혈액 사이에 기체 교환이 이루어지는 호흡 영역 respiratory zone 으로 나뉩니다.

호흡 상피

호흡기 내벽은 폐로 들어가는 공기를 따뜻하고, 축축하며, 깨끗하게 해줍니다. 특화된 세포들이 이런 일을 담당하지요. 호흡 상피는 세포가 모여 여러 층을 이룬 것처럼 보이지만 실제로는 모든 세포가 바닥막에 닿아 있습니다. 따라서 호흡 상피는 단층 구조로, 핵이 있는 높이가 서로 다른 거짓중층상피입니다.

원주상피

내강까지 솟아 있는 상피세포는 폭보다 높이가 더 길어서 원기둥처럼 보입니다(원주상피). 이런 모양은 상피층의 세포 배열 때문에 생겨났을 뿐 실질적인 의미는 없습니다. 그러나 (내강에 닿아 있는) 꼭대기 세포막의 변형은 호흡계에서 중요한 역할을 담당합니다.

꼭대기 세포막이 연장되어 형성된 섬모cilia는 내강을 향해 뻗어 있습니다. 섬모 중심에는 세포 아래쪽에 있는 세포뼈대에 고정된 미세관microtubule이 들어 있지요. 이것은 섬모의 몸통 또는 자루와 함께 내강 쪽으로 뻗어 나와 있습니다.

섬모와 털의 차이는?
섬모를 털에 비유하기도 하지만, 섬모와 털은 분자 구성과 규모가 전혀 다릅니다. 털은 세포들로 이루어져 있지만, 섬모는 세포 수백 개 가운데 하나에 있는 구조물이지요.

미세관 중심부에는 다이네인과 넥신이라는 미세관 관련 단백질(MAP)이 있습니다. 둘이 서로 미끄러지면서 섬모를 구부리지요. ATP를 사용하는 다이네인의 굽힘 주기가 끝나면, 탄력이 있는 넥신의 반동 덕분에 섬모가 이완됩니다. 이런 능동적인 굽힘과 반동 덕분에 섬모가 앞뒤로 흔들리면서 표면에 있는 물질을 이동시키는 흐름을 만들어내지요. 모든 호흡기 원주세포의 섬모가 함께 움직이면, 호흡기 내강에 있는 물질을 위로 밀어 올려 밖으로 빼낼 수 있습니다. 이물질을 가두는 끈적끈적한 물질이 다른 물질을 더 효율적으로 운반할 수 있게 돕습니다.

술잔세포

호흡계의 술잔세포는 소화관에 있는 것과 동일한 세포로, 진득하고 끈끈한 점액을 만들어냅니다. 호흡계에서는 점액이 공기 중의 입자를 가두는 먼지 덫 역할을 합니다. 그러면서 먼지를 위로, 호흡기 밖까지 더 효율적으로 배출할 수 있게 도와주지요.

코

코안nasal cavity(비강)은 공기가 몸 안으로 들어오는 두 가지 경로 중 하나입니다. 나머지 하나는 입이지요. 공기는 콧구멍을 통해 코중격nasal septum 양쪽으로 들어갑니다. 일단 코안으로 공기가 들어오면 호흡 상피가 먼지를 제거하기 시작하고, 공기를 따뜻하고 축축하게 만들어주지요. 코안 벽에는 큰 주름 여러 개가 내강 쪽으로 튀어나와 있어서 표면적을 넓힙니다. 공기가 더 깊이 들어가기 전에 이 모든 일이 효과적으로 일어납니다.

이제 공기는 뒤콧구멍(후비공)이라는 좁은 통로를 따라 코안 뒤쪽으로 이동해 목구멍의 윗부분(인두)으로 들어갑니다. 코안은 코인두를 통해 입안 뒤쪽의 입인두로 이어지지요.

인두와 후두

흔히 목구멍과 성대라고 불리는 인두pharynx와 후두larynx는 호흡기가 시작되는 곳으로, 액체나 고체 물질이 기도로 빨려 들어가는 것을 막아줍니다. 발성에 필요한 구조들도 이곳에 있습니다.

코인두와 입인두의 공기는 후두인두laryngopharynx로 내려갑니다. 후두개epiglottis가 액체나 입자로 된 물질이 들어가지 못하도록 후두인두를 보호하지요. 공기는 후두개 주변을 쉽게 통과해 후두로 들어갑니다.

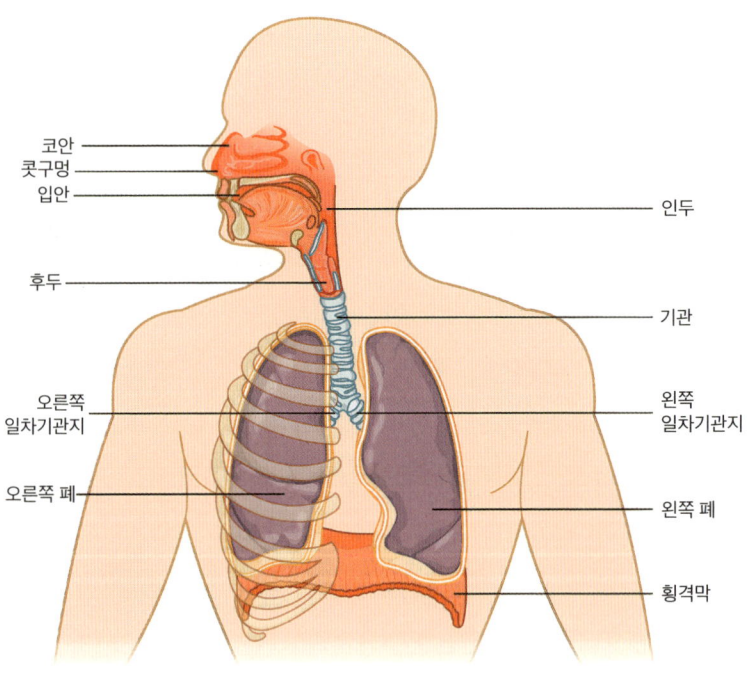

| 호흡계의 구조.

후두 안으로 들어가면 통로 측면에 결합조직과 근육으로 이루어진 조절 가능한 주름들이 있습니다. 공기가 이동할 때 진동하면서 소리를 내는 이 주름들이 바로 성대vocal cord입니다. 가장 위쪽 주름(선반 또는 끈)은 더 두껍고 견고해서 우산처럼 아래쪽 성대를 덮어줍니다. 안뜰주름vestibular fold(전정대)이라고 부르는 이곳은 성대주름vocal fold을 보호하는 역할을 하지요.

목소리의 높낮이를 조절하는 곳이 바로 이 섬세하고 얇은 결합조직 주름입니다. 이 성대주름이 팽팽해지거나 느슨해지면서 후두 입구를 넓히거나 좁힙니다. 이 주름 옆에 있는 성대 근육은 성대의 신장을 조절해줍니다.

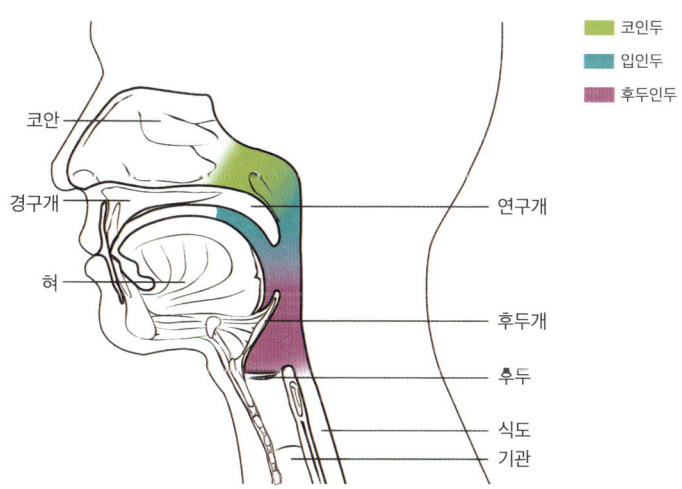

| 인두의 세부 영역 분포.

기관 및 기관지나무

기관trachea은 공기가 폐로 드나드는 유일한 통로로, 식도 바로 아래에 있습니다. 내려가며 일부는 폐로 들어가기 전에, 대부분은 폐 안에서 여러 갈래로 갈라지지요. 갈라질 때마다 통로가 좁아지고 벽이 얇아집니다. 막다른 곳에 이르면 공기와 혈액 사이에 기체 교환이 일어납니다.

기관에는 연골로 된 고리가 간헐적으로 이어져 있습니다. C 자 모양의 불완전한 고리는 들숨으로 기관 내 압력이 낮아질 때 기관이 납작하게 주저앉지 않도록 지지해줍니다.

기관지나무bronchial tree의 첫 분기점은 폐 바깥에 있습니다. 이곳에서 좌우 일차기관지가 갈라집니다. 오른쪽 폐에는 3개, 왼쪽 폐에는 2개의 엽이 있으므로, 공기 흐름이 더 많은 오른쪽 기관지의 지름이 왼쪽 기관지보다 더 큽니다.

일차기관지는 폐 조직 안에서 이차기관지로 갈라지고, 이것이 첫 폐내기관지intrapulmonary bronchus입니다. 오른쪽 기관지는 3개의 이차 기관지로 갈라져 각각 3개의 우엽으로 들어가고, 왼쪽 기관지는 2개의 이차 기관지로 갈라져 각각 2개의 좌엽으로 들어갑니다.

삼차기관지는 기관지나무에서 갈라지는 다음 가지로 구역기관지segmental bronchus라고 부릅니다. 기관지폐구역이라는, 서로 분리된 폐 구역에 공기를 공급하지요. 이 구역들은 결합조직으로 된 사이벽septa에 의해 분리되어 있습니다. 기관지폐구역은 자체 혈

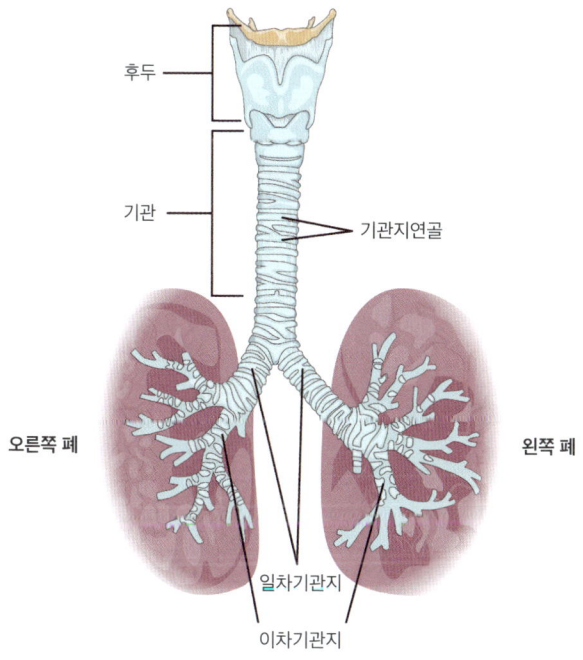

| **기관의 구조**.

관과 기두를 갖춘 완전한 독립 구역입니다. 오른쪽 폐는 균등히 지 않은 10개 구역으로 나뉘고, 왼쪽 폐는 각 엽이 4개씩, 8개 구역으로 나뉩니다.

  이렇게 세 단계의 기관지를 지나면 세기관지bronchiole가 갈라져 나옵니다. 세기관지는 기관지보다 지름이 훨씬 작고, 연골 고리나 판도 없습니다. 점점 더 가늘어지는 세기관지에는 평활근 층이 있어서 자율신경계의 지시에 따라 수축하거나 확장합니다. 세기관지는 삼차기관지에서 시작해 전도 구역(공기가 통과하는 구역)

으로 끝나고 호흡 구역(기체 교환이 일어나는 구역)이 시작될 때까지 대략 17번 갈라집니다.

종말세기관지terminal bronchiole에 이르면 전도 구역이 끝납니다(그래서 '종말'이라는 이름이 붙었지요). 이곳은 통로가 매우 좁고 평활근 층도 한두 층에 불과합니다.

폐

필수 기관인 폐에는 실제 구조물보다 빈 공간이 더 많습니다. 기관지나무, 혈관, 신경을 빼면 다공성 스펀지 같은 조직만 남지요. 공기와 혈액 사이에 기체 교환이 일어나는 호흡 영역 대부분은 이렇게 벽이 얇고 구멍이 많습니다.

호흡 영역

종말세기관지를 통과한 공기는 호흡 영역의 첫 번째 부분인 호흡세기관지respiratory bronchiole로 들어갑니다. 세기관지는 하나만 빼면 종말세기관지와 구조가 똑같아 조직학적으로 구별해내기가 어렵습니다. 유일한 차이는 바로 폐포alveolar(허파꽈리)가 달려 있다는 점이지요. 폐포는 호흡 영역의 끝부분에 해당하는 수백만 개의 작은 방입니다. 폐포는 납작한 상피세포로 구성되고, 지름이 0.5마이크로미터(1,000분의 1미터) 정도에 불과한 기체 교환 영역입니다.

폐에는 폐포가 몇 개나 존재할까?
폐에는 폐포가 3~5억 개 있습니다. 과학자들은 폐포 수백만 개로 구성된 기체 교환 면적이 대략 50~100제곱미터일 것이라고 추정합니다. 표준 테니스 코트 넓이의 절반 정도라고 보면 되지요.

공기는 호흡세기관지를 따라 폐포관alveolar duct으로 들어갑니다. 얇은 벽으로 둘러싸인 이 통로를 알아보려면 폐포를 찾아보는 수밖에 없지요. 이 관에서 폐포로 이어지는 구멍에는 평활근 세포 하나로 이루어진 조임근이 있습니다. 이 부위를 지나는 공기의

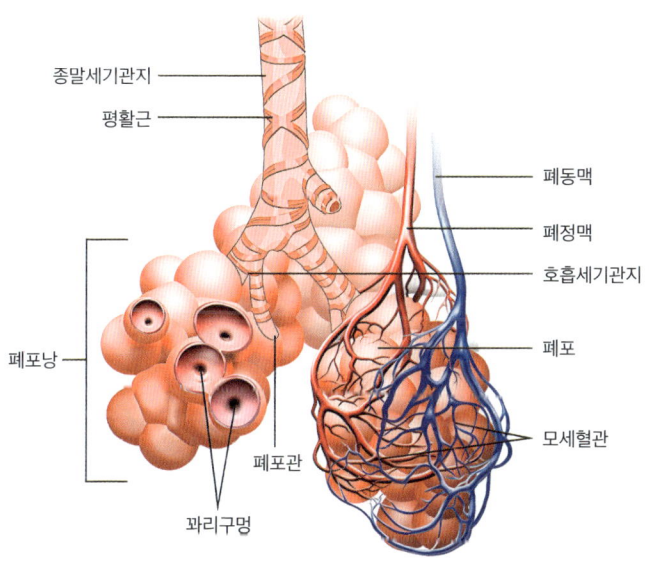

| 호흡 영역의 폐 구조.

이동을 조절하지요. 폐포관 측면에 손잡이가 하나 달려 있다고 보면 됩니다.

마지막으로, 공기는 폐포낭alveolar sac이라고 부르는 포도송이처럼 생긴 폐포 뭉치로 들어갑니다. 중앙에는 여러 폐포가 연결된 공통 공간이 있는데, 이 공간을 통해 공기가 폐포들로 들어가 기체 교환을 거칩니다. 인접한 폐포 사이에는 작은 구멍이 나 있어서 폐포낭을 이루는 모든 폐포 내 기압을 비슷하게 맞춰줍니다. 이 구멍을 꽈리구멍alveolar pore이라고 부릅니다.

들숨과 날숨

들이마시고, 내쉬고, 다시 한번

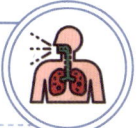

공기를 폐로 밀어 넣고 밀어내는 능동적인 메커니즘을 흡인 펌프 aspiration pump라고 합니다. 인간의 경우, 폐가 아니라 가슴안(흉강)이 이런 펌프 역할을 하지요.

가슴안과 가슴막안

이곳의 구조는 몸 바깥쪽에서부터 안쪽으로 살펴보면 이해하기 쉽습니다. 맨 바깥에는 몸통 피부와 근육이 있습니다. 그 안에는 확장과 수축을 반복하며 들숨과 날숨을 돕는 흉곽 rib cage(가슴우리)가 있습니다.

가슴우리 안에서는 벽측 가슴막 parietal pleura(흉막, 즉 가슴막안의 바깥쪽 장막)이라는 얇은 중피 mesothelium가 흉과 내벽을 덮어 가슴막안 pleural cavity(폐를 둘러싼 두 겹의 가슴막 사이 공간)의 외부 경계를 이룹니다. 이 중피는 가슴막안을 닫아줄 뿐 아니라 표면을 미끄럽게 만들어 폐가 팽창하거나 수축할 때 마찰을 줄여줍니다.

폐 조직의 표면은 내장가슴막visceral pleura이라는 또 다른 중피로 덮여 있습니다. 이렇게 두 장의 중피가 맞닿은 곳에 가슴막속공간intrapleural space이 만들어집니다. 가슴막속공간의 기압은 언제나 폐 안의 압력(폐내압)보다 조금 낮습니다. 그래서 내장가슴막은 항상 벽가슴막에 달라붙어 있지요. 따라서 가슴막속공간은 어느 한쪽 가슴막이 손상되어 압력 차가 없어질 때만 존재하는 '잠재적 공간potential space'입니다.

> **용어 해부하기**
>
> **기흉 pneumothorax**
> 가슴벽(과 벽측 가슴막)이 손상되어 가슴막 속 공간의 압력이 대기압과 같아지면서 일어나는 현상입니다. 이로 인해 폐가 쭈그러들면서(허탈) 가슴막 벽에서 떨어져 나옵니다.

가슴막안은 원래 폐를 둘러싸고 있는 고립된 공간으로, 정상적인 상태에서는 공기가 드나들 수 없는 곳입니다. 이 공간 안쪽에 세기관지를 통해 외부 공기가 자유롭게 드나드는 폐가 있지요. 공기가 폐로 들어가려면 폐 안의 압력이 대기압보다 낮아야 합니다. 반대로 공기가 폐에서 나오려면 폐 안의 압력이 대기압보다 높아야 하지요.

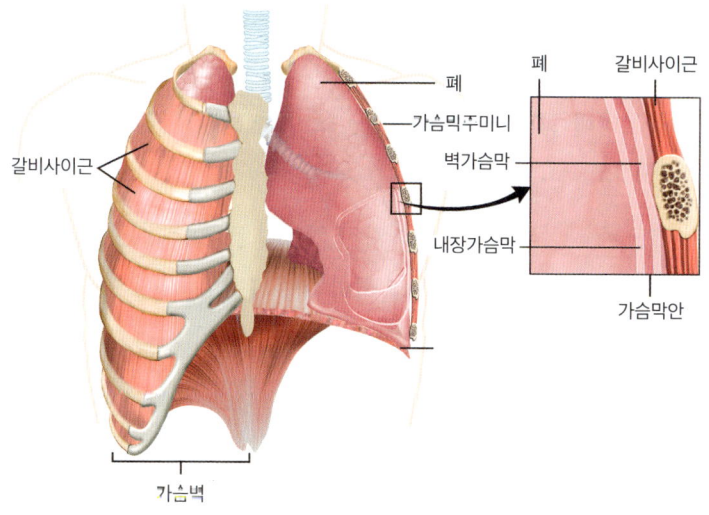

| 가슴안과 가슴막안 구조.

들숨

폐 조직은 근육이 아니므로 스스로 팽창하거나 수축할 수 없습니다. 호흡의 동력을 공급하는 쪽은 흉곽 근육들이지요. 흉곽을 팽창 또는 수축함에 따라 폐 안의 압력이 변합니다. 흉곽이 팽창하면 가슴안 내부의 압력이 낮아지면서 폐도 팽창합니다. 흉곽이 수축하면 가슴안 내부의 압력이 높아지면서 폐도 수축하지요.

 횡격막diaphragm도 호흡에 관여하는 주요 근육 중 하나입니다. 이 돔 모양의 근육은 자율신경계의 지배를 받으며(수의적 조절도 가능) 가슴안과 가슴막안의 아래쪽 경계를 이룹니다. 횡격막이 이완되면 돔의 윗부분이 가슴안 내부로 볼록하게 올라갑니다. 횡격막이 수축하면 돔이 평평해지면서 아래로 내려가 가슴안의 부피가 늘어나지요.

이에 더해 갈비뼈 사이에 있는 두 근육 중 하나인 바깥갈비사이근이 수축합니다. 이 힘 때문에 흉곽이 위로 들리면서 가슴안이 옆으로 확장되지요. 이 두 가지 작용이 가슴안 내부 압력을 낮추고 폐를 팽창시켜 공기를 들이마시게 해줍니다.

호흡수가 늘어나는 활동기에는 숨을 더 깊고 빠르게 들이마셔야 하므로 다른 근육의 도움이 더 필요합니다. 이때는 목빗근, 복장결 근육, 목갈비근과 같이 흉곽 위쪽에 붙어 있는 다양한 보조근육이 동원됩니다.

날숨

날숨은 들숨에 비해 단순하고 수동적입니다. 들숨이 끝나면 여기에 관여한 모든 근육이 이완되면서 흉곽이 다시 중력 방향으로 내려가고 가슴안의 크기가 줄어들지요. 횡격막도 원래의 돔 모양으로 돌아가면서 가슴안을 더욱 수축시키고 그 안의 압력을 높입니다. 따라서 공기가 바깥쪽으로 밀려나지요.

능동적 들숨과 마찬가지로 능동적 날숨에도 보조 근육들이 동원됩니다. 안갈비사이근들은 바깥갈비사이근과 다른 방향으로 정렬되어 있어서 흉곽을 더 빨리 내려줍니다. 즉 더 강하게 숨을 내쉴 수 있지요.

이렇게 들숨과 날숨이 이어지는 동안, 폐포에서는 기체가 호흡

막을 넘나들며 퍼져 나가고, 혈액 성분과 상호작용하면서 몸 안 팎으로 이동합니다.

혈액공기장벽

기체가 몸에 효율적으로 퍼져 나가려면 공기와 혈액이 함께 섞이지 않으면서도 서로 가까이 있어야 합니다. 그래서 폐포에는 기체 교환이 가능한 유일한 혈관인 모세혈관이 분포합니다. 폐포 내벽의 세포와 모세혈관의 내피세포들이 얇은 혈액공기장벽 blood-air barrier을 형성하지요.

폐포 내벽 세포들은 모세혈판의 내피세포지텀 납삭하세 생겼습니다. 이를 1형 폐포세포pneumocyte라고 부릅니다. 폐포에는 (큰 폐포세포라고도 부르는) 2형 폐포세포도 존재합니다. 폐포 내강으로 둥글게 부풀어 오른 거대한 세포를 가리키지요. 2형 폐포세포는 기체 교환에 관여하지는 않지만 폐포를 열어두는 데 도움이 되는 표면활성물질surfactant이라는 물질을 만들어냅니다. 지름이 0.5마이크로미터에 불과한 폐포는 물의 표면장력만으로도 쭈그러들 수 있습니다. 그러나 인지질이 풍부한 표면활성물질만 있으면 소수성 사슬이 물 분자들과 상호작용해 서로 멀리 떨어지게 되지요. 이렇게 표면활성물질이 있으면 압력을 달리 가하지 않아도 폐포를 열어둘 수 있습니다.

외호흡

외호흡이란 공기의 위치와 상태에 초점을 맞춘 개념입니다. 여기서 외부 공기란 폐포가 있는 곳까지 깊이 들어와 있는 상태를 의미하지요. 이 공기는 여전히 대기에 속하며, 혈액과 기체를 교환하기 전까지는 '외부' 공기에 불과합니다.

기체는 순전히 확산에 의해 이동합니다. 따라서 혈액 내와 공기 중의 기체 압력에 따라 확산하는 방향이 결정됩니다. 폐포 내 공기의 산소 분압(혼합 기체 속에서 각 기체가 차지하는 압력)은 약 105mmHg이지만, 정맥으로 되돌아오는 혈액의 산소 분압은 40mmHg까지 떨어집니다. 이 분압차 덕분에 산소는 폐포에서 혈액으로 퍼져 나가지요. 반대로, 폐포의 이산화탄소 압력은 40mmHg로, 혈액(46mmHg)보다 낮습니다. 그 덕분에 이산화탄소는 혈액에서 폐포로 퍼져 나가 다음 날숨을 통해 몸 밖으로 배출됩니다.

내호흡

내호흡 과정에서는 기체가 조직과 세포로 전달됩니다. 조직 수준에서는 압력 차이로 인해 산소가 혈액에서 조직으로 이동하고, 이산화탄소가 세포에서 혈액으로 되돌아갑니다. 기체의 이동 방향은 폐에서 외호흡이 일어날 때와 반대 방향이지만, 압력이 높은 곳에서부터 낮은 곳으로 움직이는 것은 같습니다.

기체 운송

혈액에 녹아 들어간 기체 중 일부는 액체인 혈장에 남아 있지만, 대부분은 산소가 헤모글로빈에 결합하듯이 다른 물질과 결합하거나, 이산화탄소가 중탄산염 이온으로 바뀌듯이 형태가 바뀌어 운반됩니다.

산소

적혈구는 몸 전체에 산소를 운반하는 주요 운송 수단입니다. 산소는 적혈구 안으로 퍼져 나가 철 원자와 결합합니다. 철은 헴 분자가 모여 이루어진 혈색소(헤모글로빈) 안에 고정되어 있지요. 폐에서는 탈산소혈색소(산소가 없는 헤모글로빈)가 산소와 결합해 산소혈색소가 되어 몸 전체로 운반됩니다. 대기 조건에서는 혈색소 분자의 97퍼센트가 산소혈색소 상태로 존재합니다. 사실, 혈색소는 산소를 너무 좋아해서 공기 중 산소 분압이 100mmHg에서 60mmHg로 낮아져도 90퍼센트 정도가 산소 포화 상태로 남아 있습니다.

내호흡이 이루어지는 곳에서는 조직과 혈액의 산소 분압 차이가 혈색소의 산소 친화도를 뛰어넘기 때문에 산소가 혈색소에서 떨어져 나와 조직으로 퍼져 들어갑니다. 일상적인 활동을 하는 동안에는 산소의 20~22퍼센트가 조직으로 이동하지요. 효율이 낮아 보이지만 힘을 아껴두는 것입니다. 격렬하게 운동할 때는 최대 80퍼센트의 산소가 조직으로 이동할 수 있습니다.

이산화탄소

일부 탈산소혈색소가 이산화탄소와 결합해 카바미노혈색소가 되기도 하지만, 이렇게 운반되는 이산화탄소는 극히 일부에 불과합니다. 이산화탄소 대부분(70퍼센트)은 중탄산염 이온의 형태로 혈장에 녹아들어 혈류를 통해 운반됩니다.

혈류에 녹아든 이산화탄소는 확산을 통해 적혈구로 들어갑니다. 조직에서 내호흡이 일어날 때와 같이 이산화탄소 분압이 높은 상황에서는 탄산탈수효소가 이산화탄소를 탄산으로 변환하고, 탄산은 빠르게 수소와 중탄산염 이온으로 분리됩니다. 수소 이온 가운데 일부는 헤모글로빈에 결합하고, 나머지는 혈장으로 운반되면서 혈액의 pH를 낮춥니다. 중탄산염 이온은 염소이동 chloride shift이라는 과정을 통해 세포 밖으로 운반되기도 합니다. 이때 중탄산염은 세포 밖으로, 염소 이온은 안으로 이동해 이동 과정에서 발생하는 전하 차이를 상쇄합니다.

혈액이 폐로 돌아가 외호흡이 일어나면, 이 과정 전체가 거꾸로 진행됩니다.

호흡계의 질병과 장애
숨 고르기가 힘들 때

혈액과 폐 사이의 기체 교환을 방해하거나 효율을 떨어뜨리는 모든 문제가 인체에 대혼란을 불러옵니다. 폐렴이나 기관지염 같은 질병이나 감염은 일시적인 호흡곤란을 일으킬 수 있습니다. 그러나 다른 질병들은 장기적이고 치료 불가능한 호흡곤란으로 이어지기도 합니다.

> **용어 해부하기**
>
> **저산소증** hypoxia
> 혈중 산소 분압이 감소한 상태를 말합니다. 이를 보상하기 위해 호흡과 심장박동이 빨라지지요. 그러면 에너지와 산소가 더 많이 필요해지고, 정상적인 생리 기능으로는 감당할 수 없는 상태가 됩니다.

호흡곤란증후군

호흡곤란증후군respiratory distress syndrome(RDS)은 신생아, 특히 표면활성물질 생산이 부족한 미숙아에게 잘 나타납니다. 표면활성물질은 폐포가 기능을 유지할 수 있도록 열어두는 데 필요한 물질로, 일반적으로 임신 말기가 되어야 2형 폐포세포에서 생산되기 시작합니다. 표면활성물질 생산 능력이 미숙한 상태에서 아기가 일찍 태어나면 폐포가 열리기 어렵고, 외호흡이 일어나야 할 곳에 공기가 충분히 들어차지 못합니다.

호흡곤란증후군은 어떻게 치료할까?
호흡곤란증후군이 있는 아기를 치료할 때는 폐포를 최대한 열어두기 위해 외인성(인공) 표면활성물질을 아기의 기도와 폐에 투여합니다. 아기가 표면활성물질을 충분히 만들 수 있을 때까지 이 치료를 유지합니다.

천식

천식은 숨쉬기가 힘들어지는 만성 폐쇄성 질환입니다. 알레르기나 염증성 면역 매개체가 세기관지 평활근을 자극해 불수의적인 경련성 수축을 일으키고, 폐로 유입되는 공기의 양을 감소시킵니다. 천식이 악화되면 쌕쌕 소리가 나고 숨이 가빠집니다. 기도의 베타 2 아드레날린 수용체를 차단해 세기관지를 확장하는 자율신경계의 작용을 모방하면 이런 반응을 되돌릴 수 있습니다.

폐기종

폐기종emphysema은 폐 조직, 특히 폐포가 되돌이킬 수 없게 파괴된 상태를 말합니다. 환경적 원인이나 기타 원인 때문에 1형 폐포세포가 죽어 결합조직 세포(흉터조직)로 대체되면 폐 조직의 효율이 떨어집니다. 폐기종의 증상은 다른 호흡기 질환과 비슷하지만, 몸에 일어나는 변화는 천식과 달리 되돌릴 수 없는 영구적인 변화입니다.

만성폐쇄폐질환

만성폐쇄폐질환chronic obstructive pulmonary disease(COPD)은 숨쉬기가 힘들어지는 폐쇄성 질환입니다. 서구 문화권에서는 흡연으로 인한 사망자 수가 늘고 있습니다(흡연은 전 세계적으로 만성폐쇄폐질환의 가장 큰 원인입니다). 만성폐쇄폐질환은 천식과 폐기종을 합친 것 같은 질환입니다. 처음에는 흡연으로 폐가 자극되면서 면역반응과 염증이 일어납니다. 폐 조직이 담배 연기 속 독성 화학물질에 지속적으로 노출되면 만성 염증과 반사적 기관지 경련이 일어납니다.

그러나 이러한 기도 수축은 천식과 달리 영구적입니다. 주변의 스트레스 요인이 제거되지 않으면 기류가 감소하면서 폐포 조직이 파괴됩니다(폐기종). 천식과 같은 공기 흐름 감소와 폐기종은 만성폐쇄폐질환의 주된 문제이며, 치료하기가 매우 어렵습니다

낭성섬유증

낭성섬유증cystic fibrosis은 주로 폐에 생기지만, 췌장이나 신장 같은 다른 기관에도 영향을 미치는 유전질환입니다. 낭성섬유증이 생긴 장기에는 진하고 끈끈한 점액이 만들어집니다. 폐에 낭성섬유증이 생기면 점액 때문에 호흡이 힘들어지고, 기체 교환에 문제를 일으키며, 폐가 손상됩니다. 근본적인 치료법은 없고, 치료는 폐 감염을 예방하고 점액을 묽게 만들어 제거하는 데 초점을 맞춥니다. 최근에는 환자들의 기대 수명이 늘어났지만, 낭성섬유증은 여전히 생명을 위협하는 질환입니다.

11장

내분비계와 비뇨계:
호르몬의 마술과 몸속 배수로

내분비계

호르몬은 어떻게 만들어질까?

내분비계endocrine system는 인체의 여러 기능을 제어합니다. 대사, 생식, 성장, 활동 수준뿐만 아니라 더 넓고 다양한 기능을 아우르지요.

호르몬

호르몬hormone은 내분비계의 화학적 매개체를 통칭하는 말입니다. 호르몬은 순환계를 타고 몸 전체로 퍼져 나가지요. 호르몬에 대한 생리적 반응의 강도는 호르몬의 농도와 해당 조직의 세포 표면에 있는 수용체 밀도에 따라 달라집니다. 예를 들어, 호르몬 농도가 높아도 이와 결합할 수용체가 없다면 세포는 반응하지 않습니다.

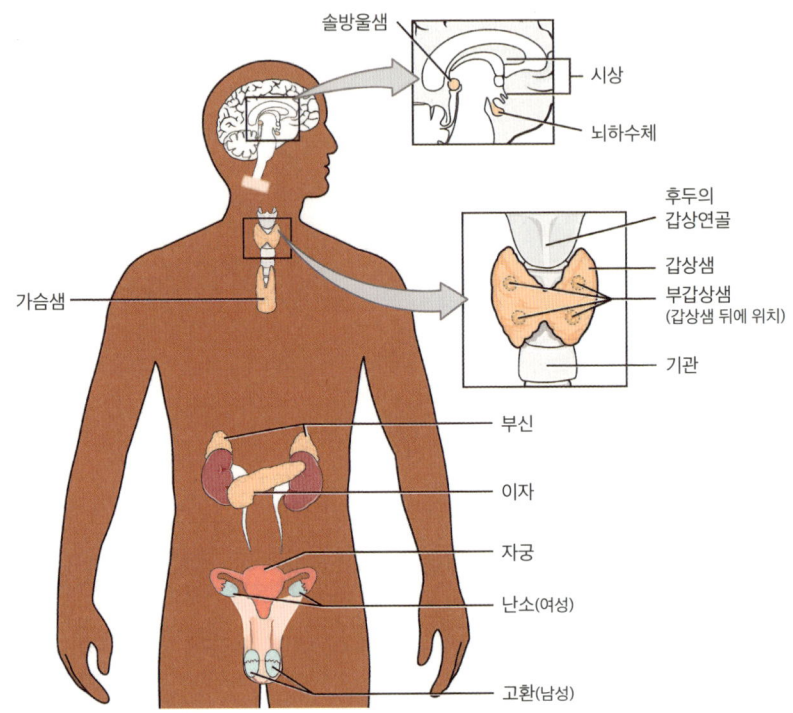

| 내분비계의 구조.

한 걸음 더 읽기

호르몬이란?

혈액을 통해 운반되어 세포 반응을 유도하는 모든 물질을 호르몬이라고 부를 수 있습니다.

아미노산 유도체

아미노산은 일반적으로 단백질의 구성 성분이지만, 호르몬과 같이 생물학적으로 중요한 다른 분자를 만드는 재료이기도 합니다. 그 예로 타이로신이라는 아미노산의 변신을 살펴봅시다. 페닐알라닌이라는 아미노산이 타이로신으로 변하고, 타이로신은 카테콜아민의 일종인 도파민이 됩니다. 도파민은 만들어지는 위치와 운반되는 방식에 따라 호르몬 역할도 하고, 신경전달물질 역할도 합니다.

도파민의 기능

뇌에서 도파민은 보상이나 만족과 같은 기분과 운동을 조절하는 필수 신경전달물질입니다. 신경계 밖에서는 강력한 혈관 확장제이자 또 다른 카테콜아민인 노르에피네프린의 조절제이기도 합니다.

다음 단계에서 도파민은 노르에피네프린을 거쳐 필수 호르몬인 에피네프린(아드레날린)으로 전환됩니다. 또한 타이로신은 갑상샘 세포에서 요오드와 결합해 타이록신이나 트리아이오도타이로닌이 되기도 합니다.

또 다른 아미노산인 트립토판도 호르몬으로 변신할 수 있습니다. 솔방울샘pineal gland(송과체)에서 트립토판을 이용해 생산하는 세로토닌과 멜라토닌은 수면과 각성의 일일주기diurnal cycle를 유지하는 데 중요한 역할을 합니다.

단백질

호르몬 대부분은 단백질 호르몬protein hormone에 해당합니다. 그 중 내분비계를 총괄하는 뇌하수체pituitary gland에서 만들어지는 단백질 호르몬은 신장의 수분 유지 기능을 조절하는 항이뇨호르몬(ADH), 갑상샘 호르몬 분비를 조절하는 갑상샘자극호르몬(TSH), 생식을 조절하는 황체형성호르몬(LH)과 난포자극호르몬(FSH)이 있습니다.

이자섬 세포에서는 탄수화물 혈중농도를 조절하는 인슐린이나 글루카곤 같은 단백질 호르몬을 생성·분비합니다. 그 밖에도 칼슘 혈중농도를 조절하는 칼시토닌과 부갑상샘호르몬도 단백질 호르몬에 해당합니다.

스테로이드

콜레스테롤이 우리 몸에 해롭다고 생각하는 사람이 많지만, 콜레스테롤이 없으면 우리 몸에는 스테로이드호르몬steroid hormone이 존재할 수 없습니다. 콜레스테롤은 스테로이드호르몬의 기본 재료입니다. 인간의 생식에 관여하는 테스토스테론, 에스트로겐, 프로제스테론이 여기 포함되지요. 코티솔(코티손)은 부신에서 만들어져 신진대사의 많은 기능에 영향을 미치고, 특히 탄수화물의 혈류 방출량 조절에 관여합니다.

뇌하수체

뇌하수체pituitary gland는 인체 내분비샘들을 총괄하는 내분비샘입니다. 호르몬을 만들고 혈류로 분비해 다른 내분비샘의 호르몬 분비를 유도하지요.

뇌하수체는 뇌 바닥부에 위치하며, 시상하부 바로 아래 줄기(뇌하수체줄기)에 매달려 있습니다. 겨우 완두콩만 한 뇌하수체는 서로 다른 배아 조직에서 비롯된 엽 2개로 이루어져 있습니다.

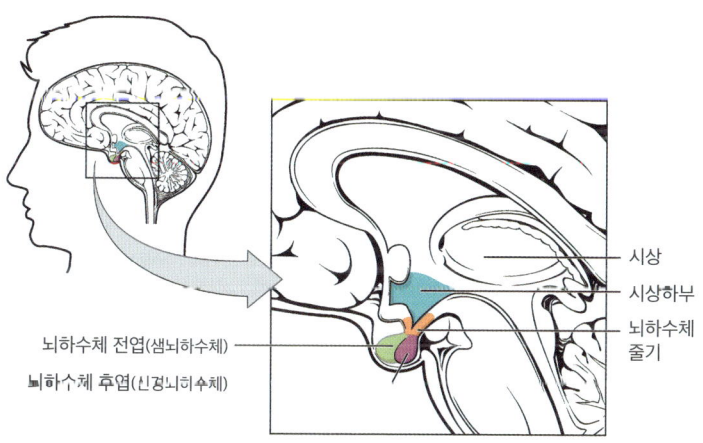

| 뇌하수체의 구조.

뇌하수체 전엽

뇌하수체 전엽은 뇌하수체 먼쪽부분pars distalis 또는 샘뇌하수체 adenohypophysis라고 부르며, 배아에서 비롯된 부위 때문에 샘상피 glandular epithelium와 비슷합니다. 뇌하수체 세포는 염색친화세포

chromophil라고 부르며 다음과 같은 세포들이 포함됩니다:

1. 호산세포acidophil는 뇌하수체 전엽에서 가장 흔한 세포 유형으로, 분비하는 호르몬 종류에 따라 나뉩니다.
   - 성장호르몬분비세포somatotroph는 성장호르몬인 소마토트로핀을 만들어냅니다.
   - 젖샘자극세포mammotroph는 젖분비호르몬인 프로락틴을 분비합니다. 프로락틴은 뇌하수체호르몬인 옥시토신과 함께 유선 발달과 젖분비를 촉진합니다.
2. 호염기세포basophil는 다음과 같습니다.
   - 부신피질자극호르몬분비세포corticotroph는 부신피질자극호르몬(ACTH)을 만들어냅니다. 이 호르몬은 부신의 피질 세포를 자극해 호르몬 분비를 유도합니다.
   - 갑상샘자극세포thyrotroph는 갑상샘자극호르몬(TSH)을 만들고 분비합니다. 이 호르몬은 이름에서 알 수 있듯이 갑상샘 호르몬인 타이록신과 트리아이오도타이로닌의 생성과 분비를 자극합니다.
   - 마지막으로 생식샘자극세포gonadotroph는 난포자극호르몬(FSH)과 황체형성호르몬(LH)을 만들어냅니다. 이 호르몬들은 여성의 난포 성숙, 성숙한 난포의 배란, 임신 말기의 젖분비를 유도합니다. 남성의 경우, FSH는 정자 줄기세포인 정조세포 발달을 자극하고, LH는 고환

세포를 자극해 남성호르몬인 테스토스테론을 만들어 냅니다.

뇌하수체 후엽

신경뇌하수체neurohypophysis라고도 하는 뇌하수체 후엽은 분비샘이 아닙니다. 뇌하수체세포pituicyte는 신경아교세포와 흡사합니다. 뇌하수체 후엽 조직은 배아의 앞뇌(전뇌) 조직에서 비롯되며, 이 세포들은 시상하부에서 뇌하수체 후엽으로 축삭을 뻗는 신경세포를 지탱해줍니다.

시상하부에서 만들어진 호르몬은 시상하부 줄기를 따라 내려가 뇌하수체 후엽에 도달합니다. 여기서 호르몬은 축삭 말단에 있는 헤링 소체Herring body라는 과립에 저장됩니다.

뇌하수체 후엽에서 분비되는 시상하부 호르몬으로는 항이뇨호르몬(ADH)과 옥시토신이 있습니다. 바소프레신이라고도 부르는 ADH는 저혈압이 감지되면 분비됩니다.

갑상샘

갑상샘thyroid gland은 후두의 바로 아래 배쪽에 있는 좌우 엽으로 이루어진 내분비샘입니다. 양쪽 엽은 잘록isthmus(협부)이라고 부르는, 좁은 띠 모양의 갑상샘 조직으로 이어져 있습니다. 절반에 가까운 사람들이 정중선 잘록에서 위쪽으로 돌출된 작은 추체엽pyramidal lobe을 가지고 있습니다.

갑상샘 조직은 콜로이드 상태로 저장된 호르몬과 단백질이 고인 웅덩이를 갑상샘 세포(소포세포)가 작은 주머니처럼 둘러싼 구조입니다. 이것이 갑상샘의 기본 단위인 갑상샘여포thyroid follicle입니다. 갑상샘여포 세포는 뇌하수체에서 분비되는 갑상샘자극호르몬(TSH)의 자극에 반응해 갑상샘 호르몬을 생산·저장·방출합니다.

갑상샘여포 세포는 갑상샘글로불린thyroglobulin이라는 기본 당단백질을 이용해 갑상샘 호르몬을 생산하기 시작합니다. 이 단백질에는 아미노산 타이로신이 풍부합니다. 갑상샘 세포는 타이로신에 요오드를 덧붙입니다.

트리아이오도타이로닌(T3)과 타이록신(T4)은 갑상샘 난포 중앙의 콜로이드에서 분비되며 주로 탄수화물 대사, 심박수, 식욕, 호흡수를 늘립니다. 동시에 콜레스테롤과 중성지방 생성을 줄이고 체중 감소를 촉진합니다.

갑상샘여포 주변에는 여포 세포 외에도 다른 세포들이 존재합니다. 이 세포들은 큐브 모양의 여포 세포보다 더 크고 둥근 세포 덩어리처럼 보입니다. 이것이 소포곁세포parafollicular cell입니다. 소포곁세포는 뼈의 재흡수를 억제하는 호르몬인 칼시토닌을 생성하고 분비해 뼈 기질에 더 많은 칼슘을 저장하고, 혈액 내 칼슘 농도를 낮춥니다. 소포곁세포를 흔히 C세포라고 부릅니다.

부갑상샘

부갑상샘parathoid gland은 갑상샘 안쪽에 붙어 있고, 상하좌우 4개 덩이리로 이루어져 있습니다. 부갑상샘의 주요 세포는 으뜸세포

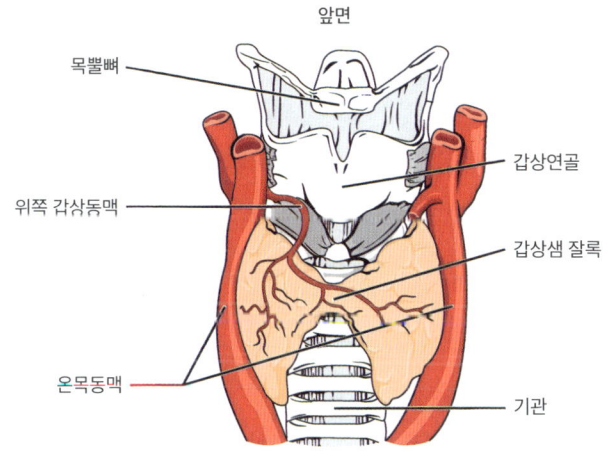

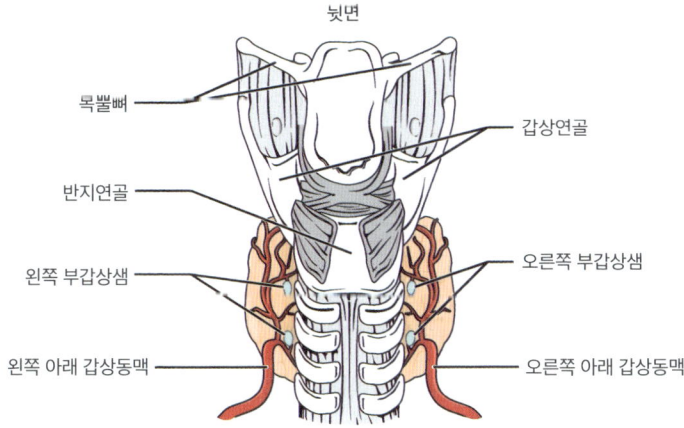

| 갑상샘과 부갑상샘의 구조.

입니다. 내분비 세포인 으뜸세포는 칼슘 혈중농도를 높이는 부갑상샘호르몬(PTH)을 생성합니다. 이는 뼈의 재흡수를 자극하고, 소변을 통한 칼슘 손실을 방지하며, 신장의 비타민 D 생산을 늘려 칼슘 농도를 높입니다.

부신

스트레스 상황에서 아드레날린을 분비한다고 알려진 부신adrenal gland은 각 신장의 윗부분에 뚜껑처럼 얹혀 있습니다. 부신은 종종 신장위샘suprarenal gland이라고도 불립니다. 부신에는 피질이라는 바깥쪽 부분과 수질이라는 안쪽 부분이 있습니다. 부신 질량의 80~90퍼센트 정도를 차지하는 피질은 기능에 따라 서로 다른 세 영역으로 나눌 수 있습니다.

- 사구체층zona glomerulosa(토리층): 피질의 가장 바깥층입니다. 이 부분의 세포는 구형으로 배열되어 있습니다. 사구체층 세포의 주기능은 알도스테론과 같은 무기질 부신피질호르몬 생산입니다. 알도스테론이 분비되면 신장의 세관에서는 나트륨 흡수량과 칼륨 분비량이 늘어납니다. 그 결과, 수분을 지키고 소변량이 줄게 되지요.
- 다발층zona fasciculata: 피질의 중간에는 세포질이 스펀지처럼 생긴 세포가 늘어서 있습니다. 이 해면세포spongiocyte는 코티솔과 같은 당질부신피질호르몬을 만들어냅니다. 이

호르몬은 일반적인 신진대사를 조절하고, 동화작용(합성)과 이화작용(분해) 모두에 영향을 미칩니다.

- 그물층zona reticularis: 부신 수질에 인접한 가장 얇은 층입니다. 이곳에서는 약한 남성화 효과가 있는 안드로겐을 만들어냅니다.

부신 수질은 거의 대부분이 크고 둥근 크롬친화세포chromaffin cell로 채워져 있으며, 아드레닐린(에피네프린)이 만들어지는 곳입니다. 부신 수질에서 분비되는 물질은 아드레날린이지만, 15퍼센트 정도는 타이로신을 아드레날린으로 전환하는 과정에서 필요한 노르에피네프린입니다.

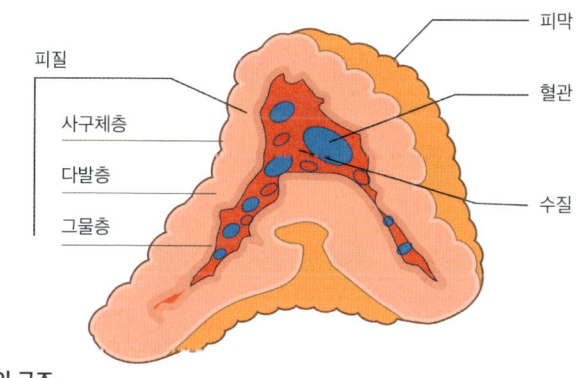

| 부신의 구조.

이자섬

이자에서 외분비 세포에 둘러싸인 섬처럼 보이는 이자섬pancreatic

islet의 세포는 대사, 소화, 췌장 기능에 관여하는 호르몬을 만들어 냅니다.

- 이자섬의 알파세포alpha cell는 저혈당이 감지될 때 분비되는 글루카곤을 만들어냅니다. 이 호르몬은 당원glycogen을 해당glycolysis(당분해)하여 혈류에 포도당을 공급하고 혈당을 높입니다.
- 베타세포beta cell는 인슐린을 생산합니다. 인슐린은 글루카곤의 대항(서로 반대되는 작용을 하는) 호르몬이며, 고혈당이 감지될 때 분비됩니다. 인슐린이 분비되면 세포들은 혈액에서 포도당을 거둬들인 다음 당원으로 중합해 저장합니다. 간과 근육세포는 이러한 탄수화물 저장 방식에 매우 능숙합니다.
- 델타세포delta cell는 성장호르몬억제인자(성장 억제 호르몬)을 만들어냅니다. 이름에서 알 수 있듯이, 이 호르몬은 성장을 촉진하는 다른 호르몬의 분비를 조절해 성장을 늦추거나 중단하는 역할을 합니다.
- 감마세포gamma cell는 단백질이 풍부한 식사를 하거나 금식 혹은 운동을 한 뒤에 자극을 받습니다. 이러한 활동은 혈당을 낮추고 이자의 폴리펩타이드(PP) 분비를 촉진합니다. 이 호르몬은 췌장 자체를 조절하고, 간의 당원 저장에 영향을 미치며, 소화관을 자극합니다.

- 마지막으로 엡실론 세포epsilon cell는 위가 빌 때 그렐린을 분비해 공복감을 느끼게 해줍니다.

솔방울샘

작은 솔방울 모양의 솔방울샘pineal gland(송과체)은 뇌 반구 한가운데의 시상상부 근처에 있는 분비샘입니다. 솔방울샘은 수면 주기와 하루주기리듬circadian rhythm을 조절한다고 알려진 멜라토닌을 생성하는 데 관여합니다.

내분비계의 질병과 장애
호르몬이 말썽을 부릴 때

　호르몬은 인체의 거의 모든 기능을 조절하므로, 생산이나 분비에 문제가 생기면 끔찍하고 심각한 일이 일어날 수 있습니다. 다음은 내분비계, 특히 뇌하수체에 문제가 생기면 겪을 수 있는 질병들입니다.
　내분비계 질병은 주로 호르몬 생산 과잉이나 부족, 또는 분비샘 종양과 관련이 있습니다.

> **한 걸음 더 읽기**
>
> **가장 흔한 내분비계 장애는 무엇일까?**
> 당뇨병은 가장 흔한 내분비계 질환입니다. 전 세계에서 4억 명 이상이 당뇨병을 앓고 있습니다.

거인증과 말단비대증

거인증gigantism과 말단비대증acromegaly은 둘 다 뇌하수체항진증 hyperpituitarism, 다시 말해 뇌하수체 기능 과잉 때문에 발생합니다. 특히 성장에 관여하는 호르몬의 생산이 늘어나면 인체의 특징이 과장되어 몸이 전체적으로 커지거나(거대증), 일부 신체 부위가 커집니다(말단비대증).

선천적으로 이상이 있거나 발달 과정에서 문제가 생겨 처음부터 뇌하수체에서 호르몬이 과잉 분비되는 사람에게는 거인증이 나타납니다. 그러나 뇌하수체항진증이 사춘기 이후에 나타나면, 긴뼈의 성장판이 이미 골회되었으므로 더 성장할 수 있는 신체 부위만 자라게 됩니다. 이런 경우를 말단비대증이라고 부릅니다. 손, 발, 아래턱, 이마의 눈썹 융기 등 특정 신체 부위가 지나치게 커집니다.

그레이브스병

뇌하수체항진증이 거인증으로 나타나듯이, 갑상샘항진증은 그레이브스병Graves disease으로 나타납니다. 자가면역질환인 그레이브스병에 걸리면 갑상샘의 크기가 두 배로 커지고(갑상샘종), 갑상샘 기능이 지나치게 늘어나며(항진), 갑상샘 호르몬의 조절을 받는 모든 생리 활동이 증가합니다. 그레이브스병 환자에게는 (심박수 증가로 인한) 고혈압, 불면증, (대사 항진으로 인한) 체중 감소, 극심한 피로와 근력 약화 등의 증상이 나타납니다. 한편, 그레이브스병의 가장 전형적인 징후는 눈이 튀어나오는 증상(안구돌출증)입니다.

당뇨병

당뇨병diabetes mellitus은 인슐린 생산이 부족하거나, 인슐린 수용체의 감응 능력이 떨어지면 발생합니다. 분자 수준의 원인이 무엇이든, 생리적으로는 혈당 수치를 낮추지 못하는 결과가 나타납니다. 포도당 혈중농도가 높아지면(고혈당) 소변으로 포도당이 배설되기 시작하고(당뇨) 끝내 의식을 잃기도 합니다. 당뇨병의 증상은 체중 감소와 식욕 증가 등 갑상샘항진증의 증상과 크게 다르지 않습니다. 그러나 소변을 자주 보고 소변량이 많아지는 것은 당뇨병의 특징이므로, 이를 통해 갑상샘 질환과 구별할 수 있습니다. 당뇨병에 걸린 사람은 인슐린이나 혈당강하제를 투여하면서 혈당을 세심하게 조절해야 합니다.

요붕증

요붕증diabetes insipidus이라는 이름에는 당뇨병diabetes과 같은 단어(그리스어 '사이펀siphon'에서 유래한 이 단어는 '물이 흐르는 관'이란 뜻)가 포함되어 있지만, 이 병은 포도당이나 탄수화물 수치와는 아무 관련이 없습니다. 두 병이 모두 소변량이 늘어나는 증상을 보이기 때문에 이 단어가 들어갔을 뿐이지요. 요붕증은 뇌하수체의 항이뇨호르몬(ADH) 생성이나 신장세관의 항이뇨호르몬 수용체에 문제가 생길 때 발생합니다. 항이뇨호르몬이 없으면 수분의 재흡수를 조절할 수 없습니다. 그 결과 다량의 희석된 소변이 배출되지요. 보통 사람은 하루에 1.5리터가량의 소변을 만들어냅니다. 그러나 요붕증을 앓는 사람은 소변을 하루에 3리터 이상, 최대 15리터까지 배출하지요.

갑상샘항진증과 갑상샘저하증

갑상샘항진증hyperthyroidism은 갑상선에서 타이록신 호르몬이 과잉 생산되는 병입니다. 이로 인해 체중이 늘어나지 않지요. 반대로 갑상샘저하증hypothyroidism은 호르몬 생산량이 부족한 병이어서 체중이 줄어들지 않습니다.

비뇨계
급하다 급해 화장실

비뇨계urinary system의 주요 기능은 혈장에서 독소를 제거해 소변으로 배출하는 것입니다. 이 과정에서 신장은 매일 엄청난 양의 혈장을 걸러내지요(하루에 약 180리터). 그러나 1.5리터가량의 액체를 제외한 나머지 체액은 모두 체내로 돌아갑니다. 남은 액체가 소변이 되지요. 신장은 체액의 배설량과 보유량을 조정해 체액량과 혈압을 조절하는 역할도 합니다. 또한, 필수 성분을 모두 재흡수해 혈류로 되돌려 보내지요. 그중에는 단백질과 탄수화물(포도당)이 포함됩니다. 그러고 보면 신장은 독소를 제거하는 데 작지만 아주 중요한 역할을 하는, 우리 몸을 지켜주는 기관입니다.

신장

신장kidney(콩팥)은 복부 양쪽의 허리 부근에 있는 강낭콩 모양의 장기입니다. 각각 하나의 신동맥renal artery에서 혈액을 공급받고, 하나의 신정맥renal vein을 통해 아래대정맥inferior vena cava으로 되돌려 보냅니다. 소변이 만들어지려면 여과된 혈장이 신세관kidney tubule으로 들어가 변형되고 농축되어야 하므로, 신장이 기능하려면 반드시 혈액이 지속적으로 공급되어야 합니다.

신장의 구조

신장에는 몸의 중앙선을 마주 보며 움푹 들어간 부분(문)과 복강 가장자리를 향해 불룩하게 나온 부분이 있습니다. 문으로는 신장에서 방광으로 소변을 운반하는 요관과 혈관이 함께 들고 납니다. 신장이 2개 있는 덕분에 한쪽 신장을 잃은 사람도 나머지 하나만으로 충분히 살아갈 수 있지요.

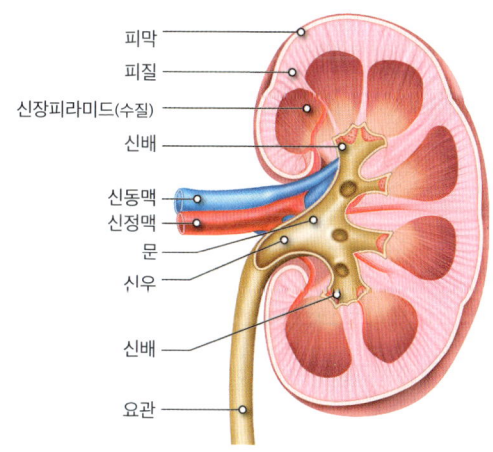

| 신장의 구조.

혈류

신장도 부신처럼 바깥쪽은 피질로, 안쪽은 수질로 이루어져 있습니다. 신동맥에서 소엽사이동맥interlobar artery이 갈라져 나와 수질을 통과해 수질과 피질의 경계까지 뻗어 나갑니다. 이 지점(수질 옆 구역)에 이르면 활꼴동맥arcuate artery들이 갈라져 나와 경계부 곡선을 타고 신장의 볼록한 윤곽을 따라 나란히 주행하지요. 활꼴동맥의 수직 가지는 소엽사이동맥이 되어 피질로 뻗어 올라갑니다. 이곳에서 들세동맥afferent arteriole이라는 가지들이 사구체glomerulus라는 모세혈관 다발에 혈액을 공급하면서 혈장이 여과되고 소변이 만들어지기 시작합니다.

일반적인 순환계의 모세혈관은 세정맥으로 이어지지만, 신장 사구체의 모세혈관은 날사구체세동맥efferent glomerular arteriole으로 이어집니다. 이 동맥은 모든 신장 세포의 내호흡을 수행하는 피질세관주위모세혈관망cortical eritubular capillary network에 혈류를 공급합니다. 이 모세혈관망은 신장의 피질 영역에서 출발해 곧은세동맥straight arteriole이 되어 아래쪽 수질로 뻗어 내려갔다가 곧은세정맥stright venule이 되어 다시 피질로 올라옵니다. 이 두 혈관이 신장의 곧은혈관을 이루고, 2개의 직선 혈관 사이에 피질세관주위모세혈관망이 펼쳐지며 세동맥과 세정맥이 연결됩니다.

이제 정맥혈은 소엽사이정맥으로 이어지고, 그 후에는 동맥과 나란히 주행하며(활꼴정맥, 소엽사이정맥, 신정맥) 신장 밖으로 빠져나갑니다.

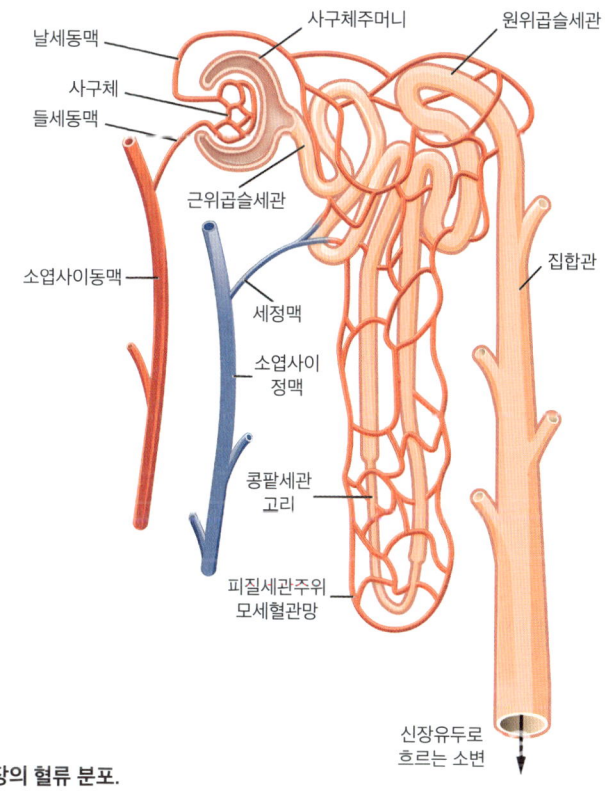

| 신장의 혈류 분포.

신장피라미드

신장 내부는 신장피라미드renal pyramid라는 단위로 구성되어 있습니다. 신장의 세관과 세포는 기본적으로, 삼각형으로 배열되어 있으며, 삼각형의 꼭지점은 신장 문을 향하고 있습니다. 이 피라미드 구조 덕분에 소변이 만들어지면 한 지점으로 모였다가 요관을 타고 신장 밖으로 빠져나갈 수 있지요. 10~12개의 피라미드는 각각의 끝부분인 신장유두renal papilla를 통해 첫 번째 깔때기인 소신배minor calyx(작은콩팥잔)로 소변을 배출합니다. 여러 개의 소신배는 두 번째 깔때기인 3~5개의 대신배major calyx로 합쳐지고, 결국 하나의 큰 깔때기인 신우renal pelvis(콩팥깔때기)로 합쳐진 다음 요관으로 소변을 내려보냅니다.

신장단위

혈장에서 여과된 액체를 운반하고 조정해 소변을 만들어내는 관들의 연결망은 신장의 피질과 수질을 오갑니다. 신세관이 시작되는 곳에는 사구체 모세혈관을 둘러싸는 캡슐이 있어서, 혈관에서 빠져나와 여과된 혈장을 모아 신세관으로 들여보냅니다.

사구체라는 모세혈관 덩어리는 혈관에서 빠져나온 혈장이 신장단위nephron로 진입하는 곳입니다. 사구체에서 여과된 액체는 사구체주머니glomerular capsule의 안쪽 층과 바깥 층 사이 공간에 갇힙니다. 한쪽 주먹을 다른 손으로 감싼 모양을 떠올리면 됩니다. 주먹은 사구체, 감싼 손은 사구체주머니인 셈입니다. 사구체와 사구체주머니를 합쳐 콩팥소체renal corpuscle라고 부르고, 콩팥소체는 신장피질에 있습니다.

사구체주머니 공간에 모인 사구체 여과액은 콩팥소체의 요극urinary pole을 지나 근위곱슬세관proximal convoluted tubule으로 흘러들어갑니다. 이 구간도 콩팥소체와 마찬가지로 신장피질에만 분포합니다. 근위곱슬세관의 세포들은 여과액에 남은 필수 물질을 혈류로 재흡수하기 좋게 구성되어 있습니다. 정상적인 상태라면, 여과액이 다음 구역으로 넘어가기 전에 포도당과 단백질을 모두 재흡수합니다.

또한 근위곱슬세관에서는 여과액에 포함된 염화나트륨과 물의 65퍼센트가 일정하게 능동적으로 재흡수됩니다. 염화나트륨이 고장성(용질 농도가 높은) 환경을 조성해 삼투압을 높이고, 근위곱슬세관 세포를 통해 여과액에 있는 물을 끌어들이지요.

여과와 재흡수는 무엇이 다를까?

여과filtration는 혈류에 있던 물질이 빠져나가는 현상입니다. 재흡수reabsorption는 물질이 혈류로 되돌아가는 현상입니다.

중간 고리

근위곱슬세관에서 재흡수를 거친 여과액은 피질에서 수질로 내려와 콩팥세관고리Henle loop(헨레고리)에 진입합니다. 이 부분은 근위곱슬세관과 신장단위의 다음 피질 부위인 원위곱슬세관distal convoluted tubule 사이에 있어서 중간 고리intermediate loop라고 불립니다. 고리의 시작 부분은 근위곱슬세관에 해당하므로 두꺼운 하행각thick descending limb이라고 합니다. 이 부위에서 20퍼센트의 염화나트륨과 물이 근위곱슬세관과 같은 기전으로 추가 재흡수됩니다. 이제 일일 여과량 180리터 중 27리터만이 여과액에 남고, 이후 호르몬 작용에 따른 조절로 재흡수가 이루어져 남은 1.5리터 가량이 소변으로 배출됩니다.

콩팥세관고리는 더 좁아지면서 수질 깊이 내려갔다가 유턴해 올라오는데, 이를 얇은 하행각thin descending limb과 얇은 상행각thin ascending limb이라고 부릅니다. 이 영역에서 물의 능동적 재흡수가 이루어지지요. 여과액은 조직학적 형태와 일부 기능이 원위곱슬세관과 비슷한 두꺼운 상행각thick ascending limb을 지나 원위곱슬세관으로 들어갑니다.

원위곱슬세관은 콩팥소체나 근위곱슬세관과 마찬가지로 신장 피질에 있으며, 신장단위의 앞부분에서 처리된 여과액을 통과시킵니다. 이 구간에서는 물의 재흡수가 거의 일어나지 않습니다. 그러나 소변의 산-염기 균형을 조정해 혈액의 pH를 조절하는 중요한 작업이 이루어지지요.

신장단위의 마지막 부분인 원위곱슬세관을 통과한 여과액은 이제 더 두꺼운 집합관collecting duct으로 들어갑니다. 여러 신장단위에서 출발한 여과액이 집합관 하나로 모이고, 여러 집합관을 통과한 여과액이 신우와 요관으로 모여듭니다. 여과액이 피라미드의 신장유두까지 내려가는 동안 집합관은 점점 두꺼워집니다. 이제 관의 이름은 유두관papillary duct 또는 벨리니관duct of Bellini이 되면서 체구역area cribrosa을 통해 신장유두에서 빠져나와 소신배로 들어갑니다.

집합관도 신장단위의 일부일까?
집합관은 신장단위에 속하지는 않지만, 신장단위와 집합관을 신장의 기능 단위로 간주해 요세관uriniferous tubule이라고 부릅니다.

요관

요관은 신경과 방광을 연결하는 근육으로 이루어진 관(지름 3~4밀리미터)입니다. 요관의 평활근은 소화관과 마찬가지로 연동 운동을 통해 소변을 방광으로 밀어 내립니다. 그래서 보통 신장 결석이 생기면, 요관을 통과하는 과정에서 알아차리지요. 요관 내벽을 덮는 이행상피는 소변이 가득 차면 늘어나지만, 결석이 무난히 통과할 정도로 늘어나지는 못합니다.

방광

방광bladder은 요관을 통해 내려온 소변이 모이는 곳으로, 양쪽 신장에서 생성된 소변을 500밀리리터에서 1리터 정도까지 저장할 수 있습니다. 방광 내벽은 요관과 같은 이행상피로, 그 아래층은 방광배뇨근detrusor muscle이라고 부르는 평활근 층으로 이루어져 있습니다. 방광의 각 층은 자율신경계의 통제를 받으며, 방광이 늘어나면 소변을 보기 위해 반사적으로 수축합니다(배뇨).

방광의 아래쪽 꼭지에는 몸 바깥으로 소변을 배출하는 관인 요도가 있습니다. 바로 이곳에 소변이 요도로 새지 않게 해주는 속

요도조임근internal urethral sphicter이 있지요. 요도가 골반 바닥을 통과하는 지점에는 골반 근육으로 이루어진 바깥요도조임근external urethral sphincter이 있습니다.

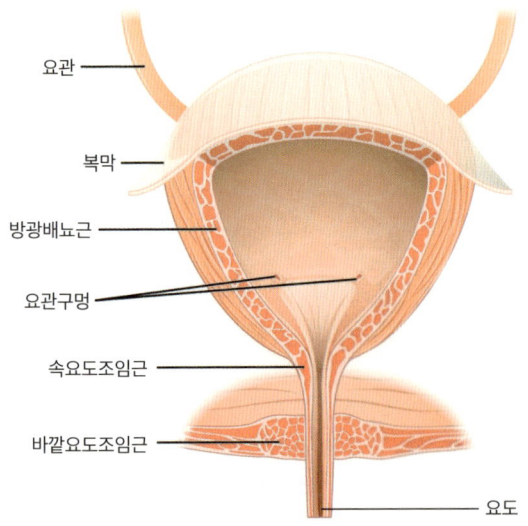

| 방광의 구조.

요도

여성의 요도urethra는 남성보다 훨씬 짧습니다. 요도에서는 요관부터 이어지는 평활근 층이 줄어듭니다. 내벽 상피는 방광 근처에서 전이상피로 시작하지만 밖으로 열리는 요도 구멍(요도 끝) 근처에 이르면 (피부와 비슷한) 중층편평상피로 바뀝니다.

비뇨계의 기능과 질병·장애

제대로 싸지 못하면 생기는 일

소변을 만드는 작업은 혈장이 사구체를 떠나 사구체주머니 공간으로 들어가는 순간 시작됩니다. 신장단위와 집합관을 거치면서 여과액의 물질이 제거되거나(재흡수) 요세관 세포의 물질이 추가됩니다(분비). 그렇게 필요한 물질은 남기고, 남는 물질은 제거해 혈액의 농도 균형을 맞추고 독소를 제거하지요.

소변 생산

소변은 혈장이 비뇨계의 여과 과정을 거친 결과물입니다. 이 과정이 제대로 작동하려면 여러 특수한 혈관이 필요합니다.

> **한 걸음 더 읽기**
>
> **사구체여과액이란 무엇일까?**
>
> 사구체여과액glomerular filtrate은 혈액에서 발견되는 혈장과는 달라서 초미세여과물ultrafiltrate이라고 부르기도 합니다. 사실, 혈장이 사구체주머니 공간으로 들어가는 과정에서 작동하는 여과 기전은 세 가지입니다.

사구체모세혈관

사구체모세혈관glomerular capillary은 구멍이 뚫린 모세혈관의 일종입니다. 물질이 세포를 거쳐 반대편으로 퍼져 나가는 대신, 내피세포의 구멍을 통과해 바로 혈류로 빠져나갈 수 있다는 뜻이지요. 이 구멍의 지름은 약 70~90나노미터(1나노미터는 10억분의 1미터)입니다. 혈장은 이 구멍을 자유롭게 드나들고, 적혈구나 백혈구, 혈소판같이 형태가 있는 요소만 혈관에 남게 됩니다.

바닥판

모든 상피세포의 바닥에는 바닥판basal lamina이라는 풍부한 분자로 구성된 판이 있습니다. 바닥판은 두 영역으로 나뉩니다. 세포의 바닥막에 인접한 부분은 투명판lamina lucida이라는 밀도가 낮은 부분입니다. 라미닌과 섬유결합소 같은 부착 당단백질이 풍부해 세포를 조직에 고정해주지요. 투명판에는 황산헤파란 프로테오글리칸도 붙어 있습니다. 이 분자는 기다란 선형 단백질 뼈대를 형성합니다. 이 뼈대에는 글리코사미노글리칸이라는 이당류 중합체가 달라붙어 있습니다. 투명판의 구조가 이렇게 복잡한 이유는 (음전하를 띠는) 황산기를 집중 배치해, 혈장이 여과될 때 양전하를 띠는 물질을 가두기 위해서입니다. 다시 말해, 투명판은 이온여과ionic filtration 단계를 담당합니다. 이 판은 사구체와 닿아 있으므로 더 구체적으로 속투명판이라고 부르기도 합니다.

그 아래에는 훨씬 밀도가 높고 색이 어두운 치밀판lamina densa이 있습니다. 이곳의 밀도가 투명판보다 더 높은 이유는 IV형 아교질(콜라겐)이 어망처럼 배열되어 있기 때문입니다. 치밀판은 아교질 분자들 사이로 69킬로달톤(kDa)보다 작은 물질만을 통과시키면서 크기 여과size filtration 단계를 담당합니다. 세 번째 층은 치밀판 아래에 있지만 바깥쪽 상피층에 인접한 또 다른 투명판입니다. 이 겉투명판은 속투명판과 같은 성분으로 이루어져 있습니다.

한 걸음 더 읽기

킬로달톤이란?
1킬로달톤은 1,000달톤입니다. 달톤dalton은 원자나 분자와 같이 매우 작은 물질을 측정하는 단위입니다. 수소 원자 하나의 질량이 1달톤입니다.

사구체주머니의 안쪽 층

이 층의 세포는 사구체모세혈관의 모든 고리에 단단히 달라붙어 여과액을 통과시키는 기능적 장벽(필터)을 형성합니다. 이 층은 발세포podocyte('pod'는 발이라는 뜻)라는 변형된 상피세포로 이루어져 있습니다. 발세포들은 복잡한 세포 돌기를 뻗어 깍지낀 손가락처럼 서로 맞물리며 모세혈관 고리를 완전히 덮고 있습니다. 손가락 사이에는 물샐 틈이 아직 남아 있지요. 이러한 틈에서 콩팥소체의 세 번째 여과 단계가 진행됩니다. 이 틈 사이에는 막이 펼쳐져 있어서 사구체주머니 공간으로 들어가는 물질의 유입을 조절합니다.

전하의 반대 이동

신장 수질에 있는 중간 고리에서는 염화나트륨이 재흡수되고, 여과액의 물이 삼투압을 따라가는 이동 주기가 반복됩니다. 하행각에서도 물의 재흡수가 일어나는데, 이는 주로 상행각에서 일어나는 나트륨의 능동 재흡수 및 염화 이온의 수동적 확산 덕분입니다.

나트륨-칼륨 펌프가 나트륨 이온을 사이질(고리 주변 조직)로 능동수송하면, 나트륨 이온의 손실을 상쇄하기 위해 여과액으로 칼륨 이온이 분비됩니다. 염화물은 나트륨 이온의 정전기 인력을 따라 수질의 사이질 조직으로 확산됩니다. 상행각은 물을 투과시키지 않으므로 여과액은 염화나트륨 농도가 낮은 저장성 용액이 된다는 점을 주목해야 합니다.

상행각에서 퍼낸 염화나트륨이 사이질에 축적되므로 수질 속과 하행각 여과액의 삼투압은 더 높아집니다. 콩팥세관고리의 하행각에는 더이상 나트륨-칼륨 펌프가 없지만, 물이 투과할 수 있으므로 사이질로 물이 재흡수됩니다. 이로 인해 여과액의 삼투압은 점점 더 높아집니다.

소금과 수분이 신장의 수질로 재흡수될 때, 곧은혈관과 피질세관주위모세혈관망은 과도한 소금과 수분을 혈류로 돌려보냅니다. 그렇지 않으면 신장 수질의 염화나트륨 농도가 너무 높아져 더 이상 늘어나지 못하고 신장이 작동을 멈출 수 있습니다. 따라서 신장의 여과 기능을 유지하려면 여과액뿐 아니라 신장에서도 염화나트륨과 수분을 제거하는 것이 중요합니다

집합관

집합관의 여과액은 용질(수질외 시이질로 이동하고 수분이 곧 은혈관에 의해 제거되면서 혈장보다 더 묽어집니다(저장성). 집합관이 수질을 지나 신배로 이동하는 동안, 중간 고리에서 물이 빨려 나간 것과 같이 염화나트륨 농도가 높은 고장성 환경을 만나 수분을 빼앗깁니다.

이 시점에서 마지막으로 남은 여과액 27리터는 호르몬, 주로는 항이뇨호르몬의 조절을 받습니다. 물은 집합관 세포(으뜸세포 또는 주세포)의 막에 있는 아쿠아포린aquaporin(물의 수동 이동에 특화된 단백질 통로)을 통해 집합관을 떠날 수 있습니다. 항이뇨호르몬은 세포막의 아쿠아포린 수를 늘려 수분 재흡수를 촉진합니다. 그러나 탈수 상태가 되어도 항이뇨호르몬은 사이질액보다 높은 농도의 소변을 만들어낼 수는 없습니다.

> **한 걸음 더 읽기**
>
> **하루에 배출되는 소변의 최소량은 얼마일까?**
> 신장은 심한 탈수 상태에서도 하루 최소 400밀리리터의 소변을 만들어 냅니다. 이를 필연수분손실obligatory water loss이라고 합니다. 혈액에서 노폐물을 제거하는 데 필요한 수분의 양이지요.

치밀반

상행각이 수질에서 피질로 돌아오면 원위곱슬세관이 되어 곧장 해당 콩팥소체의 혈관 극(사구체 세동맥이 드나드는 지점) 옆을 지나갑니다. 이 부위에서는 일부 원위곱슬세관 세포가 압축되어 치밀반macula densa('어두운색 점'이라는 뜻)을 형성합니다. 이 특화된 세포들은 나트륨과 염화물의 농도를 감지하고, 이를 통해 혈압을 간접적으로 감시합니다.

예를 들어, 혈압이 낮아지면 치밀반에서 감지되는 나트륨과 염화물 이온의 농도가 감소합니다. 혈압이 낮아지면 사구체 여과율이 감소하기 때문이지요. 치밀반 세포는 이에 대응해 프로스타글랜딘을 분비하고, 구심성 세동맥 내막을 감싼 과립형 사구체옆세포juxtaglomerular cell의 레닌 효소 분비를 자극합니다. 레닌은 갈증을 유발하고 혈관을 수축시켜 혈압을 높이는 화학물질의 생성을 자극합니다. 혈압과 수분 균형을 조절하는 이 과정을 레닌-안지오텐신-알도스테론계(RAAS)라고 합니다.

치밀반과 사구체옆(과립)세포가 합쳐져 사구체옆장치juxtaglomerular

apparatus를 구성합니다.

전해질 균형

인체 시스템의 항상성 균형이 언제나 그렇듯, 한 영역이나 한 가지 원소 농도의 변화가 다른 영역이나 다른 원소 농도에 극적인 영향을 미칠 수 있습니다. 따라서 (수분을 보존하기 위해) 나트륨과 염화물을 재흡수하고 나트륨 보존을 상쇄하기 위해 칼륨을 분비할 때, 이를 정교하게 조절하지 못하면 전해질 불균형이 일어납니다.

산-염기 균형

소변을 통해 수소이온을 배출할 수 있으므로, 신장은 혈액과 체내의 pH를 유지하는 데 중요합니다. 수소이온은 사구체에서 여과되며, 원위곱슬세관에서 나트륨 이온과 역방향운반antiport 기전을 통해 여과액으로 분비될 수 있습니다. 소변이 약산성을 띠는 이유는 이 때문이지요.

질병과 장애

비뇨계의 효율을 떨어뜨리는 모든 상태가 혈압(혈액량 조절 실패)과 신체 독성(노폐물 축적)에 심각한 영향을 미칠 수 있습니다. 신부전이나 사망으로 이어질 수도 있지요.

신장결석

신장에서 소변이 과도하게 농축되면 과포화된 일부 미네랄이 핵 형성 과정을 거쳐 결정으로 변할 가능성이 높아집니다. 결정핵이 만들어지면 여기에 미네랄이 달라붙으면서 지름이 커집니다. 이렇게 만들어진 신장결석 kidney stone은 크기가 (요관의 평균 지름인) 3밀리미터 미만일 때는 소변으로 빠져나올 수 있습니다. 당사자는 결석이 있다는 사실을 알아차리지 못할 수도 있지요. 그러나 가장자리가 울퉁불퉁하고 크기가 큰 결석은 소변의 수압으로 요관 아래로 내려갈 때까지 요관에 박혀 있습니다. 이런 결석은 심한 통증과 손상을 유발하지요. 종종 요관에서 피가 나서 소변에 혈액이 섞여 나오기도 합니다(혈뇨).

결석이 너무 커서 안전하게 통과할 수 없을 때는 초음파로 결석에 충격을 가해 요로를 통과할 만큼 작은 조각으로 부수기도 합니다. 이 기술을 쇄석 lithotripsy ('litho'는 돌이라는 뜻의 그리스어에서 유래)이라고 부르지요. 결석을 더 작은 조각으로 파쇄하는 다른 기술로는 요관에 도관을 넣어 레이저 빔을 결석에 직접 쏘는 레이저 도관삽입 laser catheterization이 있습니다.

신장염

신장염 nephritis은 신장에 염증이 생기는 병입니다. 감염으로 발생하는 경우가 많지요. 그 밖에 과도한 독성 물질 노출 또는 신장 기능을 저해하는 자가면역반응이 원인일 수 있습니다. 일반적으로 소변 생산량이 줄고, 소변에 피가 섞여 나오며(콩팥소체 손상), 혈액 내 질소 노폐물 농도가 늘어납니다(요독증). 인체의 세균 감염은 흔한 일이고 대부분 생명에 지장이 없지만, 신장염은 심각한 질병입니다. 전 세계 8대 사망 원인 중 하나로 꼽힐 정도이지요.

요로감염

요로감염urinary tract infection(UTI)은 요로의 감염을 통칭하는 말입니다. 상부 요로감염은 하부 요로감염보다 더 심각한 질병입니다. 요로감염 대부분은 소화관에 있는 세균(대장균)에 의해 생기며, 요도에서 시작해 세균이 증식힘에 따라 위쪽으로 번집니다. 요로감염의 증상은 주로 다음과 같으나 그 밖에도 더 있습니다.

- 소변이 아프게 나오는 배뇨통
- 박테리아 과증식으로 소변 색이 탁해짐
- 소변을 참기 어려워지는 절박
- 소변을 자주 보게 되는 빈뇨

요로감염의 가장 흔한 치료법은 항생제 치료 혹은 충분한 수분 섭취로 소변량을 늘려 요로에서 세균을 씻어내는 것입니다.

12장

생식계: 새로운 생명이 탄생하는 장소

남성 생식계
아기 만들기 1부

모든 생물의 궁극적인 목표는 오래 살아남아 새끼를 낳고 종족을 이어가는 것입니다. 아기가 생기려면 정자가 여성의 생식기관 안으로 들어가 난자와 만나 수정이 일어나야 하지요. 그렇게 새로운 생명이 탄생합니다.

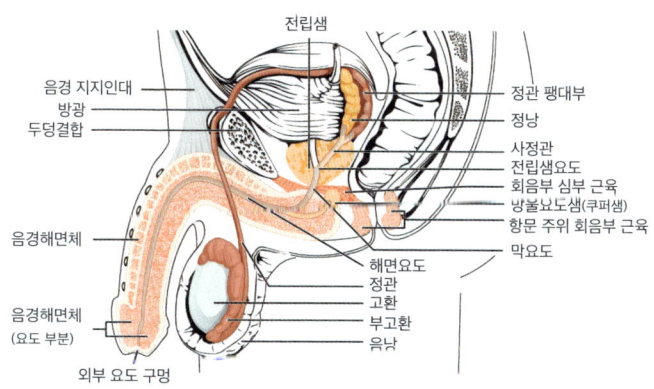

| 남성 생식기관의 구조.

고환

고환은 정자를 만들어내는 기관으로, 여성의 난소와 비슷한 기능을 합니다. 또한 남성의 생식관genital duct이 시작되는 부분이기도 하지요.

고환은 골반 아래쪽에 있는 음낭scrotum이라는 피부 주머니 안에 매달려 있습니다. 음낭은 단순히 고환을 담는 주머니가 아닙니다. 얇은 근육층이 있어 수축하거나 이완하여 고환을 따뜻하게 데우거나 식히며 온도를 조절하는 기능을 합니다. 고환을 둘러싼 백막tunica albuginea이라는 단단한 결합조직은 고환 뒷부분에서 뭉쳐 '고환세로칸mediastinum testis'을 만들고, 이 백막에서 뻗어 나가는 격막이 고환을 여러 엽으로 나눕니다. 각 엽에는 1~4개의 정세관이 들어 있는데, 이곳에서 정자가 만들어집니다.

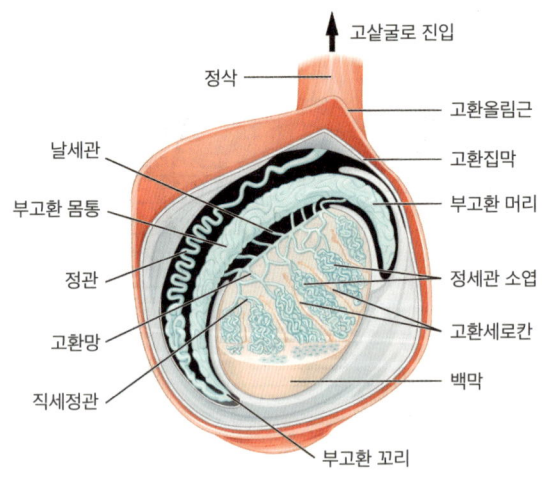

| 고환의 구조.

고환의 세포 종류

고환에는 정자를 만드는 종자세포germ cell 외에도 중요한 역할을 하는 세포가 두 가지 더 있습니다. 이 세포들은 털이 많아지고, 뼈가 굵어지며, 근육이 발달하고, 체지방량이 줄어들며, 남성 생식기가 발달하는 등의 변화가 나타나는 남성의 이차성징에도 중요한 역할을 합니다.

두 세포 중 하나는 세르톨리세포Sertoli cell(버팀세포)로, 정세관 전체에 분포하며 정자의 발달을 돕고 보호합니다. 종자세포가 감수분열과 유전물질 재조합을 거쳐 새로운 정자로 만들어지면 해당 몸피 유전·면역학적으로 달라서 낯선 세포로 여겨질 수 있습니다. 따라서 세르톨리세포가 혈액고환장벽blood-testis barrier을 제대로 형성하지 못하면 새로 만들어진 정자를 면역계가 이물질로 인식해 파괴할 수 있습니다. 또 세르톨리세포는 과당이 풍부한 분비물을 만들어 정자에 영양을 공급합니다.

다른 하나는 정세관 바깥쪽에 있는 라이디히세포Leydig cell로, 남성호르몬인 테스토스테론을 만드는 내분비 세포입니다.

고환 내 통로

고환에서 만들어진 정자는 곧은정세관straight seminiferous tubule을 통해 고환세로칸의 고환그물rete testis로 이동하고, 이어서 10~20개의 고환날세관efferent ductule을 거쳐 부고환epididymis으로 늘어갑니다. 부고환은 꼬불꼬불 감긴 관으로, 머리 부분에서 정자를 받아

들여 몸통을 거쳐 꼬리로 이어집니다. 이곳은 최대 2~3개월 동안 정자를 저장하는 중요한 장소입니다. 부고환 상피세포에는 고정섬모stereocilium라는 긴 돌기가 있어 물질의 재흡수를 돕습니다.

부고환을 나온 정자는 정관ductus deferens으로 들어갑니다. 정관은 음낭에서 위쪽으로 올라가 골반을 지나 요도와 합쳐집니다. 정관은 남성 생식관에서 가장 두꺼운 부분으로, 강한 평활근 층으로 이루어져 있어 사정ejaculation을 할 때 강한 수축을 통해 정자를 밀어냅니다. 정관은 마지막에 정낭seminal vesicle과 만나면서 사정관ejaculatory duct이 되고, 이는 요도로 연결됩니다.

정자형성

정자형성spermatogenesis은 남성의 생식세포인 정조세포spermatogonium가 자유롭게 이동할 수 있는 성숙한 정자로 발달해 나가는 세포 및 분자 단계를 모두 아우르는 과정입니다.

정모세포발생

가장 첫 단계인 정모세포발생spermatocytogenesis 단계에서는 정조세포가 분열을 통해 다음 단계의 세포인 일차 정모세포primary spermatocyte로 발달합니다. 이 정조세포는 정세관의 가장 아래쪽에 위치하며, 세르톨리세포 사이에 자리 잡고 있습니다. 일차 정모세포는 정세관을 감싸는 접합복합체tight junction를 통과해 내강 쪽으로 이동합니다.

지금까지의 세포분열은 유사분열(세포 복제) 방식이었지만, 이후 단계에서는 감수분열meiosis이 일어나야 합니다. 감수분열은 유전물질을 절반으로 줄여 홑배수체haploid(1N) 상태의 세포를 만들어내는 과정입니다. 정세관에서 주로 볼 수 있는 세포는 (어두운 핵을 지닌) 정조세포와 (염색질이 응축된 큰 핵을 지닌) 일차 정모세포입니다.

정자발생

마지막으로 정자발생spermiogenesis 단계에서는 둥글던 어린 정자세포가 성숙한 정자 형태로 바뀝니다. 이 단계에서 정자는 먼저 난자에 머리를 집어넣는 데 필요한 수단인 첨단체acrosome가 핵 위쪽에 만들어지고, 그다음으로 중심소체centriole가 편모flagellum의 바닥 부분을 형성하며, 미토콘드리아가 에너지 공급을 위해 편모 쪽으로 모여듭니다. 이어서 꼬리 형성tail formation 단계에서 미세관이 길어지며 세포막이 바깥쪽으로 밀려 나와 길쭉한 편모가 완성됩니다.

마지막 성숙 단계에서는 필요 없는 세포질이 제거되고, 정자는 세르톨리세포에서 떨어져 나와 정세관 내강으로 방출됩니다(정자 유리). 이때 방출된 정자는 아직 스스로 움직일 수 없고, 따라서 난자를 수정시킬 수도 없습니다. 이후 성숙 과정을 더 거쳐야 하지요.

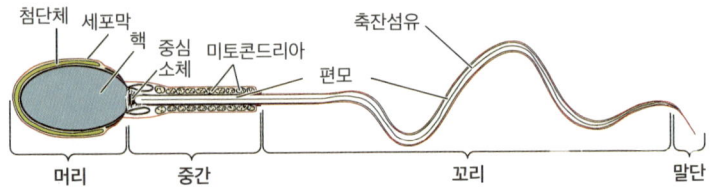
| 정자의 구조.

남성의 생식관 분비샘

정자는 핵, 편모, 미토콘드리아 등 기본적인 세포 구성을 갖추지만, 스스로 연료를 공급할 방법이 없기 때문에 여러 부속 생식샘의 분비물로부터 연료를 공급받습니다. 정낭은 정액의 70퍼센트가량을 차지하는 액체를 만들어 과당을 통해 정자에 연료를 제공합니다. 전립샘prostate gland은 요도 시작 부분에 위치해 알칼리성 분비물을 내보내 남녀 생식기관의 산도를 낮추고 정자의 생존 기간을 늘립니다. 망울요도샘bulbourethral gland(쿠퍼샘)은 음경 아래쪽에서 사정 전에 윤활액을 분비해 정자가 지나갈 길을 준비합니다.

외부 생식기

남성의 성기인 음경penis은 3개의 기둥으로 이루어져 있으며, 그중 2개의 해면체corpus cavernosum는 자극을 받으면 혈액으로 차면서 발기를 일으킵니다. 끝부분의 음경귀두glans penis는 태어날 때부터 음경꺼풀foreskin(포피)에 덮여 있으며, 발기하면 귀두가 피부 밖으로 노출됩니다.

남성의 성호르몬

남성호르몬은 남성 생식계의 발달과 기능에 필수적입니다. 고환결정인자(TDF)가 라이디히 세포를 자극해 테스토스테론 분비를 촉진하고, 테스토스테론은 남성의 성 발달을 유도해 성인기까지 작용을 지속합니다. 이 호르몬이 부족하면 활력이 저하되고, 체지방이 늘어나며, 발기부전이나 불임 위험이 커집니다. 한편, 세르톨리세포는 여성 생식기관 발달을 차단하는 호르몬을 만들어 남성 생식계로 발달하는 것을 돕습니다. 이를 보면, 인간은 기본적으로 여성female으로 발달하려는 경향이 있고, 남성화는 별도의 활성화 신호가 필요한 과정임을 알 수 있습니다.

한 걸음 더 읽기

포경수술이란?

포경수술circumcision은 음경 머리쪽 피부인 음경꺼풀을 외과적으로 제거하는 수술입니다. 사회·종교·심미적 이유로 출생 직후에 시행하는 경우가 많습니다. 어떤 이유로 하든 포경수술이 건강에 도움이 된다는 증거는 거의 없습니다.

남성 생식계의 질병과 장애
아픈 건 부끄러운 일이 아니다

남성 생식관이나 생식기에 문제가 생긴 사람은 생리적 문제뿐 아니라 사회·정서적으로도 어려움을 겪을 수 있습니다. 따라서 생식 능력과 관련된 질병을 다루는 보건·의료 전문가는 당사자가 겪는 정신적 고통과 사회적 낙인에도 관심을 기울여야 합니다.

잠복고환

복강에 있던 고환이 음낭까지 내려오지 못한 상태를 잠복고환cryptorchidism이라고 합니다. 아기의 잠복고환은 초보 엄마 아빠를 기겁하게 하지만, 대부분 생후 몇 개월이 지나면 자연스럽게 해결됩니다. 만약 문제가 계속된다면 고환고정orchiopexy이라는 수술로 치료할 수 있습니다.

고환꼬임

고환고정 수술은 고환꼬임testicular torsion을 치료하는 데도 사용됩니다. 정삭spermatic cord은 정관뿐 아니라 동맥과 정맥, 림프관으로 구성되어 있습니다. 음낭 안에서 고환이 돌아버리면 정삭 안에서 정관이 꼬이면서 나란히 주행하는 혈관들을 조일 수 있습니다. 이 상황을 해결하지 못하면 고환의 혈액 순환이 차단되어 조직이 괴사할 수 있습니다.

남성 불임

남성 불임male sterility의 주요 원인은 정자 수 감소와 정자 운동성(움직임) 감소입니다. 정액에 정자가 들어 있다고 해서 모든 문제가 해결되지는 않습니다. 여성 생식관 끝에 도달해 난자를 수정시킬 정자가 있을 정도로 그 수가 충분해야 합니다. 정자 하나가 수정란을 이루려면 다수의 정자가 접근해 난자를 보호하는 바깥층을 뚫어야 합니다. 또, 정자의 수가 충분하더라도 운동성이 떨어지면 수정이 성사되어야 할 시점에 정자 수가 부족해집니다.

한 걸음 더 읽기

정자의 운동성이 떨어지는 이유는?
정자의 형태에 문제가 있으면 운동성에 문제가 생깁니다. 흔한 예로 꼬리가 2개 달린 정자를 들 수 있지요. 꼬리 2개로 헤엄치면 정자가 효율적으로 이동할 수 없습니다.

발기장애

발기장애erectile dysfunction(ED)에 대해서는 연구가 많이 이루어졌고, 여러 약물과 치료법이 개발되었습니다. 음경 기둥에 혈액을 담아 가두어야 할 정맥이 노화되어 기능이 떨어지면 발기가 약해져 성행위를 할 수 없습니다.

전립샘암

전립샘암prostate cancer은 여성 유방암에 대응되는 질환처럼 여겨집니다. 정상적인 노화 과정에서도 전립샘이 커지고 배뇨장애나 성기능장애가 생길 수 있습니다. 그러나 전립샘이 빠르게 커진다면 이것은 전립샘암이 증식하기 때문일 수 있습니다. 대부분 전립샘암은 느리게 자라며, 50세 이상의 남성에게 가장 흔히 발생합니다. 따라서 40세 이상의 남성은 매년 건강검진에서 직장 검사를 받는 편이 좋습니다.

한 걸음 더 읽기

PSA 검사는 전립샘암 발견에 도움이 될까?

전립샘특이항원(PSA)의 혈중농도가 상승했다는 사실은 전립샘 조직의 양이 증가했고, 어쩌면 그것이 암 때문일 수 있다는 경고로 받아들여야 합니다. 그러나 PSA 검사가 환자의 기대 수명을 연장한다는 증거는 부족합니다. 유전적 요인이 암 발생 위험을 높인다는 사실은 분명합니다. 아버지나 삼촌 또는 할아버지가 전립샘암에 걸린 적이 있다면, 당신도 전립샘암 발병 위험이 높습니다.

여성 생식계
아기 만들기 2부

일부 발달 생물학자는 인간이란 그저 알egg이 또 다른 알을 낳는 과정일 뿐이라고 말합니다. 그런 맥락에서 여성의 생식기관이야말로 난자egg를 만드는 곳이지요. 또한 정자와 난자가 만나 수정란이 되고, 수정란이 분열하고 성숙해 또 다른 생명체가 되는 장소이기도 합니다.

난소

난소ovary는 난자를 저장·발달·성숙시키고 마지막에 배출하는 기관입니다. 좌우 한 쌍의 난소는 각각 복부 좌우 아래쪽에 인대로 고정되어 골반에 자리합니다.

난소는 아몬드 모양이며 바깥쪽 피질과 안쪽 수질로 나뉘고, 단단한 결합조직인 백막tunica albuginea에 싸여 있습니다. 피질에는

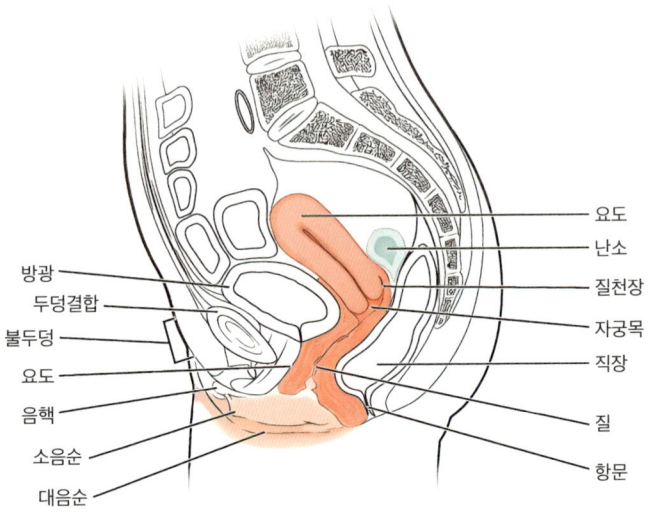

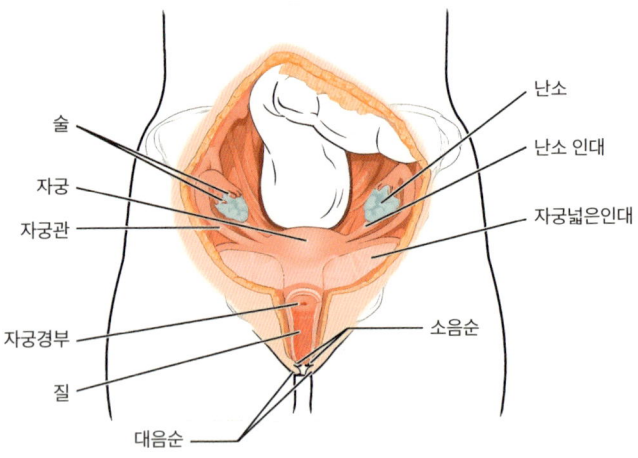

| 여생 생식기관의 구조.

버팀질 세포stromal cell로 이루어진 결합조직 그물과 발달 단계가 다양한 난포가 있습니다. 각각의 난포 안에는 난자 전구체인 난조세포oogonium와 이를 둘러싼 지시세포인 난포세포follicular cell가 들어 있습니다. 수질에는 더 큰 성숙난포와 퇴화 상태인 이전 주기의 난포 잔여물이 모여 있습니다.

난포의 발달

난포follicle는 난모세포oocyte와 이를 둘러싼 지지세포로 구성된 기본 단위입니다. 난소에는 다양한 발달 단계의 난포가 있습니다. 피막 바로 아래 피질 가장자리에는 원시난포primordial follicle가 많습니다. 납작한 난포세포가 난모세포를 한 층으로 둘러싼 작은 난포로, 감수분열 전기 1에서 멈춘 상태입니다. 호르몬 자극을 받으면 성숙난자로 발달하기 시작합니다.

　원시난포의 다음 단계는 단층 일차 난포unilaminar primary follicle로, 100~150밀리미터 크기로 커지고 정육면체 모양의 과립층세포granulosa cell로 둘러싸입니다.

　이후 중층 일차 난포multilaminar primary follicle로 발전합니다. 이 단계에서는 과립층세포가 세포 사이 공간에 액체를 분비해 작은 웅덩이가 합쳐지면서 큰 방이 만들어집니다. 이 난포액follicular fluid은 호르몬을 함유해 난포를 크게 키웁니다. 결국 난포와 난소 피막이 파열되면 배란ovulation이 일어납니다.

　난모세포 주변에는 부챗살관corona radiata과 난포세포더미cumulus

oophorus가 남아 정자의 접근을 막고 난자를 보호합니다.

난포 여러 개가 발달을 시작하지만 보통 하나만 성숙해 난포벽에서 떨어져 체액 속으로 나옵니다. 이렇게 난모세포와 투명층, 부챗살관 덩어리가 함께 움직이면 이를 성숙난포mature follicle라 부릅니다. 난소에는 난자가 수백만 개 있지만, 가임기 동안 500개 정도만 성숙해 배란됩니다.

여성 생식관

여성 생식관은 난모세포를 수정 장소로 이동시키고, 정자가 지나갈 통로를 제공하며, 새로 생긴 생명이 성장할 안식처를 마련해 줍니다.

자궁관

자궁관fallopian tube(난관)은 난자를 자궁으로 안내하고, 정자가 안으로 들어와 수정이 일어나는 장소입니다. 난관은 자궁에서 좌우로 뻗어 나오는데, 난소 가까이에서 팽대ampulla라 불리는 불룩한 부위가 생깁니다. 바로 이곳에서 수정이 일어나야 착상이 이루어질 수 있습니다.

난관 깔때기 모양 끝에는 손가락 모양의 술fimbria이 나와 있어 배란된 난모세포를 난관 안으로 유도합니다. 난관 내벽에는 섬모운동을 하는 세포가 있어 난자를 자궁 방향으로 움직입니다.

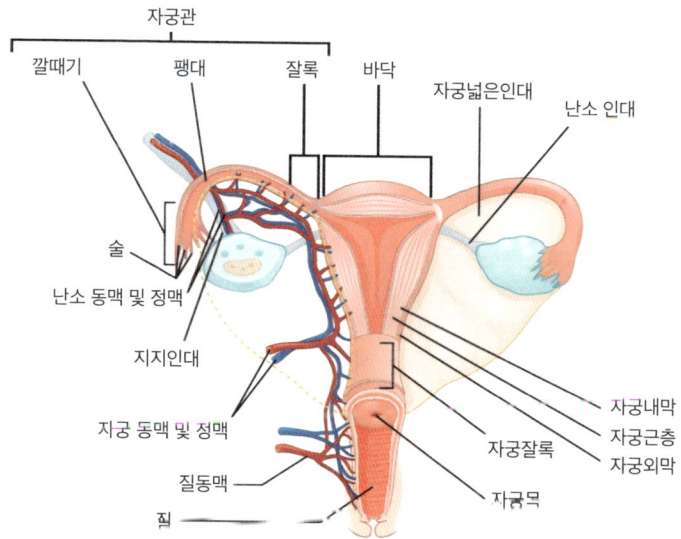

| 자궁관의 구조.

자궁

자궁uterus은 태아를 보호하고 영양을 공급하는 기관이며, 두꺼운 근육층으로 분만할 때 아기를 밀어내는 역할도 합니다. 자궁은 방광과 직장 사이, 골반 정중선에 위치합니다. 평소 길이는 7~8센티미터, 무게는 50~60그램이지만, 임신하면 아기를 품으면서 크게 확장됩니다.

  자궁의 윗부분은 기저부fundus, 중간은 체부body, 아래쪽 좁아진 목 부분은 자궁목cervix이라 부릅니다.

  자궁 벽은 안쪽에 있는 자궁내막endometrium과 바깥쪽에 있는 자궁근층myometrium으로 이루어져 있습니다. 자궁내막은 착상 준비를 위해 매달 증식하지만, 임신이 안 되면 표면의 기능층이 떨어져 나가며 월경이 일어납니다. 바닥층은 그대로 남아 다음 주기에 다시 기능층을 만듭니다. 자궁근층은 세 층의 평활근으로, 호르몬 신호에 따라 수축해 분만을 돕습니다.

질

질vagina은 성교 기관이자 분만 시 아기가 나오는 통로입니다. 질벽에는 정자의 최종 성숙을 돕는 점액과 물질을 분비하는 샘이 있습니다. 정자는 질에서 수정능capacitation을 획득해야 난자와 수정할 수 있습니다.

외부 생식기

여성의 외부 생식기는 남성 생식기와 그 기원은 동일하지만, 질과 요도 구멍 주위의 연부조직이 열려 있고, 남성 음경의 머리에 해당하는 부분은 여성의 몸에서 음핵이 됩니다.

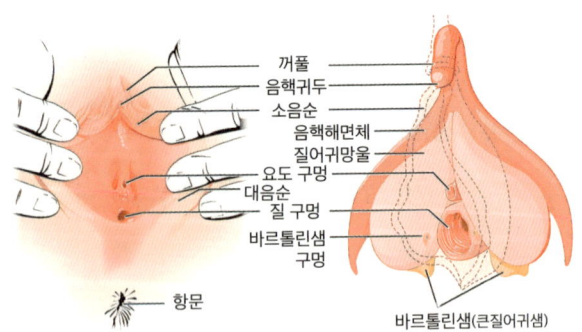

| 외부(왼쪽)와 내부(오른쪽)에서 본 여성 외음부 구조.

음순

질 입구 주름을 음순labia이라 하며, 전체를 합쳐 외음vulva이라 부릅니다. 바깥쪽 두꺼운 대음순labia majora은 음순 음낭 융기labioscrotal swelling에서 발달하며, 안쪽의 얇고 길쭉한 소음순labia minora은 질과 요도 구멍 가장자리를 둘러싸고 있습니다.

음핵

음핵clitoris은 성교 중 성적 자극을 느끼고 오르가슴에 도달하게 하는 민감한 기관입니다. 이때 질 벽의 수축은 정자가 안으로 들어가는 데 도움을 줍니다.

여성의 성호르몬

여성의 생리 주기와 성욕 변화는 여러 스테로이드호르몬이 조절합니다. 에스트로겐estrogen은 일군의 스테로이드호르몬을 통칭하는 말로, 그중 가임기에 주로 분비되는 에스트라디올estradiol은 유방 발달과 같은 이차성징을 유도하고, 생리 주기에 맞춰 자궁 내막을 증식하는 데 관여합니다. '임신 호르몬'이라고도 불리는 프로제스테론progesterone은 모유 생산과 젖 분비를 돕고, 에스트로겐과 함께 월경주기를 조절합니다.

생식주기

여성의 생식주기reproduction cycle는 매달 반복되며, 수정과 착상이 없으면 자궁내막이 떨어져 나와 월경menses이 일어납니다. 따라서 월경주기menstrual cycle라고 부르기도 합니다.

> **한 걸음 더 읽기**
>
> **폐경이란?**
> 폐경menopause은 여성의 생식주기가 중단되는 시기를 의미합니다. 월경이 사라지는 것이 특징이어서 무월경증amenorrhea이라고 부르기도 합니다. 이런 현상이 나타나는 이유는 우리 몸의 호르몬 농도가 서서히 변하면서 난포의 성숙과 배란, 자궁내막의 탈락을 유도하는 능력이 떨어지기 때문입니다.

> **한 걸음 더 읽기**
>
> **진통에 앞서 나타나는 수축의 정체는?**
> 흔히 가진통이라 불리는 브랙스턴 힉스 수축Braxton-Hicks contraction 또는 예행 수축practice contraction은 호르몬 신호에 반응해 나타나는 수축이 아니고, 실제 진통과 관련이 없습니다.

난포 성숙

생식주기 전반부인 난포기follicular phase에는 원시난포 여러 개가 발달하기 시작합니다. 이 과정은 뇌하수체에서 분비되는 난포자극호르몬(FSH)에 의해 촉진됩니다. 난포자극호르몬은 생식주기 초기에 가장 높은 수치로 시작했다가 12일이 지날 때쯤 서서히 감소합니다. 이때 난포에서 분비되는 에스트로겐 농도는 점점 늘어나 배란 직전에 최고조에 달하지요. 에스트로겐은 자궁내막을 두껍게 만들고, 난포가 성숙하는 데 중요한 역할을 합니다.

배란

배란ovulation은 성숙난포graafian follicle가 난포막 세포와 난소 표면의 수용력을 넘어설 때 일어납니다. 성숙난포 안에는 난모세포와 지지세포가 들어 있고, 이 세포들은 난포액follicular fluid 속에서 자유롭게 떠다닙니다.

뇌하수체에서 황체형성호르몬(LH) 농도가 급증하면, 난포와 난소 표면이 파열되며 난자가 복강 쪽으로 배출됩니다. 이것이 배란입니다. 이때 난관 끝의 술이 난자를 자궁관 안으로 끌어옵니다.

황체기

배란 후에 난포 잔여물은 황체corpus luteum로 바뀝니다. 황체는 에스트로겐과 함께 프로제스테론을 분비해 자궁내막의 분비샘들을 활성화해 배아 착상에 대비한 영양분을 준비합니다. 황체의 기능을 유지하기 위해서는 난포자극호르몬과 황체형성호르몬이 필요하지만, 이 단계에서는 두 호르몬의 수치가 낮아집니다.

임신이 이루어지지 않으면 황체는 퇴화하고, 프로제스테론과 에스트로겐 농도가 급감하면서 자궁내막이 상층부(기능층)가 떨어져 나가 월경이 시작되지요. 만약 임신이 이루어지면 발달 중인 배아가 분비하는 융모생식샘자극호르몬(hCG)이 황체를 유지시켜 자궁내막이 떨어져 나가지 않도록 돕습니다. 이 호르몬은 초기 임신 검사의 표적 물질이기도 합니다.

여성 생식계의 질병과 장애
임신에 따르는 위험

여성 생식계에서 일어나는 가장 큰 문제는 여성불임과 자궁외임신입니다. 둘 다 신체와 정신에 심각한 스트레스를 주고, 사망에 이르는 치명적인 합병증을 일으킬 수 있습니다.

여성불임

여성불임 female sterility 은 주로 자궁관이 막혀 정자가 배란된 난자에 접근하지 못하거나 수정란이 자궁으로 들어가지 못하면서 발생합니다. 자궁관이 막히는 흔한 원인은 자궁내막증 endometriosis 입니다. 자궁내막증에서는 자궁내막 세포가 자궁관 안으로 들어가기도 합니다. 그 안에서 주기적인 호르몬 변화에 반응해 자라지만 매달 떨어져 나오지는 못하지요. 이렇게 자궁내막 세포가 계속 자라면 결국 자궁관이 막힙니다.

한편, 다낭난소증후군polycystic ovarian syndrome이 있으면 자궁관 반대쪽 끝이 막힐 수 있습니다. 다낭난소증후군에서는 난포 여러 개가 발달하지만 배란되지도, 퇴화하지도 않습니다. 마침내 낭종이 파열되면 비정상적으로 많은 양의 세포 물질과 파편이 자궁관 안으로 들어가 관을 막을 수 있습니다.

한 걸음 더 읽기

자궁근종
자궁근종uterine leiomyoma이라는 작은 양성 종양은 여성에게 흔히 발생합니다. 자궁의 모양을 변형시키거나 자궁관을 막아 임신에 방해가 되기도 합니다.

자궁외임신

자궁관이 열려 있다고 해도 수정란이 그 안으로 들어간다는 보장은 없습니다. 수정란은 종종 복강 내에 남아 그곳에 달라붙습니다. 때로는 자궁관 안에 달라붙기도 하는데, 이런 경우를 자궁관임신tubal pregnancy이라고 합니다. 착상할 곳을 찾는 배아는 효소를 이용해 어디든 달라붙을 수 있습니다. 자궁관임신은 종종 심한 복통 때문에 발견되며, 이미 너무 많은 부위가 손상된 경우 생식관 일부를 제거해야 할 수도 있습니다.

효모 감염

여성 모두가 불임이나 자궁외임신을 경험하지는 않지만, 여성의 75퍼센트가 살다가 한 번쯤 효모에 감염됩니다. 칸디다알비칸스candida albicans라는 효모는 여성의 생식관에 흔히 조금씩 있는 유기체입니다. 외음부와 질의 따뜻하고 습한 환경에서 살아가는 효모가 어떤 자극을 계기로 과증식해 감염을 일으키고, 질에 가려움증과 작열감을 유발합니다. 이런 경우 항진균제 연고나 질정으로 치료해야 합니다.

옮긴이의 말
해부학이라는 언어가 들려주는 이야기

안녕하세요. 어떤 분께서 어떤 사정으로 이 책을 집어 드셨는지 궁금하네요. 생물II 공부에 도움이 필요한 고등학생? 보건·의료 관련 학과에 재학 중인 학부생? 연관 분야에 종사하는 직장인? 건강이 나빠진 누군가의 가족이나 친구? 순전히 인체를 이해하고 싶은 학구파? 그 밖에도 제가 미처 생각지 못한 여러 이유가 있겠지요.

제게 해부학은 '이야기의 시작'입니다. 이 공부를 시작으로 여러 일을 겪고, 무엇보다 수많은 사람을 만나고 있으니까요.

학부 시절, 해부학 첫 강의에 들어오신 교수님은 해부학이 '언어'라고 하셨습니다. 의학적인 사고와 개념을 익히고 소통하는 데 필요한 공통 언어라고요. 처음에는 무작정 실습실과 도서관을 오가며 이름과 모양을 머릿속에 욱여넣었습니다. 제가 겪은 구식 교육과정에서는 특히 그랬지요. 그러고 나서 이 이름들이 어떤 생리, 어떤 병리와 엮이는지 맥락과 의미를 배우기 시작했습니다.

그러자 점점 언어의 배후에 있던 진짜 서사가 드러났습니다. 누구의 몸인지, 어떻게 살아왔고 앞으로는 어떻게 살아가게 될지, 우리는 무엇을 도울 수 있고 무엇을 도울 수 없는지…. 실습실과 도서관을 오가며 무턱대고 외운 단어들이 어느새 서사로 피어나기 시작했습니다. 이야기 하나하나의 깊이와 무게를 생각하면 얄팍한 만남이 늘 부끄럽고 죄송하지만요.

저자의 말처럼 이 책에는 화학·분자생물학·유전학·조직학·해부학·병리학의 내용이 골고루 섞여 있습니다. 신기하거나 고개가 끄덕여지며 쏙쏙 들어오는 부분도 있겠지만, 실감하기 어려운 작은 단위의 이야기가 지루하고 어렵게 느껴지는 부분도 있으리라 예상됩니다. 당연히 정독도, 발췌독도 좋은 방법입니다!『드디어 만나는 해부학 수업』을 시작으로 여러분의 공부, 여러분의 이야기, 여러분의 세계가 더 깊고 풍성해지기를 바랄 뿐입니다.

2025년 5월
안은미

이미지 저작권자

110쪽 머리덮개뼈의 구조
BodyParts3D/Wikimedia Commons(CC BY-SA 2.1 JP)

112쪽 얼굴머리뼈의 구조
BodyParts3D/Wikimedia Commons(CC BY-SA 2.1 JP)

237쪽 적혈구의 모양(왼쪽)
Rogerio/WikiCommons(CC BY-SA 3.0)

361쪽 부신의 구조
Hariadhi/WikiCommons(CC BY-SA 4.0)

369쪽 신장의 구조
Cenveo(CC BY 3.0 US)

절 제목 옆에 삽입된 아이콘은 모두 flaticon.com에서 제공하는 이미지를 사용했습니다. 위에서 별도로 표기하지 않은 모든 본문 이미지는 OpenStax College에서 제공하는 *Anatomy and Physiology*에 수록된 이미지를 사용했습니다(CC BY 3.0).

드디어 시리즈

드디어 만나는
해부학 수업

1판 1쇄 발행 2025년 6월 30일
1판 6쇄 발행 2025년 10월 28일

지은이 케빈 랭포드
옮긴이 안은미
발행인 박명곤 **CEO** 박지성 **CFO** 김영은
기획편집1팀 채대광, 백환희, 이상지, 김진호
기획편집2팀 박일귀, 이은빈, 강민형, 박고은
기획편집3팀 이승미, 김윤아, 이지은
디자인팀 구경표, 유채민, 윤신혜, 권지혜
마케팅팀 임우열, 김은지, 전상미, 이호, 최고은

펴낸곳 (주)현대지성
출판등록 제406-2014-000124호
전화 070-7791-2136 **팩스** 0303-3444-2136
주소 서울시 강서구 마곡중앙6로 40, 장흥빌딩 10층
홈페이지 www.hdjisung.com **이메일** support@hdjisung.com
제작처 영신사

ⓒ 현대지성 2025

※ 이 책은 저작권법에 따라 보호받는 저작물이므로 무단 전재와 복제를 금합니다.
※ 잘못 만들어진 책은 구입하신 서점에서 교환해드립니다.

"Curious and Creative people make Inspiring Contents"
현대지성은 여러분의 의견 하나하나를 소중히 받고 있습니다.
원고 투고, 오탈자 제보, 제휴 제안은 support@hdjisung.com으로 보내주세요.

현대지성 홈페이지

이 책을 만든 사람들
기획·편집 강민형 **디자인** 임지선